高等院校嵌入式人才培养规划教材

嵌入式
Linux C 语言应用开发教程

移动学习版｜第 2 版

华清远见嵌入式学院 刘洪涛 苗德行 高明旭 刘宗鑫 编著

人民邮电出版社

北京

图书在版编目（CIP）数据

嵌入式Linux C语言应用开发教程：移动学习版 / 华清远见嵌入式学院等编著. -- 2版. -- 北京：人民邮电出版社，2018.4
高等院校嵌入式人才培养规划教材
ISBN 978-7-115-47226-7

Ⅰ．①嵌… Ⅱ．①华… Ⅲ．①Linux操作系统－程序设计－高等学校－教材②C语言－程序设计－高等学校－教材 Ⅳ．①TP316.89②TP312.8

中国版本图书馆CIP数据核字(2017)第284050号

内 容 提 要

本书重点介绍嵌入式Linux应用开发的基本概念和核心理论。全书分为10章，包括嵌嵌入式系统基础、嵌入式Linux C语言程序开发工具、嵌入式Linux C语言基础、嵌入式Linux开发环境的搭建、嵌入式Linux文件I/O编程、嵌入式Linux多任务编程、嵌入式Linux网络编程、嵌入式Linux设备驱动编程、Qt图形编程和综合实例—仓库信息处理系统。本书在讲解中给出了翔实的案例，在部分章节后详细设计并分析了实验内容。

本书可作为高等院校计算机类、电子类、电气类、控制类专业高年级本科生、研究生学习嵌入式Linux应用开发的教材，也可供希望转入嵌入式领域的科研和工程技术人员参考使用。

◆ 编　著　华清远见嵌入式学院
　　　　　　刘洪涛　苗德行　高明旭　刘宗鑫
　责任编辑　武恩玉
　执行编辑　刘　尉
　责任印制　沈　蓉　彭志环

◆ 人民邮电出版社出版发行　北京市丰台区成寿寺路11号
　邮编　100164　电子邮件　315@ptpress.com.cn
　网址　https://www.ptpress.com.cn
　北京盛通印刷股份有限公司印刷

◆ 开本：787×1092　1/16
　印张：18.5　　　　　　　　　2018年4月第2版
　字数：487千字　　　　　　　2024年12月北京第12次印刷

定价：55.00元

读者服务热线：(010)81055256　印装质量热线：(010)81055316
反盗版热线：(010)81055315

前言

在社会日益信息化的今天，计算机和网络的应用已经全面渗透到日常生活中。应用嵌入式系统的电子产品随处可见，如人们平常使用的手机、摄像机、医疗仪器、汽车。在发达国家，每个家庭平均拥有 255 个嵌入式系统，如每辆汽车平均装有 35 个嵌入式系统。嵌入式系统的应用广泛进入工业、军事、宇宙、通信、运输、金融、医疗、气象、农业等众多领域。

本书以 ARM Cortex-A9 处理器作为硬件平台，以嵌入式 Linux 为软件平台、以 C 语言为开发语言，介绍了嵌入式系统开发的主要环节。本书重点讲解了嵌入式 Linux 应用开发的基本概念和核心理论，同时结合大量代码实例帮助读者理解和应用相关的概念和理论。突出理论重点，重视实践应用是贯穿本书的理念。

本书三大特色如下。

（1）提供丰富案例，搭配优质实验内容。

（2）赠送全套教学辅助资源，包括 PPT 课件、源代码、相关文档等。读者可登录人邮教育社区（www.ryjiaoyu.com）免费下载。

（3）全新升级移动学习版，读者可扫描书中二维码，观看微课视频。

本书共 10 章，下表为本书教学建议学时表：

章节详情	授课学时/共计 64 学时
第 1 章　嵌入式系统基础	2 课时
第 2 章　嵌入式 Linux C 语言程序开发工具	2 课时
第 3 章　嵌入式 Linux C 语言基础	6 课时
第 4 章　嵌入式 Linux 开发环境的搭建	10 课时
第 5 章　嵌入式 Linux 文件 I/O 编程	8 课时
第 6 章　嵌入式 Linux 多任务编程	8 课时
第 7 章　嵌入式 Linux 网络编程	8 课时
第 8 章　嵌入式 Linux 设备驱动编程	12 课时
第 9 章　Qt 图形编程	4 课时
第 10 章　综合实例——仓库信息处理系统	4 课时

本书的出版要感谢华清远见嵌入式培训中心的无私帮助。本书的前期组织和后期审校工作都凝聚了培训中心多位老师的心血，他们认真阅读了书稿，提出了大量中肯的建议，并帮助纠正了书稿中的很多错误。

本书由刘洪涛审定写作提纲，苗德行、高明旭和刘宗鑫编写。另外本书的编写得到了华清远见房烨明、董鹏杰等多名员工的帮助，是他们的帮助使本书得以出版，我们向他们致以诚挚的谢意。由于作者水平所限，书中不妥之处在所难免，恳请读者批评指正。

编　者

2017 年 10 月

平台支撑

创客学院（www.makeru.com.cn）是一家 IT 职业在线教育平台，由国内高端 IT 培训领导品牌华清远见教育集团鼎力打造。学院依托于华清远见教育集团在高端 IT 培训行业积累的十多年教学及研发经验，以及上百位优秀讲师资源，专注为用户提供高端、前沿的 IT 开发技术培训课程。以就业为导向，以提高开发能力为目标，努力让每一位用户在这里学到真本领，为用户成为嵌入式、物联网、智能硬件时代的技术专家助力！

一、我们致力于这样的发展理念

我们有一种情怀：为中国、为世界智能化变革的发展培养更多的优秀人才。

我们有一种坚持：坚持做专业教育、做良心教育、做受人尊敬的职业教育。

我们有一种变革：在互联网高速发展的时代，打造"互联网+教育"模式下的 IT 人才终身学习教学体系。

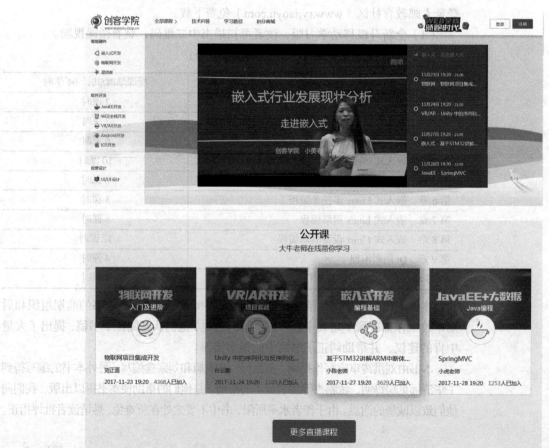

二、我们致力于提供这样的学习方式

1. 多元化的课程学习体系

（1）学习模式的多元化。您可以根据自身的实际情况选择3种学习模式，即在线学习、线下报班学习、线上线下结合式学习。每一种模式都有专业的学习路线指导，并有辅导老师悉心答疑，对于学完整套课程的同学有高薪就业职位推荐。

（2）学习内容的多元化。我们提供基础知识课程、会员提升课程、流行技术精品套餐课程、就业直通车课程、职业成长课程等丰富的课程体系。不管您是职场"小白"，还是IT从业人员，都可以在这里找到您的学习路线。

（3）直播课程的多元化。包括基础类、技术问答类、IT人的职业素养类、IT企业的面试技巧类、IT人的职业发展规划类、智能硬件产品解析类。

2. 大数据支撑下的过程化学习模式

（1）自主学习课程。我们提供习题练习模式支持您的学习，每章学习完成后都有配套的练习题助您检验学习成果，整个课程学习完成后，系统会自动根据您的答题情况，分析出您对课程的整体掌握程度，帮助您随时掌握自身学习情况。

（2）报班模式下的学习课程。系统会根据您选取的班级，为您制定详细的阶段化学习路线，学习路线采用游戏通关模式，课程章节有考核测验、课程有综合检验、每阶段有项目开发任务。学习过程全程通过大数据进行数据分析，帮助您与班主任随时了解您的课程学习掌握程度，班主任会定期根据您的学习情况开放直播课程，为您的薄弱环节进行细致讲解，考核不合格则无法通过关卡进入下一个环节。

三、我们致力于提供这样的服务保障

1. 与企业岗位的无缝对接

（1）在线课程经过企业实体培训检验。华清远见是国内最早的高端IT定制培训服务机构，在业界享有盛誉。每年我们都会为不同的企业"量身订制"满足企业需求的高端企业内训课程，曾先后为Intel、松下、通用电器、摩托罗拉、ST意法半导体、三星、华为、大唐电信等众多知名企业进行员工内训。

（2）拥有独立的自主研发中心。研发中心为开发和培训提供技术和产品支持，已经研发多款智能硬件产品、实验平台、实验箱等设备，并与中南大学、中国科学技术大学等高校共建嵌入式、物联网实验室。目前已经公开出版80多本教材，深受读者的欢迎。

（3）平台提供企业招聘通道。学员可在线将自己的学习成果全部展现给企业HR，增加进入大型企业的机会。众多合作企业定期发布人才需求，还有企业上门招聘，全国11大城市就业推荐。

2. 丰富的课程资源

创客学院紧跟市场需求，全新录制高质量课程，深入讲解当下热门的开发技术，包括8大IT职业课程：嵌入式、物联网、Java EE、WEB全栈、VR/AR、Android、iOS、UI设计；希望我们的课程能帮您抓住智能硬件时代的发展机遇，打开更广阔的职业发展空间。

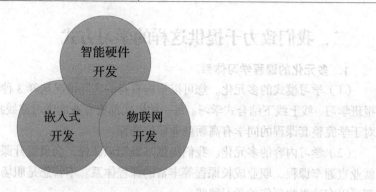

3. 强大的师资团队

由华清远见金牌讲师团队+技术开发"大牛"组成的上百人讲师团队,有着丰富的开发与培训经验,其中不乏行业专家和企业项目核心开发者。

4. 便捷的学习方式

下载学院 APP 学习,不论您是在学校、家里还是外面,都可以随时随地学习。与教材配套使用,利用碎片时间学习,提升求职就业竞争力!

5. 超值的会员福利

会员可免费观看学院 70%的课程,还可优先参加直播课程、新课程上线抢先试学、学习积分翻倍等活动,并有机会免费参加线下体验课。

四、我们期待您的加入

欢迎关注创客学院官网 www.makeru.com.cn,见证我们的成长。期待您的加入,愿与您一起打造未来 IT 人的终身化学习体系。加入创客学院读者 QQ 群 201030910,获得更多资源与服务。

本书配套课程视频观看方法:注册创客学院,手机扫描二维码即可观看课程视频;或在计算机上搜索书名,查找配套课程视频。

使用说明

第一步：注册创客学院学习账号

使用微信扫描如下二维码，注册（登录）创客学院账号。

第二步："教、学、练"一体化

注册（登录）账号后，即可开始学习。用户可享受 10000+海量视频，VIP 精品课，配套视频教程观看等服务。还可以下载课程相关资料辅助学习，在评论区提问互动，讲师会为你 7×12 小时答疑解惑。

在线视频　　　　　　　　　资料下载　　　　　　　　　讲师答疑

第三步：课后习题训练

每个小章节的最后都配备了丰富的课后练习题让读者进行自测，以验证学习效果。自测完成后可扫码加入学习群查看习题答案，还能与其他同学交流沟通，预约讲师 1 对 1 辅导。

目 录

第1章 嵌入式系统基础 ·················· 1
1.1 嵌入式系统概述 ·················· 1
1.1.1 嵌入式系统的基本概念 ·················· 1
1.1.2 嵌入式系统的体系结构 ·················· 2
1.1.3 几种常用的嵌入式操作系统 ·················· 2
1.1.4 嵌入式系统发展趋势 ·················· 4
1.2 ARM 处理器硬件开发平台 ·················· 5
1.2.1 嵌入式处理器简介 ·················· 5
1.2.2 ARM 处理器简介 ·················· 6
1.2.3 Exynos4412 处理器简介 ·················· 8
1.3 嵌入式软件开发流程 ·················· 11
1.3.1 嵌入式系统开发概述 ·················· 11
1.3.2 嵌入式软件开发概述 ·················· 12
1.4 实验内容：使用 SD-CARD 烧写 EMMC ·················· 16
思考与练习 ·················· 19

第2章 嵌入式 Linux C 语言程序开发工具 ·················· 20
2.1 嵌入式 Linux 下 C 语言概述 ·················· 20
2.2 编辑器 vim ·················· 21
2.2.1 vim 的基本模式 ·················· 21
2.2.2 vim 的基本操作 ·················· 22
2.3 编译器 gcc ·················· 24
2.3.1 gcc 的简介 ·················· 24
2.3.2 gcc 的编译流程 ·················· 25
2.3.3 gcc 的常用编译选项 ·················· 27
2.4 调试器 gdb ·················· 31
2.4.1 gdb 的使用流程 ·················· 32
2.4.2 gdb 的基本命令 ·················· 34
2.4.3 gdbserver 的远程调试 ·················· 37
2.5 make 工程管理器 ·················· 40
2.5.1 makefile 的基本结构 ·················· 40
2.5.2 makefile 的变量 ·················· 41
2.5.3 makefile 的规则 ·················· 43
2.5.4 make 管理器的使用 ·················· 44
2.6 实验内容 ·················· 45
2.6.1 vim 使用练习 ·················· 45
2.6.2 用 gdb 调试程序的 bug ·················· 45
2.6.3 编写包含多文件的 makefile ·················· 46
思考与练习 ·················· 47

第3章 嵌入式 Linux C 语言基础 ·················· 48
3.1 预处理 ·················· 48
3.1.1 预定义 ·················· 48
3.1.2 文件包含 ·················· 53
3.1.3 条件编译 ·················· 54
3.2 C 语言中的内存分配 ·················· 56
3.2.1 C 语言程序所占内存分类 ·················· 56
3.2.2 堆和栈的区别 ·················· 56
3.3 程序的可移植性考虑 ·················· 57
3.3.1 字长和数据类型 ·················· 57
3.3.2 数据对齐 ·················· 58
3.3.3 字节顺序 ·················· 58
3.4 C 语言和汇编的接口 ·················· 59
3.4.1 内嵌汇编的语法 ·················· 59
3.4.2 编译器优化 ·················· 62
3.4.3 C 语言关键字 volatile ·················· 62
3.5 ARM Linux 内核常见数据结构 ·················· 63
3.5.1 链表 ·················· 63
3.5.2 树、二叉树、平衡树 ·················· 69
3.5.3 哈希表 ·················· 75
思考与练习 ·················· 80

第4章 嵌入式 Linux 开发环境的搭建 ·················· 81
4.1 构建嵌入式 Linux 开发环境 ·················· 81
4.1.1 嵌入式交叉编译环境搭建 ·················· 82
4.1.2 主机交叉开发环境配置 ·················· 83

4.2 Bootloader ················· 85
　4.2.1 Bootloader 的种类 ········· 85
　4.2.2 U-Boot 编译与使用 ········ 86
　4.2.3 U-Boot 移植 ············· 91
4.3 Linux 内核与移植 ············ 92
　4.3.1 Linux 内核结构 ··········· 92
　4.3.2 Linux 内核配置与编译 ····· 93
　4.3.3 设备树文件 ··············· 95
　4.3.4 Linux 内核移植 ··········· 96
4.4 嵌入式文件系统构建 ·········· 99
思考与练习 ······················ 101

第 5 章 嵌入式 Linux 文件 I/O 编程 ············· 102

5.1 Linux 系统调用及用户编程接口 ······ 102
　5.1.1 系统调用 ················ 102
　5.1.2 用户编程接口 ············ 103
　5.1.3 系统命令 ················ 103
5.2 Linux 文件 I/O 系统概述 ······ 103
　5.2.1 虚拟文件系统 ············ 103
　5.2.2 通用文件模型 ············ 104
　5.2.3 Linux 中文件及文件描述符 ······ 105
5.3 底层文件 I/O 操作 ············ 106
　5.3.1 基本文件操作 ············ 106
　5.3.2 文件锁 ·················· 108
　5.3.3 多路复用 ················ 111
5.4 标准 I/O 编程 ··············· 116
　5.4.1 基本操作 ················ 117
　5.4.2 其他操作 ················ 119
　5.4.3 目录操作 ················ 122
5.5 实验内容 ··················· 123
思考与练习 ······················ 128

第 6 章 嵌入式 Linux 多任务编程 ······ 129

6.1 Linux 下多任务概述 ·········· 129
　6.1.1 任务 ···················· 129
　6.1.2 进程 ···················· 129
　6.1.3 线程 ···················· 134
6.2 进程控制编程 ··············· 135
　6.2.1 进程编程基础 ············ 135

　6.2.2 Linux 守护进程 ·········· 139
6.3 进程间通信 ················· 143
　6.3.1 Linux 下进程间通信概述 ······ 143
　6.3.2 管道通信 ················ 144
　6.3.3 信号通信 ················ 148
　6.3.4 信号量 ·················· 154
　6.3.5 共享内存 ················ 157
　6.3.6 消息队列 ················ 159
6.4 多线程编程 ················· 163
　6.4.1 线程基本编程 ············ 163
　6.4.2 线程之间的同步与互斥 ····· 166
　6.4.3 线程属性 ················ 169
　6.4.4 线程私有数据 ············ 170
6.5 实验内容 ··················· 171
　6.5.1 编写多进程程序 ·········· 171
　6.5.2 编写守护进程 ············ 175
　6.5.3 有名管道通信实验 ········ 177
　6.5.4 共享内存实验 ············ 180
　6.5.5 线程池实验 ·············· 184
思考与练习 ······················ 187

第 7 章 嵌入式 Linux 网络编程 ······ 188

7.1 TCP/IP 概述 ················ 188
　7.1.1 TCP/IP 的分层模型 ······· 188
　7.1.2 TCP/IP 分层模型特点 ····· 189
　7.1.3 TCP/IP 核心协议 ········· 190
7.2 网络编程基本知识 ············ 192
　7.2.1 套接字概述 ·············· 192
　7.2.2 地址及顺序处理 ·········· 193
　7.2.3 套接字编程 ·············· 198
　7.2.4 编程实例 ················ 202
7.3 网络高级编程 ··············· 205
　7.3.1 非阻塞和异步 I/O ········ 205
　7.3.2 使用多路复用 ············ 209
7.4 实验内容：NTP 的客户端实现 ······ 211
思考与练习 ······················ 216

第 8 章 嵌入式 Linux 设备驱动编程 ············· 217

8.1 设备驱动编程基础 ············ 217

8.1.1 Linux 设备驱动概述 ………………… 217
8.1.2 Linux 内核模块编程 ………………… 219
8.2 字符设备驱动编程 ……………………………… 226
8.2.1 字符设备驱动编写流程 ……………… 226
8.2.2 重要数据结构 ………………………… 227
8.2.3 设备驱动程序主要组成 ……………… 229
8.2.4 字符设备驱动程序框架 ……………… 235
8.3 基于设备树的字符驱动程序实例 ……………… 238
8.4 GPIO 驱动程序实例 …………………………… 242
8.4.1 GPIO 工作原理 ……………………… 242
8.4.2 GPIO 驱动程序 ……………………… 244
8.5 按键驱动程序实例 ……………………………… 247
8.5.1 中断编程 ……………………………… 247
8.5.2 按键工作原理 ………………………… 248
8.5.3 按键驱动程序 ………………………… 249
8.5.4 中断信息的编写 ……………………… 250
思考与练习 …………………………………………… 251

第 9 章 Qt 图形编程 ……………………………… 252

9.1 嵌入式 GUI 简介 ……………………………… 252
9.1.1 Qt/Embedded ………………………… 252
9.1.2 其他嵌入式图形用户界面开发环境 ………………………………………… 253
9.2 Qt/Embedded 开发入门 ………………………… 254
9.2.1 Qt/Embedded 介绍 …………………… 254
9.2.2 Qt/Embedded 信号和插槽机制 …… 255

9.2.3 搭建 Qt/Embedded-5.8.0 开发环境 ………………………………………… 258
9.2.4 Qt/Embedded 窗口部件 …………… 262
9.2.5 Qt/Embedded 图形界面编程 ……… 265
9.2.6 Qt/Embedded 对话框设计 ………… 267
9.3 实验内容：使用 Qt 编写"Hello，World"程序 ……………………… 270
思考与练习 …………………………………………… 275

第 10 章 综合实例——仓库信息处理系统 …………………………………………… 276

10.1 仓库信息处理系统概述 ……………………… 276
10.1.1 系统组成 …………………………… 276
10.1.2 前端数据中心（Cortex-A9）…… 277
10.1.3 显示中心 …………………………… 277
10.2 基本数据结构 ………………………………… 278
10.3 功能实现 ……………………………………… 280
10.3.1 数据接收模块 ……………………… 280
10.3.2 数据处理模块 ……………………… 281
10.3.3 共享内存刷新模块 ………………… 283
10.3.4 显示中心 …………………………… 283
10.3.5 线程相关 …………………………… 285
思考与练习 …………………………………………… 285

参考文献 ……………………………………………… 286

第 1 章
嵌入式系统基础

本章主要介绍嵌入式系统开发的基本知识，学习完本章内容，读者会对嵌入式系统的基础知识、软硬件开发平台以及嵌入式系统开发有一个整体性的理解。

本章主要内容：
- 嵌入式系统概述；
- ARM 处理器开发平台；
- 嵌入式软件开发流程。

1.1 嵌入式系统概述

1.1.1 嵌入式系统的基本概念

在社会日益信息化的今天，计算机和网络的应用已经全面渗透到日常生活中。应用嵌入式系统的电子产品随处可见，如日常使用的手机、摄像机、医疗仪器、汽车，乃至工业控制、航天、航空等设备都要用到嵌入式系统。在一些发达国家，平均每个家庭拥有 255 个嵌入式系统，如每辆汽车平均装有 35 个嵌入式系统。嵌入式系统的应用已涉及工业、军事、宇宙、通信、运输、金融、医疗、气象、农业等众多领域。

在嵌入式系统行业内有一个被普遍接受的定义：嵌入式系统是以应用为中心，以计算机控制系统为基础，并且软硬件可裁剪，适用于应用系统对功能、可靠性、成本、体积、功耗有严格要求的专用计算机系统。笔者认为，将一套计算机控制系统嵌入已具有某种完整的特定功能的系统内，以实现对原有系统的计算机控制，此时将这个计算机控制系统叫作嵌入式系统。简单地说，嵌入式系统就是被嵌入电子设备中的专用计算系统。

嵌入式系统通常由特定功能模块和计算机控制模块组成，主要由嵌入式微处理器、外围硬件设备、嵌入式操作系统以及用户应用软件等部分组成。它具有"嵌入性""专用性"与"计算机系统"三个基本要素。嵌入式系统的特点如下。

（1）面向特定应用。嵌入式系统与通用型系统的最大区别就在于嵌入式系统大多工作在为特定用户群设计的系统中，因此它通常都具有功耗低、体积小、集成度高等特点，并且可以满足不同应用的特定需求。

（2）嵌入式系统的硬件和软件都必须进行高效的设计，量体裁衣、去除冗余，力争在同样的硅片面积上实现更高的性能，这样才能在具体应用中对处理器的选择更具有竞争力。

（3）嵌入式系统是将先进的计算机技术、半导体技术和电子技术与各个行业的具体应用相结合后的产物。这一点就决定了它必然是一个技术密集、资金密集、不断创新的知识集成系统，从事嵌入式系统开发的人才也必须是复合型人才。

（4）为了提高执行速度和系统可靠性，嵌入式系统中的软件一般都固化在存储器芯片中或单片机本身，而不是存储于磁盘中。

（5）嵌入式开发的软件代码尤其要求高质量、高可靠性，由于嵌入式设备往往是处在无人值守或条件恶劣的环境中，因此，对其代码必须有更高的要求。

（6）嵌入式系统本身不具备二次开发功能，即设计完成后，用户通常不能在该平台上直接修改程序，必须有一套开发工具和环境才能进行再次开发。

1.1.2 嵌入式系统的体系结构

嵌入式系统是一类特殊的计算机系统，一般包括硬件设备、嵌入式操作系统和应用软件。它们之间的关系如图 1.1 所示。

硬件设备包括嵌入式处理器和外围设备。其中的嵌入式处理器（CPU）是嵌入式系统的核心部分，它与通用处理器最大的区别在于，嵌入式处理器大多工作在为专门用户群专门设计的系统中，它将通用处理器中许多由板卡完成的任务集成到芯片内部，从而有利于嵌入式系统在设计时趋于小型化，同时还具有很高的效率和可靠性。如今，全世界的嵌入式处理器已经超过 1 000 多种，流行的体系结构有 30 多个系列，其中以 ARM、PowerPC、MC 68000、MIPS 等使用得最为广泛。

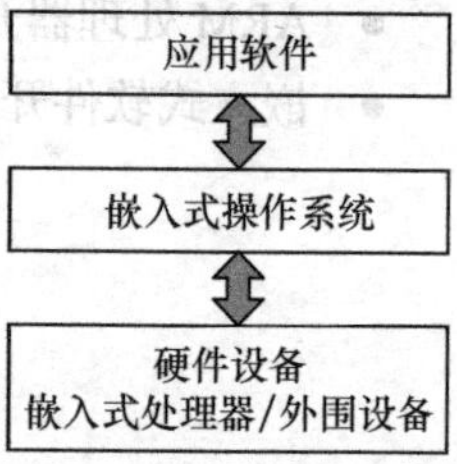

外围设备是指嵌入式系统中用于完成存储、通信、调试、显示等辅助功能的其他部件。目前常用的嵌入式外围设备按功能可以分为存储设备（如 RAM、SRAM、Flash 等）、通信设备（如 RS-232 接口、SPI 接口、以太网接口、USB 接口、无线通信等）和显示设备（如显示屏等）3 类。

图 1.1 嵌入式系统的组成

嵌入式操作系统不仅具有通用操作系统的一般功能，如向上提供对用户的接口（如图形界面、库函数 API 等），向下提供与硬件设备交互的接口（硬件驱动程序等），管理复杂的系统资源，同时，它还在系统实时性、硬件依赖性、软件固化性以及应用专用性等方面，具有更加鲜明的特点。

应用软件是针对特定应用领域，基于某一固定的硬件平台，用来达到用户预期目标的计算机软件。嵌入式系统自身的特点，决定了嵌入式应用软件不仅要求满足准确性、实时性、安全性和稳定性等方面需要，而且要尽可能地优化代码，以减少对系统资源的消耗，降低硬件成本。

1.1.3 几种常用的嵌入式操作系统

1. 嵌入式 Linux

嵌入式 Linux（Embedded Linux）是指对标准 Linux 经过小型化裁剪处理之后，能够固化在容量只有几 KB 或者几 MB 的存储器芯片或者单片机中，适合于特定嵌入式应用场合的专用 Linux 操作系统。在目前已经开发成功的嵌入式系统中，大约有一半使用 Linux。这与它自身的优良特性是分不开的。

嵌入式 Linux 同 Linux 一样，具有低成本、多种硬件平台支持、优异的性能和良好的网络支持等优点。另外，为了更好地适应嵌入式领域的开发，嵌入式 Linux 还在 Linux 基础上做了部分改进，介绍如下。

（1）改善内核结构

Linux 内核采用的是整体式结构（Monolithic），整个内核是一个单独的、非常大的程序，这样虽然能够使系统的各个部分直接沟通，提高系统响应速度，但与嵌入式系统存储容量小、资源有限的特点不相符。因此，嵌入式系统经常采用的是另一种称为微内核（Microkernel）的体系结构，即内核本身只提供一些最基本的操作系统功能，如任务调度、内存管理、中断处理等，而类似于设备驱动、文件系统和网络协议等附加功能则可以根据实际需要进行取舍。这样就大大减小了内核的体积，便于维护和移植。

（2）提高系统实时性

由于现有的 Linux 是一个通用的操作系统，虽然它也采用了许多技术来加快系统的运行和响应速度，但从本质上来说并不是一个嵌入式实时操作系统。因此，利用 Linux 作为底层操作系统，在其上进行实时化改造，从而构建出一个具有实时处理能力的嵌入式系统，如 RT-Linux 已经成功地应用于航天飞机的空间数据采集、科学仪器测控和电影特技图像处理等各种领域。

嵌入式 Linux 同 Linux 一样，也有众多的版本，其中不同的版本分别针对不同的需要在内核等方面加入了特定的机制。嵌入式 Linux 的主要版本如表1.1 所示。

表1.1　　　　　　　　　　　　嵌入式 Linux 的主要版本

版本	简单介绍
μCLinux	开放源码的嵌入式 Linux 的典范之作。μCLinux 主要是针对目标处理器没有存储管理单元 MMU（Memory Management Unit）的嵌入式系统而设计的。由于没有 MMU，其多任务的实现需要一定技巧。它秉承了标准 Linux 的优良特性，经过各方面的小型化改造，形成了一个高度优化的、代码紧凑的嵌入式 Linux。虽然它的体积很小，却仍然保留了 Linux 的大多数优点：稳定、良好的移植性、优秀的网络功能、对各种文件系统完备的支持和标准丰富的 API。它专为嵌入式系统做了许多小型化的工作，目前已支持多款 CPU。其编译后，目标文件可控制在几百 KB 数量级，并已经被成功地移植到很多平台上
RT-Linux	由美国墨西哥理工学院开发的嵌入式 Linux 硬实时操作系统。到目前为止，RT-Linux 已经成功地应用于航天飞机的空间数据采集、科学仪器测控和电影特技图像处理等领域。RT-Linux 开发者并没有针对实时操作系统的特性而重写 Linux 的内核，因为这样做的工作量非常大，而且要保证兼容性也非常困难。为此，RT-Linux 提出了精巧的内核，并把标准的 Linux 核心作为实时核心的一个进程，同用户的实时进程一起调度。这样对 Linux 内核的改动非常小，并且充分利用了 Linux 下现有的丰富的软件资源
Embedix	根据嵌入式应用系统的特点重新设计的 Linux 发行版本。它提供了超过 25 种的 Linux 系统服务，包括 Web 服务器等。此外还推出了 Embedix 的开发调试工具包、基于图形界面的浏览器等。可以说，Embedix 是一种完整的嵌入式 Linux 解决方案
XLinux	号称是世界上最小的嵌入式 Linux 系统。采用了"超字元集"专利技术，使 Linux 内核不仅能与标准字符集相容，还涵盖了 12 个国家和地区的字符集。因此，XLinux 在推广 Linux 的国际应用方面有独特的优势
红旗嵌入式 Linux	由中科红旗软件技术有限公司推出的嵌入式 Linux，它是国内做得较好的一款嵌入式操作系统。目前，中国科学院计算机技术研究所自行开发的开放源码的嵌入式操作系统——Easy Embedded OS（EEOS）也已经开始进入实用阶段了

为了不失一般性，本书所用的嵌入式 Linux 是标准内核裁减的 Linux，而不是表1.1 中的任何一种。

2．μC/OS-II

μC/OS-II 是一种免费公开源代码、结构小巧、基于优先级的可抢先的硬实时内核。自从1992

年问世以来,在世界各地应用广泛,它是一种专门为嵌入式设备设计的内核,目前已经被移植到40多种不同结构的 CPU 上,运行在 8~64 位的各种系统之上。尤其值得一提的是,该系统自从 2.51 版本之后,就通过了美国 FAA 认证,可以运行在诸如航天器等对安全要求极为苛刻的系统之上。鉴于μC/OS-II 可以免费获得代码,对于嵌入式 RTOS 而言,选择μC/OS 无疑是最经济的。

μC/OS-II 主要适合小型实时控制系统,具有执行效率高、占用空间小、实时性能优良和可扩展性强等优点。最小内核可编译至 2KB,如果包含内核的全部功能,编译之后的μC/OS-II 内核仅有 6KB~10KB。

μC/OS-II 的源代码结构合理、清晰易读,不仅成功应用在众多的商业项目中,而且被很多大学采纳,作为教学的范例,同时也是嵌入式工程师学习和提高的绝好材料。

3. VxWorks

VxWorks 操作系统是美国 Wind River 公司于 1983 年设计开发的一种嵌入式实时操作系统(RTOS),它是当前市场占有率很高的嵌入式操作系统之一。VxWorks 的实时性做得非常好,其系统本身的开销很小,进程调度、进程间通信、中断处理等系统公用程序精练而有效,这使得它们造成的延迟很短。另外 VxWorks 提供的多任务机制,对任务的控制采用了优先级抢占(Linux 2.6 内核也采用了优先级抢占的机制)和轮转调度机制,这充分保证了可靠的实时性,并使同样的硬件配置能满足更强的实时性要求。另外 VxWorks 具有高度的可靠性,从而保证了用户工作环境的稳定。同时,VxWorks 还有完备强大的集成开发环境,这也大大方便了用户的使用。

但是,VxWorks 的开发和使用都需要交纳高额的专利费,大大增加了用户的开发成本。同时,VxWorks 的源码不公开造成它部分功能的更新(如网络功能模块)滞后。

4. Windows CE

Windows CE 是微软开发的一个开放的、可升级的 32 位嵌入式操作系统,是基于掌上型计算机类的电子设备操作系统。Windows CE 的图形用户界面相当出色。Windows CE 具有模块化、结构化和基于 Win32 应用程序接口以及与处理器无关等特点。它不仅继承了传统的 Windows 图形界面,并且用户在 Windows CE 平台上可以使用 Windows 上的编程工具(如 Visual Studio 等),也可以使用同样的函数和同样的界面风格,这使大多数 Windows 上的应用软件只需简单地修改和移植,就可以在 Windows CE 平台上继续使用。

1.1.4 嵌入式系统发展趋势

1. 提供强大的网络服务

为适应嵌入式分布处理结构和应用上网需求,面向 21 世纪的嵌入式系统要求配备标准的一种或多种网络通信接口。针对外部联网要求,嵌入设备必须配有通信接口,相应需要 TCP/IP 协议簇软件支持;为满足家用电器相互关联(如防盗报警、灯光能源控制、影视设备和信息终端交换信息等)及实验现场仪器的协调工作等要求,新一代嵌入式设备还需具备 IEEE 1394、USB、CAN、Bluetooth 或 IrDA 通信接口,同时也需要提供相应的通信组网协议软件和物理层驱动软件。为了支持应用软件的特定编程模式,如 Web 或无线 Web 编程模式,还需要相应的浏览器,如 HTML 浏览器、WML 浏览器等。

2. 小型化、低成本、低功耗

为满足这种特性,要求嵌入式产品设计者相应降低处理器的性能,限制内存容量和复用接口芯片。这就相应提高了对嵌入式软件设计技术的要求,如选用最佳的编程模型和不断改进算法,采用 Java 编程模式,优化编译器性能等。因此,既需要软件人员具有丰富的开发经验,也需要发展先进的嵌入式软件技术，如 Java、Web 和 WAP 等。

3. 人性化的人机界面

用户之所以乐于接受嵌入式设备，其重要因素之一是它们与使用者之间的亲和力。它具有自然的人机交互界面，如司机操纵高度自动化的汽车主要还是通过已使用习惯的方向盘、脚踏板和操纵杆。人们与信息终端交互要求以 GUI 屏幕为主的多媒体界面。手写文字输入、语音拨号上网、收发电子邮件及彩色图形、图像已取得成效。目前一些 PDA 在显示屏幕上已实现汉字写入、短消息语音发布，但离掌式语言同声翻译还有很大距离。

4. 完善的开发平台

随着 Internet 技术的成熟、带宽的提高，互联网内容提供商（Internet Content Provider，ICP）和应用服务提供商（Application Service Provider，ASP）在网上提供的信息内容日趋丰富、应用项目多种多样，像移动电话、固定电话及电冰箱、微波炉等嵌入式电子设备的功能不再单一，电气结构也更为复杂。为了满足应用功能的升级，设计者一方面采用更强大的嵌入式处理器，如 32 位、64 位 RISC 芯片或数字信号处理器（Digital Signal Processor，DSP）增强处理能力；同时还采用实时多任务编程技术和交叉开发工具技术来控制功能复杂性，简化应用程序设计、保障软件质量和缩短开发周期。

1.2 ARM 处理器硬件开发平台

1.2.1 嵌入式处理器简介

嵌入式系统的核心部件是各种类型的嵌入式处理器，据不完全统计，全世界的嵌入式处理器已经超过 1 000 种，流行的体系结构有 30 多个系列，数据总线宽度从 8 位到 32 位，处理速度从 0.1 到 2 000MIPS（MIPS 指每秒执行的百万条指令数）。按功能和内部结构等因素，嵌入式系统硬件平台可以分成如下两类。

嵌入式处理器简介

1. 嵌入式 RISC 微处理器

精简指令集计算机（Reduced Instruction Set Computer，RISC）把着眼点放在如何使计算机的结构更加简单和如何使计算机的处理速度更加快速上。RISC 选取了使用频率最高的简单指令，抛弃复杂指令，固定指令长度，减少指令格式和寻址方式，不用或少用微码控制。这些特点使得 RISC 非常适合嵌入式处理器。嵌入式微控制器将整个计算机系统或者一部分集成到一块芯片中。嵌入式微控制器一般以某一种微处理器内核为核心，比如以 MIPS 或 ARM 核为核心，在芯片内部集成 ROM、RAM、内部总线、定时/计数器、看门狗、I/O 端口、串行端口等各种必要的功能和外设。与嵌入式微处理器相比，嵌入式微控制器的最大特点是单片化，实现同样功能时系统的体积大大减小。嵌入式微控制器的品种和数量较多，比较有代表性的通用系列包括 Atmel 公司的 AT91 系列、Samsung 公司的 S3C 系列、Marvell 公司的 PXA 系列等。

2. 嵌入式 CISC 微处理器

CISC 是指复杂指令系统计算机（Complex Instruction Set Computer），早期的 CPU 全部是 CISC 架构，它的设计目的是要用最少的机器语言指令来完成所需的计算任务。嵌入式 CISC 微处理器是指通用计算机中的 CPU 在不同应用中，将微处理器装配在专门设计的电路板上，只保留和嵌入式应用有关的功能的装置，这种装置可以大幅度减小系统体积和功耗。微处理器（CPU）厂商一直在走 CISC 的发展道路，包括 Intel、AMD，还有其他一些现在已经更名的厂商，如 TI（德州仪器）、Cyrix 以及 VIA（威盛）等。桌面计算机流行的 x86 体系结构即使用的 CISC。RISC 和 CISC 之间的主要区别如表 1.2 所示。

表 1.2　　　　　　　　　　　　　　RISC 和 CISC 的主要区别

指标	RISC	CISC
指令集	一个周期执行一条指令，通过简单指令的组合实现复杂操作；指令长度固定	指令长度不固定，执行需要多个周期
流水线	流水线每周期前进一步	指令的执行需要调用微代码的一个微程序
寄存器	更多通用寄存器	用于特定目的的专用寄存器
Load/Store 结构	独立的 Load 和 Store 指令完成数据在寄存器和外部存储器之间的传输	处理器能够直接处理存储器中的数据

1.2.2　ARM 处理器简介

ARM（Advanced RISC Machines）有 3 种含义，它是一个公司的名称，是一类微处理器的通称，还是一种技术的名称。

ARM 公司是微处理器行业的一家知名企业，其设计了大量高性能、廉价、低耗能的 RISC 芯片，并开发了相关技术和软件。ARM 处理器具有高性能、低成本和低功耗的特点，适用于嵌入式控制、消费/教育类多媒体、DSP 和移动式应用等领域。

ARM 公司本身不生产芯片，它转让设计许可，由合作伙伴公司来生产各具特色的芯片。ARM 这种商业模式的强大之处在于其价格合理，它在全世界范围的合作伙伴超过 100 个，其中包括许多著名的半导体公司。ARM 公司专注于设计，设计的芯片内核耗电少、成本低、功能强，特有 16/32 位双指令集。ARM 已成为移动通信、手持计算和多媒体数字消费等嵌入式解决方案的 RISC 实际标准。

ARM 处理器的产品分为多个系列，包括 ARM7、ARM9、ARM9E、ARM10E、ARM11 和 SecurCore、Cortex 等。每个系列提供一套特定的性能来满足设计者对功耗、性能、体积的需求。SecurCore 是独立的一个产品系列，是专门为安全设备而设计的。下面简单介绍 ARM 各个系列处理器的特点。

1. ARM9 系列处理器

ARM9 系列于 1997 年问世。由于采用了 5 级指令流水线，ARM9 处理器能够运行在比 ARM7 更高的时钟频率上，改善了处理器的整体性能；存储器系统根据哈佛体系结构（程序和数据空间独立的体系结构）重新设计，区分了数据总线和指令总线。

ARM9 系列的第一个处理器是 ARM920T，它包含独立的数据指令 Cache 和 MMU（Memory Management Unit，存储器管理单元）。此处理器能够被用在要求有虚拟存储器支持的操作系统上。该系列中的 ARM922T 是 ARM920T 的变种，只有一半大小的数据指令 Cache。

ARM940T 包含一个更小的数据指令 Cache 和一个 MPU（Micro Processor Unit，微处理器）。它是针对不要求运行操作系统的应用而设计的。ARM920T、ARM940T 都执行 v4T 架构指令。

ARM9 系列处理器主要有以下应用。

（1）下一代无线设备，包括视频电话和 PDA 等。

（2）数字消费品，包括机顶盒、家庭网关、MP3 播放器和 MPEG-4 播放器。

（3）成像设备，包括打印机、数码照相机和数码摄像机。

（4）汽车、通信和信息系统。

2. ARM10 系列处理器

ARM10 发布于 1999 年，具有高性能、低功耗的特点。它所采用的新体系使其在所有 ARM 产品中具有最高的 MIPS/MHz。它将 ARM9 的流水线扩展到 6 级，也支持可选的向量浮点（Vector Float Point）单元，对 ARM10 的流水线加入了第 7 段。VFP 明显增强了浮点运算性能并与 IEEE 754.1985 浮点标准兼容。

3. ARM11 系列处理器

ARM1136J-S 发布于 2003 年，是针对高性能和高能效应而设计的。ARM1136J-S 是第一个执行 ARMv6 架构指令的处理器。它集成了一条具有独立的 Load/Store 和算术流水线的 8 级流水线。ARMv6 指令包含了针对媒体处理的单指令流多数据流扩展，采用特殊的设计改善视频处理能力。

4. SecurCore 系列处理器

SecurCore 系列处理器提供了基于高性能的 32 位 RISC 技术的安全解决方案。SecurCore 系列处理器除了具有体积小、功耗低、代码密度高等特点外，还具有特别优势，即提供了安全解决方案支持。下面总结了 SecurCore 系列的主要特点。

（1）支持 ARM 指令集和 Thumb 指令集，以提高代码密度和系统性能。
（2）采用软内核技术以提供最大限度的灵活性，可以防止外部对其进行扫描探测。
（3）提供了安全特性，可以抵制攻击。
（4）提供面向智能卡和低成本的存储保护单元 MPU。
（5）可以集成用户自己的安全特性和其他的协处理器。

SecurCore 系列包含 SC100、SC110、SC200 和 SC210 四种类型。

SecurCore 系列处理器主要应用于一些安全产品及应用系统，包括电子商务、电子银行业务、网络、移动媒体和认证系统等。

5. StrongARM 和 Xscale 系列处理器

StrongARM 处理器最初是 ARM 公司与 Digital Semiconductor 公司合作开发的，现在由 Intel 公司单独许可，在低功耗、高性能的产品中应用很广泛。它采用哈佛架构，具有独立的数据和指令 Cache，有 MMU。StrongARM 是第一个包含 5 级流水线的高性能 ARM 处理器，但它不支持 Thumb 指令集。

Intel 公司的 Xscale 是 StrongARM 的后续产品，在性能上有显著改善。它执行 v5TE 架构指令，也采用哈佛结构，类似于 StrongARM 也包含一个 MMU。前面说过，Xscale 已于 2006 年被 Intel 卖给了 Marvell 公司。

6. Cortex 系列处理器

为了适应市场的需要，ARM 推出了一系列新的处理器：Cortex-A 系列、Cortex-M 系列、Cortex-R 系列，如表 1.3 所示。

表 1.3　　　　　　　　　　　　　ARM 系列处理器属性比较

项目	ARM7	ARM9	ARM10	ARM11	Cortex-A9
流水线深度	3 级	5 级	6 级	8 级	13 级
典型频率（MHz）	80	150	260	335	1G
功耗（mW/MHz）	0.06	0.19（+Cache）	0.5（+Cache）	0.4（+Cache）	0.3（+Cache）
MIPS/MHz	0.97	1.1	1.3	1.2	2.5
架构	冯·诺依曼	哈佛	哈佛	哈佛	哈佛
乘法器	8×32	8×32	16×32	16×32	16×32

Cortex-A 系列处理器适用于具有高计算要求、运行丰富操作系统以及提供交互媒体和图形体验的应用领域。Cortex-A 系列处理器支持 ARM、Thumb 和 Thumb 2 指令集。典型的处理器有 A5、A7、A8、A9、A15、A53、A72 等。

Cortex-M 主要针对微控制器市场，Cortex-M 系列改进了代码密度，减少了中断延时并有更低的功耗。其中 Cortex-M3 中实现了最新的 Thumb-2 指令集。

Cortex-R 系列针对于实时系统，其中 Cortex-R7 处理器是性能最高的 Cortex-R 系列处理器。它是高性能实时 SoC 的标准。Cortex-R7 处理器是为基于 28nm~65nm 的高级芯片工艺的实现而设计的，此外其设计重点在于提升能效、实时响应性、高级功能和简化系统设计。

1.2.3 Exynos4412 处理器简介

本书采用的目标板是基于 Samsung 公司的 Exynos4412 处理器的 FS4412 开发板。Exynos4412 是使用 Cortex-A9 核，采用 32nm 工艺 CMOS 标准宏单元和存储编译器开发而成的。

由于采用了由 ARM 公司设计的 16/32 位 Cortex-A9 RISC 处理器，Exynos4412 实现了 MMU 和独立的 16KB 指令和 16KB 数据哈佛结构的缓存，每个缓存均为 8 字节长度的流水线。它的低功耗、精简的全静态设计特别适用于对成本和功耗敏感的领域。

Exynos4412 提供全面的、通用的片上外设，大大降低系统的成本，下面列举了 Exynos4412 的主要片上功能。

（1）1.8V Cortex-A9 内核供电，1.8V/2.5V/3.3V 存储器供电。

（2）32KB 指令和 32KB 数据缓存的 MMU 内存管理单元。

（3）外部存储器控制（DRAM 控制和芯片选择逻辑）。

（4）提供 LCD 控制器（最大支持 4K 色的 STN 或 256K 色 TFT 的 LCD），并带有 1 个通道的 LCD 专用 DMA 控制器。

（5）提供 4 通道 DMA，具有外部请求引脚。

（6）提供 4 通道 UART（支持 IrDA1.0、16 字节发送 FIFO 及 16 字节接收 FIFO）、3 通道 SPI 接口。

（7）提供 1 个通道多主 I^2C 总线控制器和 2 通道 IIS 总线控制器。

（8）兼容 SD 主机接口 1.0 版及 MMC 卡协议 2.11 版。

（9）提供两个主机接口的 USB 口、1 个设备 USB 口（1.1 版本）。

（10）4 通道 PWM 定时器、1 通道内部计时器。

（11）提供看门狗定时器。

（12）提供 117 个通用 I/O 口。

（13）提供电源控制不同模式：正常、慢速、空闲及电源关闭模式。

（14）提供带触摸屏接口的 8 通道 10 位 ADC。

（15）提供带日历功能的实时时钟控制器（RTC）。

（16）具有 PLL 的片上时钟发生器。

图 1.2 所示为 Exynos4412 系统结构图。

下面依次对 Exynos4412 的系统管理器、NAND Flash 引导装载器、缓冲存储器、时钟和电源管理及中断控制进行讲解，其中所有模式的选择都是通过设定相关寄存器的特定值来实现的，因此，当读者需要对此进行修改时，请参阅 Samsung 公司提供的 Exynos4412 用户手册。

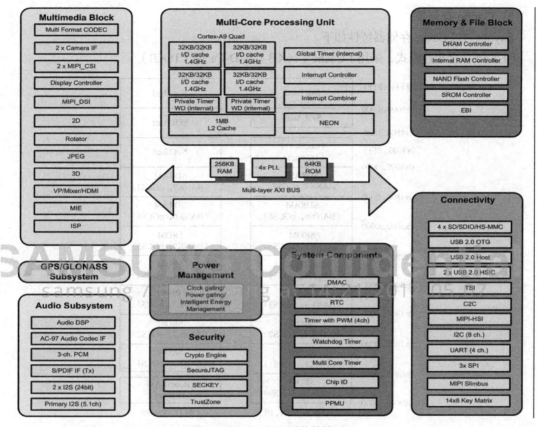

图 1.2　Exynos4412 系统结构图

1. 系统管理器

Exynos4412 系统管理器具有以下功能。

（1）支持小/大端模式。

（2）寻址空间：每个 bank 有 128MB。

（3）支持可编程的每个 bank 8/16/32 位数据总线宽度。

（4）bank0～bank6 都采用固定的 bank 起始寻址。

（5）bank7 具有可编程的 bank 起始地址和大小。

（6）8 个存储器 bank（6 个适用于 ROM、SRAM，另两个适用于 ROM、SRAM 和同步）。

（7）所有的 bank 都具有可编程的操作周期。

（8）支持外部等待信号延长总线。

2. Flash 引导装载器

Exynos4412 EMMC 存储器启动特性如下。

（1）支持 EMMC 存储器启动。

（2）采用 4KB 内部缓冲器进行启动引导。

（3）支持启动之后，EMMC 存储器仍然作为外部存储器使用。

同时，Exynos4412 也支持从外部 nGCS0 片选的 NOR Flash 启动，如在优龙的开发板上将 JP1 跳线去掉就可从 NOR Flash 启动（默认从 NAND Flash 启动）。在这两种启动模式下，各片选的存储空间分配是不同的，如图 1.3 所示。

3. Cache 存储器

Exynos4412 Cache 存储器特性如下。

（1）64 项全相连模式，采用 I-Cache（16KB）和 D-Cache（16KB）。

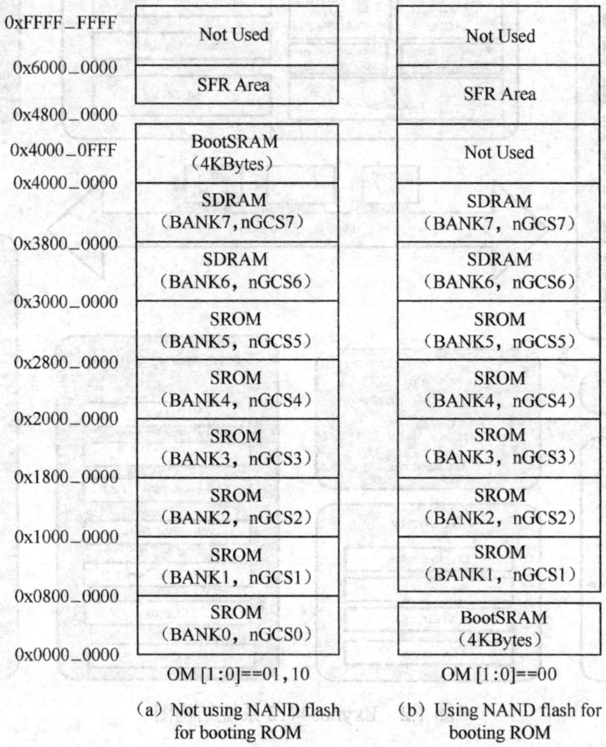

地址	(a) Not using NAND flash for booting ROM OM[1:0]==01,10	(b) Using NAND flash for booting ROM OM[1:0]==00
0xFFFF_FFFF	Not Used	Not Used
0x6000_0000	SFR Area	SFR Area
0x4800_0000		
0x4000_0FFF	BootSRAM（4KBytes）	Not Used
0x4000_0000	SDRAM（BANK7, nGCS7）	SDRAM（BANK7, nGCS7）
0x3800_0000	SDRAM（BANK6, nGCS6）	SDRAM（BANK6, nGCS6）
0x3000_0000	SROM（BANK5, nGCS5）	SROM（BANK5, nGCS5）
0x2800_0000	SROM（BANK4, nGCS4）	SROM（BANK4, nGCS4）
0x2000_0000	SROM（BANK3, nGCS3）	SROM（BANK3, nGCS3）
0x1800_0000	SROM（BANK2, nGCS2）	SROM（BANK2, nGCS2）
0x1000_0000	SROM（BANK1, nGCS1）	SROM（BANK1, nGCS1）
0x0800_0000	SROM（BANK0, nGCS0）	BootSRAM（4KBytes）
0x0000_0000		

图 1.3　Exynos4412 两种启动模式的地址映射

（2）每行 8 字节长度，其中每行带有一个有效位和 dirty 位。

（3）伪随机数或轮转循环替换算法。

（4）采用写穿式（write-throught）和写回式（write-back）Cache 操作来更新主存储器。

（5）写缓冲器可以保存 16 字节的数据和 4 个地址。

4. 时钟和电源管理

Exynos4412 采用独特的时钟管理模式。

（1）采用片上 MPLL 和 UPLL，其中 UPLL 产生操作 USB 主机/设备的时钟，而 MPLL 产生最大 266MHz（在 2.0V 内核电压下）的时钟。

（2）通过软件可以有选择性地为每个功能模块提供时钟。

（3）Exynos4412 的电源模式分为正常、慢速、空闲和掉电模式。

① 正常模式：正常运行模式。

② 慢速模式：不加 PLL 的低时钟频率模式。

③ 空闲模式：只停止 CPU 的时钟。

④ 掉电模式：所有外设和内核的电源都切断了。

5. 中断控制

Exynos4412 的中断处理器有如下特点。

（1）160 个中断源。

（2）电平/边沿触发模式的外部中断源。
（3）可编程的边沿/电平触发极性。
（4）支持为紧急中断请求提供快速中断服务。

1.3 嵌入式软件开发流程

1.3.1 嵌入式系统开发概述

由于受嵌入式系统本身的特性影响，嵌入式系统开发与通用系统的开发有很大的区别。嵌入式系统的开发主要分为系统总体开发、嵌入式硬件开发和嵌入式软件开发三大部分，其总体流程图如图 1.4 所示。

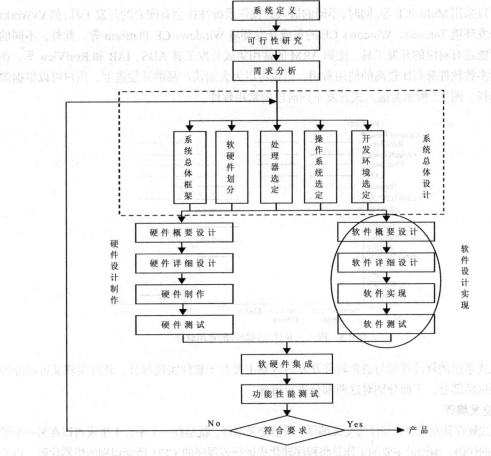

图 1.4 嵌入式系统开发流程图

在系统总体开发中，由于嵌入式系统对硬件依赖度非常高，往往某些需求只能通过特定的硬件才能实现，因此需要进行处理器选型，以更好地满足产品的需求。另外，对于有些硬件和软件都可以实现的功能，就需要在成本和性能上做出抉择。往往通过硬件实现会增加产品的成本，但能大大提高产品的性能和可靠性。

再次，开发环境的选择对于嵌入式系统的开发也有很大的影响。这里的开发环境包括嵌入式操作系统的选择以及开发工具的选择等。例如，对开发成本和进度限制较大的产品可以选择嵌入式 Linux 系统，对实时性要求非常高的产品可以选择 VxWorks 系统等。

由于本书主要讨论嵌入式软件的应用开发，因此对硬件开发不做详细讲解，主要讨论嵌入式软件开发的流程。

1.3.2 嵌入式软件开发概述

嵌入式软件开发总体流程同通用计算机软件开发一样，分为需求分析、软件概要设计、软件详细设计、软件实现和软件测试。其中嵌入式软件需求分析与硬件的需求分析合二为一，故没有分开。

由于嵌入式软件开发的工具非常多，为了更好地帮助读者选择开发工具，下面首先简单介绍嵌入式软件开发过程中使用的工具。

嵌入式软件的开发工具根据不同的开发过程划分，如在需求分析阶段，可以选择 IBM Rational Rose 等软件，在程序开发阶段可以采用 CodeWarrior（下面要介绍的 ADS 的一个工具）等，在调试阶段可以采用 Multi-ICE 等。同时，不同的嵌入式操作系统往往会有配套的开发工具，如 VxWorks 有集成开发环境 Tornado，Windows CE 的集成开发环境 Windows CE Platform 等。此外，不同的处理器可能还有对应的开发工具，比如 ARM 的常用集成开发工具 ADS、IAR 和 RealView 等。在这里，大多数软件都有比较高的使用费用，但也可以大大加快产品的开发进度，用户可以根据需求自行选择。图 1.5 所示为嵌入式开发不同阶段的常用软件。

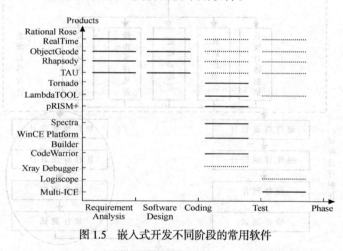

图 1.5　嵌入式开发不同阶段的常用软件

嵌入式系统的软件开发与通常软件开发的区别主要在于软件实现部分，软件实现又可以分为编译和调试两部分，下面分别对这两部分进行讲解。

1. 交叉编译

嵌入式软件开发采用的编译为交叉编译。所谓交叉编译，就是在一个平台上生成可以在另一个平台上执行的代码。编译最主要的工作是将程序转化成运行该程序的 CPU 所能识别的机器代码，由于不同的体系结构有不同的指令系统，因此，不同的 CPU 需要有相应的编译器，而交叉编译就如同翻译一样，把相同的程序代码翻译成不同 CPU 的对应可执行二进制文件。要注意的是，编译器本身也是程序，也要在与之对应的某一个 CPU 平台上运行。嵌入式系统交叉编译环境如图 1.6 所示。

这里一般将进行交叉编译的主机称为宿主机，也就是普通的通用计算机，而将程序实际的运行环境称为目标机，也就是嵌入式系统环境。由于一般通用计算机拥有非常丰富的系统资源、使用方便的集成开发环境和调试工具等,而嵌入式系统的系统资源非常紧缺,无法在其上运行相关的编译工具,因此,嵌入式系统的开发需要借助宿主机(通用计算机)来编译出目标机的可执行代码。

由于编译的过程包括编译、链接等几个阶段,因此,嵌入式的交叉编译也包括交叉编译、交叉链接等过程,通常 ARM 的交叉编译器为 arm-elf-gcc、arm-linux-gcc 等,交叉链接器为 arm-elf-ld、arm-linux-ld 等。交叉编译过程如图 1.7 所示。

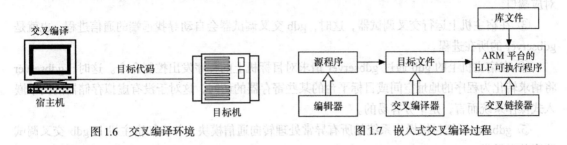

图 1.6 交叉编译环境　　　　　　　　　图 1.7 嵌入式交叉编译过程

2. 交叉调试

嵌入式软件经过编译和链接后即进入调试阶段,调试是软件开发过程中必不可少的环节,嵌入式软件开发过程中的交叉调试与通用软件开发过程中的调试方式有很大的差别。在常见软件开发中,调试器与被调试的程序往往运行在同一台计算机上,调试器是一个单独运行着的进程,它通过操作系统提供的调试接口来控制被调试的进程。而在嵌入式软件开发中,调试时采用的是在宿主机和目标机之间进行的交叉调试,调试器仍然运行在宿主机的通用操作系统之上,但被调试的进程却是运行在基于特定硬件平台的嵌入式操作系统中,调试器和被调试进程通过串口或者网络进行通信,调试器可以控制、访问被调试进程,读取被调试进程的当前状态,并能够改变被调试进程的运行状态。

嵌入式系统的交叉调试有多种方法,主要分为软件方式和硬件方式两种。它们一般都具有如下一些典型特点。

(1)调试器和被调试进程运行在不同的机器上,调试器运行在计算机(宿主机),而被调试的进程则运行在各种专业调试板上(目标板)。

(2)调试器通过某种通信方式(串口、并口、网络、JTAG 等)控制被调试进程。

(3)在目标机上一般会具备某种形式的调试代理,它负责与调试器共同配合完成对目标机上运行着的进程的调试。这种调试代理可能是某些支持调试功能的硬件设备,也可能是某些专门的调试软件(如 gdbserver)。

(4)目标机可能是某种形式的系统仿真器,通过在宿主机上运行目标机的仿真软件,整个调试过程可以在一台计算机上运行。此时物理上虽然只有一台计算机,但逻辑上仍然存在宿主机和目标机的区别。

下面分别介绍软件调试桩方式和硬件片上调试两种方式。

(1)软件方式

软件调试主要通过插入调试桩的方式来进行。调试桩方式进行调试是通过目标操作系统和调试器内分别加入某些功能模块,二者互通信息来进行调试。该方式的典型调试器有 gdb 调试器。

gdb 的交叉调试器分为 Gdb Server 和 Gdb Client,其中的 Gdb Server 作为调试桩安装在目标板上的 gdbserver 程序中,Gdb Client 就是驻于本地的 gdb 交叉调试器(arm-linux-gdb 等)。它们的调试原理如图 1.8 所示。第 2 章详细介绍在 Linux 平台下远程调试的方法。

gdb 远程调试的工作流程如下。

① 建立调试器（本地 gdb 交叉调试）与目标操作系统的通信连接，可通过串口、网卡、并口等多种方式。

② 在目标机上开启 gdbserver 进程，并监听对应端口。

图 1.8　gdb 远程调试原理

③ 在宿主机上运行交叉调试器，这时，gdb 交叉调试器会自动寻找远端的通信进程，也就是 gdbserver 的所在进程。

④ 在宿主机上的 gdb 通过 gdbserver 请求对目标机上的程序发出控制命令。这时，gdbserver 将请求转化为程序的地址空间或目标平台的某些寄存器的访问，这对于没有虚拟存储器的简单嵌入式操作系统而言，是十分容易的。

⑤ gdbserver 把目标操作系统的所有异常处理转向通信模块，并告知宿主机上 gdb 交叉调试器当前有异常。

⑥ 宿主机上的 gdb 向用户显示被调试程序产生了哪一类异常。

这样就完成了调试的整个过程。这个方案的实质是用软件接管目标机的全部异常处理及部分中断处理，并在其中插入调试端口通信模块，与主机的调试器进行交互。但是它只能在目标机系统初始化完毕、调试通信端口初始化完成后才能起作用，因此，一般只能用于调试运行于目标操作系统之上的应用程序，而不宜用来调试目标操作系统的内核代码及启动代码，而且它必须改变目标操作系统，因此，也就多了一个不用于正式发布的调试版。

（2）硬件调试

相对于软件调试而言，使用硬件调试器可以获得更强大的调试功能和更优秀的调试性能。硬件调试器的基本原理是通过仿真硬件的执行过程，让开发者在调试时可以随时了解系统的当前执行情况。目前嵌入式系统开发中最常用到的硬件调试器是 ROMMonitor、ROMEmulator、In-CircuitEmulator 和 In-CircuitDebugger。

① 采用 ROMMonitor 方式进行交叉调试需要在宿主机上运行调试器，在宿主机上运行 ROM 监视器（ROMMonitor）和被调试程序，宿主机通过调试器与目标机上的 ROM 监视器遵循远程调试协议建立通信连接。ROM 监视器可以是一段运行在目标机 ROM 上的可执行程序，也可以是一个专门的硬件调试设备，它负责监控目标机上被调试程序的运行情况，能够与宿主机端的调试器一同完成对应用程序的调试。

在使用这种调试方式时，被调试程序首先通过 ROM 监视器下载到目标机，然后在 ROM 监视器的监控下完成调试。

优点：ROM 监视器功能强大，能够完成设置断点、单步执行、查看寄存器、修改内存空间等各项调试功能。

缺点：同软件调试一样，使用 ROM 监视器时，目标机和宿主机必须建立通信连接。

ROMMonitor 调试方式的原理如图 1.9 所示。

② 采用 ROMEmulator 方式进行交叉调试时需要使用 ROM 仿真器，并且它通常被插入目标机上的 ROM 插槽中，专门用于仿真目标机上的 ROM 芯片。

在使用这种调试方式时，被调试程序首先下载到 ROM 仿真器中，因此等效于下载到目标机的 ROM 芯片上，然后在 ROM 仿真器中完成对目标程序的调试。

优点：避免了每次修改程序后都必须重新烧写到目标机的 ROM 中。

缺点：ROM 仿真器本身比较昂贵，功能相对来讲又比较单一，只适应于某些特定场合。ROMEmulator 调试方式的原理如图 1.10 所示。

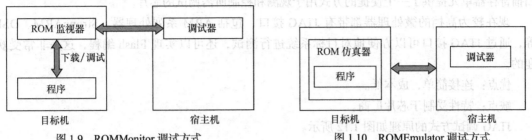

图 1.9　ROMMonitor 调试方式　　　　图 1.10　ROMEmulator 调试方式

③ 采用 In-CircuitEmulator（ICE）方式进行交叉调试时需要使用在线仿真器，它是目前最为有效的嵌入式系统的调试手段。它是仿照目标机上的 CPU 而专门设计的硬件，可以完全仿真处理器芯片的行为。仿真器与目标板可以通过仿真头连接，与宿主机可以通过串口、并口、网线或 USB 口等方式连接。由于仿真器自成体系，所以调试时，既可以连接目标板，也可以不连接目标板。

在线仿真器提供了非常丰富的调试功能。在使用在线仿真器进行调试的过程中，可以按顺序单步执行，也可以倒退执行，还可以实时查看所有需要的数据，从而给调试过程带来很多的便利。嵌入式系统应用的一个显著特点是与现实世界中的硬件直接相关，并存在各种异变和事先未知的变化，从而给微处理器的指令执行带来各种不确定因素，这种不确定性在目前情况下只有通过在线仿真器才有可能发现。

优点：功能强大，软硬件都可做到完全实时在线调试。

缺点：价格昂贵。

ICE 调试方式的原理如图 1.11 所示。

图 1.11　ICE 调试方式

④ 采用 In-CircuitDebugger（ICD）方式进行交叉调试时，需要使用在线调试器。由于 ICE 的价格非常昂贵，并且每种 CPU 都需要一种与之对应的 ICE，使得开发成本非常高。一个比较好的解决办法是让 CPU 直接在其内部实现调试功能，并通过在开发板上引出的调试端口发送调试命令和接收调试信息，完成调试过程。例如，使用非常广泛的 ARM 处理器的 JTAG 端口技术就是因此而诞生的。

JTAG 是 1985 年指定的用于检测 PCB 和 IC 芯片的一个标准。1990 年被修改成为 IEEE 的一个标准，即 IEEE 1149.1。JTAG 标准采用的主要技术为边界扫描技术，它的基本思想就是在靠近芯片的输入/输出管脚上增加一个移位寄存器单元。因为这些移位寄存器单元都分布在芯片的边界上（周围），所以被称为边界扫描寄存器单元（Boundary-Scan Register Cell）。

当芯片处于调试状态时，这些边界扫描寄存器可以将芯片和外围的输入/输出隔离开来。通过这些边界扫描寄存器单元，可以实现对芯片输入/输出信号的观察和控制。对于芯片的输入管脚，可通过与之相连的边界扫描寄存器单元把信号（数据）加载到该管脚中；对于芯片的输出管脚，可以通过与之相连的边界扫描寄存器单元"捕获"（CAPTURE）该管脚的输出信号。这样，边界扫描寄存器单元提供了一个便捷的方式用于观测和控制所需调试的芯片。

现在较为高档的微处理器都带有 JTAG 接口，包括 ARM 系列处理器、StrongARM、DSP等，通过 JTAG 接口可以方便地对目标系统进行测试，还可以实现 Flash 编程，这是非常受欢迎的。

优点：连接简单，成本低。

缺点：特性受制于芯片厂商。

JTAG 调试方式的原理如图 1.12 所示。

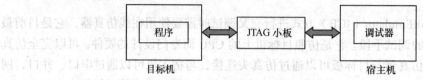

图 1.12　JTAG 调试方式

1.4　实验内容：使用 SD-CARD 烧写 EMMC

1. 实验目的

通过烧写 EMMC 的实验，了解嵌入式硬件环境，为今后的进一步学习打下良好的基础（本书以华清远见 fs4412 及 Flash 烧写工具为例进行讲解，不同厂商的开发板都会提供相应的 Flash 烧写工具，并有相应的说明文档，请读者在了解基本原理之后查阅相关手册）。

使用 SD-CARD 烧写 EMMC

2. 实验内容

（1）熟悉开发板的硬件布局。

（2）熟悉 U-BOOT 启动流程。

（3）熟悉 SD-CARD 启动盘的制作。

（4）打开 u-boot-fs4412.bin（Flash 烧写程序）进行烧写。

3. 实验步骤

（1）熟悉开发板硬件设备。

（2）制作 SD-CARD 启动盘。

① 使用网络下载 sdfuse_q 启动盘制作工作到 Linux。

② 将 SD 卡插入计算机并让 Linux 识别——挂在 SD 卡。

③ 进入 sdfuse_q 执行下列操作。

　　$ sudo ./mkuboot.sh /dev/sdb

④ 在 SD 卡中创建目录 sdupdate 并把 u-boot-fs4412.bin 拷贝到这个目录下。

（3）U-BOOT 的烧写。

① 连接串口和板子，运行串口通信程序 PUTTY，选择右上角的"Serial"，然后单击左下角的"Serial"，如图 1.13 所示。

第1章 嵌入式系统基础

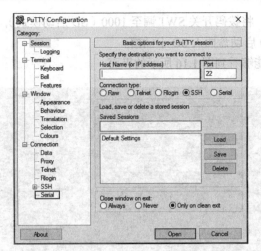

图 1.13　PUTTY 连接

② 设置相应的属性，如图 1.14 所示。

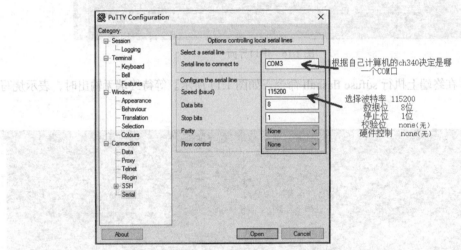

图 1.14　PUTTY 属性设置

③ 单击 Open 按钮打开串口，如图 1.15 所示。

图 1.15　PUTTY 串口界面

④ 关闭开发板电源，将拨码开关 SW1 调至 1000（SD 启动模式），打开电源。
⑤ 将刚才做好的 SD 启动盘插入 SD 卡插槽。
⑥ 重新打开开发板能够看到图 1.16 所示的界面。

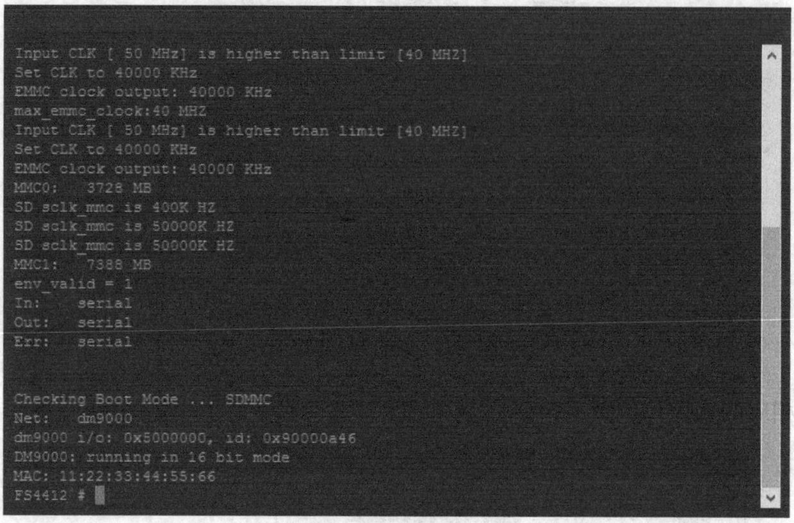

图 1.16　串口界面

⑦ 烧写。在终端上执行 sdfuse flashall 命令，如图 1.17 所示。等待终端无输出时，表示烧写结束。

图 1.17　烧写界面

⑧ 关闭开发板电源，将拨码开关 SW1 调至 0110（EMMC 启动模式）后，打开电源看到图 1.18 所示的界面表示烧写成功。

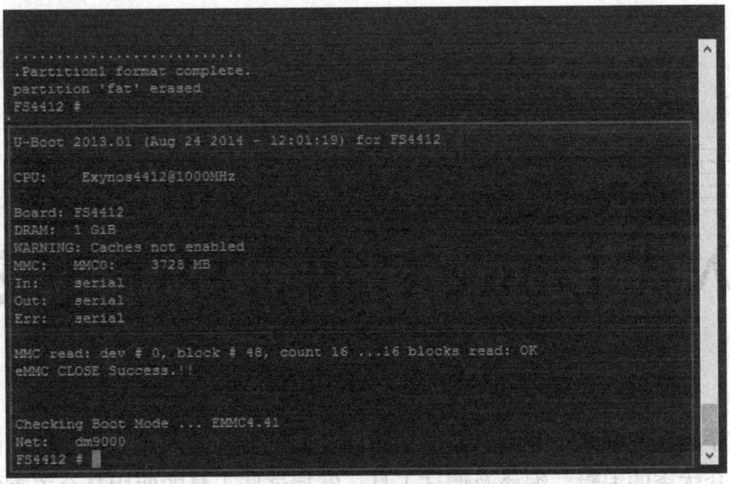

图 1.18　烧写成功界面

思考与练习

1. 什么是嵌入式系统，它具有哪些特点？从各方面比较嵌入式系统与通用计算器的区别。
2. 嵌入式系统由哪些部分组成？常用的嵌入式操作系统有哪些？分别有什么特点？
3. CISC 处理器和 RISC 处理器分别有哪些优点和缺点？
4. 简述 ARM 处理器和各个系列的特点。
5. 什么是交叉编译？为什么要进行交叉编译？
6. 嵌入式开发的常用调试手段有哪几种？说出它们各自的优缺点。

第 2 章 嵌入式 Linux C 语言程序开发工具

任何应用程序的开发都离不开编辑器、编译器及调试器，嵌入式 Linux 的 C 语言程序开发也一样，它也有一套优秀的编辑、编译及调试工具。掌握这些工具的使用是至关重要的，它直接影响到程序开发的效率。读者可通过自己动手操作，切实熟练掌握这些工具的使用。

本章主要内容：
- 嵌入式 Linux 下 C 语言概述；
- Linux 下几种常用的编辑器、编译器、调试器；
- 嵌入式 Linux 下远程调试；
- Make 工程管理器和 autotools 自动；
- Eclipse 集成开发环境。

2.1 嵌入式 Linux 下 C 语言概述

第 1 章介绍了嵌入式开发的基本流程，在嵌入式系统中，应用程序的主体是在宿主机中开发完成的，就嵌入式 Linux 而言，此过程一般是在安装有 Linux 的宿主机中完成的。

C 语言最早是由贝尔实验室的 Dennis Ritchie 为了 UNIX 的辅助开发而编写的，它是在 B 语言的基础上开发出来的。尽管 C 语言不是专门针对 UNIX 操作系统或机器编写的，但它与 UNIX 系统的关系十分紧密。它的硬件无关性和可移植性，使 C 语言逐渐成为世界上使用最广泛的计算机语言。

为了进一步规范 C 语言的硬件无关性，1987 年，美国国家标准协会（American National Standards Institute，ANSI）根据 C 语言问世以来各种版本对 C 语言的发展和扩充，制定了新的标准，称为 ANSI C。ANSI C 语言比原来的标准 C 语言有了很大的发展。目前流行的 C 语言编译系统都是以它为基础的。

C 语言的成功并不是偶然的，它强大的功能和它的可移植性让它能在各种硬件平台上游刃有余。总体而言，C 语言有如下特点。

（1）C 语言是"中级语言"。它把高级语言的基本结构和语句与低级语言的实用性结合起来。C 语言可以像汇编语言一样对位、字节和地址进行操作，而这三者是计算机最基本的工作单元。

（2）C 语言是结构化的语言。C 语言采用代码及数据分隔，使程序的各个部分除了必要的信息交流外，彼此独立。这种结构化方式可使程序层次清晰，便于使用、维护和调试。C 语言是以函数形式提供给用户的，这些函数可被方便地调用，并具有多种循环语句、条件语句控制程序流向，从而使程序完全结构化。

（3）C语言功能齐全。C语言具有各种各样的数据类型，并引入了指针的概念，可使程序效率更高。另外，C语言也具有强大的图形功能，支持多种显示器和驱动器，而且计算功能、逻辑判断功能也比较强大，可以实现决策功能。

（4）C语言可移植性强。C语言适合多种操作系统，如Windows、Linux、Unix，也适合多种体系结构，因此尤其适用于嵌入式领域的开发。

嵌入式Linux C语言程序设计与在其他环境中的C程序设计很类似，也涉及编辑器、编译链接器、调试器及项目管理工具的使用。Linux平台下有很多种功能强大的编辑器，其中比较常用的有vi（vim）和emacs，它们功能强大，使用方便，本书重点介绍vim编辑器。

编译过程包括词法、语法和语义的分析，中间代码的生成和优化，符号表的管理和出错处理等。在嵌入式Linux中，最常用的交叉编译器是gcc编译器（如arm-linux-gcc）。它是GNU推出的功能强大、性能优越的多平台编译器，其执行效率与一般的编译器相比平均效率要高20%～30%。

Linux中的项目管理器是一种控制编译或者重复编译软件的工具，另外，它还能自动管理软件编译的内容、方式和时机，使程序员能够把精力集中在代码的编写，而不是在源代码的组织上。

2.2 编辑器vim

vi是Linux系统的第一个全屏幕交互式编辑程序，它从诞生至今一直得到广大用户的青睐，历经数十年后仍然是人们主要使用的文本编辑工具，足见其生命力之强，其强大的编辑功能可以同任何一个最新的编辑器相媲美。后来陆续问世的各种vi的变种也都基本继承了vi功能强大、简洁、迅速、高效的特点，其中，移植性最好、功能最强、使用最广的就是vim编辑器。

2.2.1 vim的基本模式

vim编辑器按不同的使用方式可以分为4种模式，分别是标准模式（normal mode）、插入模式（insert mode）、命令行模式（command-line mode）和可视模式（visual mode），各模式的功能区分如下。

vim的使用

1. 标准模式

通常进入vim后默认处于标准模式（或者称为命令模式）。在此模式下，任何键盘的输入都作为命令来对待。命令的输入通常是不回显的，只显示执行的结果。

在此模式下，用户可以输入命令来控制屏幕光标的移动，字符、字或行的删除，移动复制某区段，也可以进入其他3种模式下。在其他任何模式中按下Esc键都可以回到此模式。

2. 插入模式

用户只有在插入模式下，才可以进行文字输入和修改等编辑工作，因此有时称此模式为编辑模式。在标准模式中输入表2.1所示的命令即可进入此模式。按下Esc键可回到命令行模式下。

表2.1　　　　　　　　　　　　进入插入模式的命令

命令	作用	命令	作用
a	在光标所在位置后输入字符	A	在光标所在行的行尾输入字符
i	在光标所在位置前输入字符	I	从光标所在行的非空行首输入字符
o	在光标所在行下新增一行，在新增的行首开始输入字符	O	在光标所在行上方新增一行，在新增的行首开始输入字符

3. 命令行模式

在此模式下，用户可以保存文件或退出 vim，也可以设置编辑环境，如寻找字符串、列出行号等。在命令模式中输入":"（一般命令）、"/"（正向搜索）或"?"（反向搜索）进入该模式。用户按下 Esc 键可回到命令行模式。在此模式下输入的命令会在底行中显示，这些命令输入完成之后要按下 Enter 键才会执行。通常该模式又称作底行模式（last-line mode）。

4. 可视模式

在命令模式中输入"v"（按字符选择）、"V"（按行选择）、Ctrl+V 组合键（按块选择）进入该模式，在屏幕底部会有"-VISUAL-""-VISUAL LINE-"或"-VISUAL BLOCK-"等提示。在此模式下，通过移动光标选择文本，选中的文本将反白显示，这样提供高效、直观的编辑功能。按下 Esc 键可回到命令行模式。

2.2.2 vim 的基本操作

1. vim 的进入、保存和退出

进入 vim 可以直接在命令终端下键入"vim<*文件名*>"，vim 可以自动载入所要编辑的文件或是开启一个新的文件。例如，在 shell 中键入"vim hello.c"（新建文件）则可进入 vim 环境。进入 vi 后，屏幕左方会出现波浪符号，凡是具有该符号就代表此列目前是空的。此时进入的是命令行模式。

要退出 vim，可以在命令行模式下键入":q"（不保存并退出）、":q!"（不保存并强制退出），或输入":wq"（保存并退出）指令，此指令为保存之后再离开（注意冒号）。vim 进入、保存和退出的相关命令如表 2.2 所示。

表 2.2　　　　　　　　　　　vim 进入、保存和退出命令

命令类别	命令	说明
编辑	:e filename	编辑文件名为 filename 的文件。若这个文件不存在，则会开启一个名为 filename 的新文件的编辑
保存	:w	保存文件，文件应已有名字
	:w filename	以文件名 filename 保存文件
退出	:q	退出，如果文件已修改则不能退出
	:q!	不保存强行推出，无论文件是否被修改
	:wq	保存后退出

2. 光标的移动

除了使用标准光标键移动光标之外，vim 还提供了很多复杂的光标移动方式。熟练掌握这些方式，能提高编辑复杂文件的效率。表 2.3 为 vim 中常用的光标移动指令，这些指令都是在标准模式下使用的。

表 2.3　　　　　　　　　　　vim 光标操作命令

命令类别	命令	说明
基本操作	h, j, k, l	分别等同于左方向键、下方向键、上方向键、右方向键
字操作	w	移至下一个单词的字首
	e	移至下一个单词的字尾
	b	移至上一个单词的字首

续表

命令类别	命令	说明
行操作	0	移至行首
	$	移至行尾
	G	移至文件尾部
	gg	移至文件首部
	H	移至当前屏幕顶部
	M	移至当前屏幕中间行的行首
	L	移至当前屏幕底部最后一行的行首
	$n-$	向上移动 n 行
	$n+$	向下移动 n 行
	nG	移至第 n 行
页操作	Ctrl + F	屏幕往"上"翻动一页，等同于 PageUp
	Ctrl + B	屏幕往"下"翻动一页，等同于 PageDown
	Ctrl + U	屏幕往"上"翻动半页
	Ctrl + D	屏幕往"下"翻动半页

3. 文本编辑

文本编辑包括输入、修改、复制、粘贴、删除（可以用 Delete 键和 Backspace 键）和恢复等操作，具体命令如表 2.4 所示。

表 2.4　　　　　　　　　　　　　　vim 文本编辑命令

命令类别	命令	说明
修改	r	修改光标所在的字符，键入"r"后直接键入待修改字符
	R	进入取代状态，在光标所指定的位置修改字符，该替代状态直到按下 Esc 键才结束
复制	yy	复制光标所在行
	$n$yy	复制光标所在行开始的 n 行，如 3yy 表示复制三行
	y^	复制光标至行首
	y$	复制光标至行尾
	yw	复制一个字（单词）
	yG	复制光标文件尾
	y1G	复制光标文件首
粘贴	p	粘贴至光标后
	P	粘贴至光标前
删除	x	删除光标所在位置的一个字符
	X	删除光标所在位置的前一个字符
	s	删除光标所在的字符，并进入输入模式
	S	删除光标所在的行，并进入输入模式
	dd	删除光标所在的行

续表

命令类别	命令	说明
删除	ndd	从光标所在行开始向下删除 n 行
	D	删除至行尾，等同于 d$
	dG	删除至文件尾部
	d1G	删除至文件首部，等同于 dgg
恢复	u	撤销上一步的操作，可以多次撤销
	U	在光标离开之前，恢复所有的编辑操作
	Ctrl + R	返回至撤销操作之前的状态

4. 查找与替换

vim 的查找与替换功能都支持正则表达式，可以匹配非常复杂的关键字，功能非常强大。查找与替换命令如表 2.5 所示。

表 2.5　　　　　　　　　　　　vim 查找与替换命令

类别	命令	说明
查找	/<要查找的字符>	向下查找要查找的字符
	?<要查找的字符>	向上查找要查找的字符
	n	继续查找
	N	反向查找
替换	:[range]s/pattern/string/[c,e,g,i]	range：指定查找的范围。例如 1,$指替换范围从第 0 行到最后一行 s：指转入替换模式 pattern：指要被替换的字符串，可以用正则表达式 string：指替换的字符串 c：每次替换前询问 e：不显示错误 g：强制整行替换 i：不区分大小写

2.3　编译器 gcc

2.3.1　gcc 的简介

GNU CC（简称 gcc）是 GNU 项目中符合 ANSI C 标准的编译系统，能够编译用 C、C++和 Object C 等语言编写的程序。gcc 不仅功能强大，可以编译如 C、C++、Object C、Java、Fortran、Pascal、Modula-3 和 Ada 等多种语言，而且 gcc 又是一个交叉平台编译器，支持的硬件平台很多，如 Alpha、ARM、avr、hppa、i386、m68k、MIPS、PowerPC、sparc、VxWorks、x86_64、Microsoft Windows、OS/2 等。它能够在当前 CPU 平台上为多种不同体系结构的硬件平台开发软件，因此尤其适用于嵌入式领域的开发编译。本章中的示例，除非特别注明，否则均采用 4.X.X 的 gcc 版本。

gcc 的编译分为如下 4 个步骤。

（1）预处理（Pre-Processing）：主要进行宏替换以及头文件的包含展开，不会检查错误。

```
gcc -E HelloWorld.c -o HelloWorld.i
```

gcc 编译

（2）编译（Compiling）：编译生成汇编文件，会检查语法是否有错误。

```
gcc -S HelloWorld.i -o HelloWorld.s
```

（3）汇编（Assembling）：将汇编文件编译生成目标文件（二进制文件）。

```
gcc -c HelloWorld.s -o HelloWorld.o
```

（4）链接（Linking）：链接库函数，生成可执行文件。

```
gcc HelloWorld.o -o HelloWorld
```

gcc 编译流程

编译器通过程序的扩展名可分辨编写原始程序代码所用的语言，由于不同的程序所需执行编译的步骤是不同的，因此 gcc 根据不同的后缀名分别对它们进行处理。表 2.6 为不同后缀名的处理方式。

表 2.6　　　　　　　　　　　gcc 支持的后缀名解释

后缀名	说明	后续编译流程
.c	C 语言原始程序	预处理、编译、汇编、链接
.C、.cc、.cxx	C++语言原始程序	预处理、编译、汇编、链接
.m	Objective-C 语言原始程序	预处理、编译、汇编、链接
.i	已经过预处理的 C 语言原始程序	编译、汇编、链接
.ii	已经过预处理的 C++语言原始程序	编译、汇编、链接
.s、.S	汇编语言原始程序	汇编、链接
.h/.hpp	C/C++语言预处理文件（头文件）	—
.o	目标文件	链接
.a/.so	编译后的库文件（静态库/动态库）	链接

gcc 使用的基本语法如下。

```
gcc [option | filename]
```

这里的 *option* 是 gcc 使用时的一些选项，通过指定不同的选项，gcc 可以实现其强大的功能。这里的 *filename* 则是 gcc 要编译的文件，gcc 会根据用户指定的编译选项以及识别的文件后缀名来对编译文件进行相应的处理。

2.3.2　gcc 的编译流程

本小节从编译流程的角度讲解 gcc 的常用方法。

首先，这里有一段简单的 C 语言程序，该程序由两个文件组成，其中 "hello.h" 为头文件，在 "hello.c" 中包含了 "hello.h"，其源文件如下。

```
/*hello.h*/
#ifndef _HELLO_H_
#define _HELLO_H_
typedef unsigned long val32_t;
#endif

/*hello.c*/
#include <stdio.h>
```

```
#include <stdlib.h>
#include "hello.h"

int main()
{
    val32_t i = 5;
    printf("hello, embedded world: %d\n", i);
}
```

1. 预处理阶段

预处理的主要作用是通过预处理的内建功能对一些可预处理资源进行等价替换，最常见的可预处理资源有文件包含、条件编译、布局控制和宏代换等。

文件包含：#include 是最为常见的预处理，主要将指定的文件代码组合到源程序代码之中。

条件编译：#if、#ifdef、#ifndef、#if defined、#endif、#undef 等也是常用的预处理，主要是在编译时进行选择性编译，有效地控制版本和编译范围，防止对文件的重复包含等重要功能。

布局控制：#pragma 功能因后面的参数不同而不同，例如，使用#pragma pack(1)可以使内存变量的 1 个字节对齐，使得结构变量的成员分配到连续的内存块，等价于__attribute__((packed))。

宏代换：#define 的主要功能是定义符号常量、函数功能、重新命名、字符串符号的拼接等。

其他的预处理有：#line 用于修改预定义宏__LINE__（当前所在的行号）和__FILE__（当前源文件的文件名）；#error / #warning 分别用于输出一个错误/警告信息等。

gcc 的选项"-E"可以使编译器在预处理结束时就停止编译，选项"-o"是指定 GCC 输出的结果，其命令格式如下。

`gcc -E -o [目标文件] [编译文件]`

表 2.6 指出后缀名为".i"的文件是经过预处理的 C 原始程序。要注意，"hello.h"文件是不能进行编译的，因此，使编译器在预处理后停止的命令如下。

`$ gcc -E -o hello.i hello.c`

在此处，选项"-o"是指目标文件，由表 2.6 可知，".i"文件为已经过预处理的 C 原始程序。以下列出了 hello.i 文件的部分内容。

```
# 2 "hello.c" 2
# 1 "hello.h" 1
……
typedef unsigned long val32_t;
# 3 "hello.c" 2
……
int main()
{
    val32_t i = 5;
    printf("hello, embedded world %d\n", i);
}
```

由此可见，gcc 确实进行了预处理，它把 hello.h 文件的内容插入 hello.i 文件中了。

2. 编译阶段

编译器在预处理结束之后，gcc 首先要检查代码的规范性、是否有语法错误等，以确定代码实际要做的工作，在检查无误后，就开始把代码翻译成汇编语言，gcc 的选项"-S"能使编译器在进行汇编之前就停止。由表 2.6 可知，".s"是汇编语言原始程序，因此，此处的目标文件就可设为".s"类型。

`$ gcc -S -o hello.s hello.i`

3. 汇编阶段

汇编阶段是把编译阶段生成的".s"文件生成目标文件，在此使用选项"-c"就可看到汇编代码已转化为".o"的二进制目标代码了,其命令如下。

```
$ gcc -c hello.s -o hello.o
```

4. 链接阶段

在成功编译之后,就进入了链接阶段。在这里涉及一个重要的概念:函数库。

在这个程序中并没有定义"printf"的函数实现,在预编译中包含进的"stdio.h"中也只有该函数的声明,而没有定义函数的实现,系统已经将这些函数实现放入名为 libc.so.6 的库文件中,在没有特别指定时,gcc 会到系统默认的搜索路径"/usr/lib"下查找,也就是链接到 libc.so.6 库函数中,这样就能够调用函数"printf"了,而这也就是链接的作用。

完成链接之后,gcc 就可以生成可执行文件,其命令如下。

```
$ gcc hello.o -o hello
```

运行该可执行文件,出现如下正确的结果。

```
$ ./hello
hello, embedded world 5
```

2.3.3 gcc 的常用编译选项

gcc 有超过 100 个的可用选项,包括总体选项、警告和出错选项、优化选项和体系结构等相关选项。下面对每一类中最常用的选项进行讲解。

1. 常用选项

gcc 的常用选项如表 2.7 所示,很多在前面的示例中已经涉及。

表 2.7   gcc 常用选项列表

选项	含义
-c	只编译、汇编不链接,生成目标文件".o"
-S	只编译不汇编,生成汇编代码
-E	只进行预编译,不做其他处理
-g	在可执行程序中包含标准调试信息
-o *file*	将 *file* 文件指定为输出文件
-v	打印出编译器内部编译各过程的命令行信息和编译器的版本
-I dir	在头文件的搜索路径列表中添加 dir 目录

对于"-c""-E""-o""-S"选项,在前一小节中已经讲解了其使用方法,在此主要讲解库依赖选项"-I dir"。

"-I dir"选项可以在头文件的搜索路径列表中添加 dir 目录。由于 Linux 中头文件都默认放到了"/usr/include/"目录下,因此,当用户希望添加放置在其他位置的头文件时,就可以通过"-I dir"选项来指定,这样,gcc 就会到相应的位置查找对应的目录。

比如在"/home/david/src/inc"下有两个文件 hello.c 和 my.h。

```
/* hello.c */
#include <my.h>
int main()
{
    printf("Hello!!\n");
    return 0;
}
/* my.h */
#include<stdio.h>
```

这样,就可以在 gcc 命令行中加入"-I"选项。
$ **gcc hello1.c -I /home/david/src/inc -o hello**
gcc 就能够执行出正确结果。

在 include 语句中,"<>"表示只在标准路径中搜索头文件,引号("")表示先在本目录中搜索,如果找不到,再到标准路径中找。故在上例中,可把 hello.c 的"#include<my.h>"改为"#include "my.h"",就不需要添加"-I"选项了。

2. 库相关选项

gcc 库选项如表 2.8 所示。

表 2.8　　　　　　　　　　　　　　gcc 库选项列表

选项	含义
-static	进行静态编译,即链接静态库,禁止链接动态库
-shared	1. 可以生成动态库文件 2. 进行动态编译,尽可能地链接动态库,只有在没有动态库时,才会链接同名的静态库(默认选项,即可省略)
-L *dir*	在库文件的搜索路径列表中添加 *dir* 目录
-l*name*	链接称为 lib*name*.a(静态库)或者 lib*name*.so(动态库)的库文件。若两个库都存在,则根据编译方式(-static 还是-shared)进行链接
-fPIC(或-fpic)	生成使用相对地址的位置无关的目标代码(Position Independent Code)。通常使用 gcc 的-static 选项从该 PIC 目标文件生成动态库文件

通常需要将一些常用的公共函数编译并集成到二进制文件(Linux 的 ELF 格式文件),以便其他程序可重复使用该文件中的函数,此时将这种文件叫作函数库,使用函数库不仅能够节省很多内存和存储器的空间资源,而且更重要的是大大降低了开发难度和开销,提高了开发效率并增强程序的结构性。实际上,在 Linux 中的每个程序都会链接到一个或者多个库。比如使用 C 函数的程序会链接到 C 运行时库,Qt 应用程序会链接到 Qt 支持的相关图形库等。

函数库有静态库和动态库两种,静态库是一系列目标文件(.o 文件)的归档文件(文件名格式为 lib*name*.a),如果在编译某个程序时链接静态库,则链接器将会搜索静态库,从中提取出它所需的目标文件并直接复制到该程序的可执行二进制文件(ELF 格式文件)之中;动态库(文件名格式为 lib*name*.so [.*主版本号.次版本号.发行号*])在程序编译时并不会被链接到目标代码中,而是在程序运行时才被载入。

下面通过一个简单的例子,介绍如何创建和使用这两种函数库。

首先创建 unsgn_pow.c 文件,它包含 unsgn_pow()函数的定义,具体代码如下。

```
/* unsgn_pow.c: 库程序 */
unsigned long long unsgn_pow(unsigned int x, unsigned int y)
{
    unsigned long long res = 1;
    if (y == 0)
    {
        res = 1;
    }
    else if (y == 1)
    {
        res = x;
```

```
    }
    else
    {
        res = x * unsgn_pow(x, y - 1);
    }
    return res;
}
```
然后创建 pow_test.c 文件,它会调用 unsgn_pow()函数。
```
/* pow_test.c */
#include <stdio.h>
#include <stdlib.h>
int main(int argc, char *argv[])
{
    unsigned int x, y;
    unsigned long long res;

    if ((argc < 3) || (sscanf(argv[1], "%u", &x) != 1)
                   || (sscanf(argv[2], "%u", &y)) != 1)
    {
        printf("Usage: pow base exponent\n");
        exit(1);
    }
    res = unsgn_pow(x, y);
    printf("%u ^ %u = %u\n", x, y, res);
    exit(0);
}
```
用 unsgn_pow.c 文件可以制作一个函数库。下面分别观察如何生成静态库和动态库。

(1) 静态库的创建和使用。

创建静态库比较简单,使用归档工具 ar 将一些目标文件集成在一起。

```
$ gcc -c unsgn_pow.c
$ ar rcsv libpow.a unsgn_pow.o
a - unsgn_pow.o
```
下面编译主程序,它将会链接到刚生成的静态库 libpow.a。具体运行结果如下。
```
$ gcc -o pow_test pow_test.c -L. -lpow
$ ./pow_test 2 10
2 ^ 10 = 1024
```
其中,选项"-L dir"的功能与"-I dir"类似,能够在库文件的搜索路径列表中添加 dir 目录,而"-lname"选项指示编译时链接到库文件 lib*name*.a 或者 lib*name*.so。在本实例中,程序 pow_test.c 需要使用当前目录下的一个静态库 libpow.a。

(2) 动态库的创建和使用。

首先使用 gcc 的-fPIC 选项为动态库构造一个目标文件,命令如下。
```
$ gcc -fPIC -Wall -c unsgn_pow.c
```
接下来,使用-shared 选项和已创建的位置无关目标代码,生成一个动态库 libpow.so,命令如下。
```
$ gcc -shared -o libpow.so unsgn_pow.o
```
下面编译主程序,它将会链接到刚生成的动态库 libpow.so,命令如下。
```
$ gcc -o pow_test pow_test.c -L. -lpow
```
在运行可执行程序之前,需要注册动态库的路径名。其方法有几种:修改/etc/ld.so.conf 文件、修改 LD_LIBRARY_PATH 环境变量,或者将库文件直接复制到/lib 或者/usr/lib 目录下(这两个目录为系统的默认库路径名）。运行结果如下。

```
$ cp libpow.so /lib
$ ./pow_test 2 10
2 ^ 10 = 1024
```

动态库只有当使用它的程序执行时，才被链接使用，而不是将需要的部分直接编译入可执行文件中，并且一个动态库可以被多个程序使用，故可称为共享库；而静态库将会整合到程序中，因此在程序执行时不用加载静态库。从而可知，链接到静态库会使程序臃肿，并且难以升级，但是可能会比较容易部署。而链接到动态库会使程序轻便，并且易于升级，但是会难以部署。

3. 警告和出错选项

gcc 的警告和出错选项如表 2.9 所示。

表 2.9　　　　　　　　　　　　gcc 警告和出错选项列表

选项	含义
-ansi	支持符合 ANSI 标准的 C 程序
-pedantic	允许发出 ANSI C 标准所列的全部警告信息
-pedantic-error	允许发出 ANSI C 标准所列的全部错误信息
-w	关闭所有警告信息
-Wall	允许发出 gcc 提供的所有有用的报警信息
-werror	把所有的警告信息转化为错误信息，并在警告发生时终止编译过程

下面结合实例对这几个警告和出错选项进行简单讲解。

有以下程序段。

```
void main()
{
    long long tmp = 1;
    printf("This is a bad code!\n");
    return 0;
}
```

这是一个很糟糕的程序，读者可以考虑一下有哪些问题。

（1）"-ansi"：该选项强制 gcc 生成标准语法所要求的警告信息，尽管这还并不能保证所有没有警告的程序都是符合 ANSI C 标准的。运行结果如下。

```
$ gcc -ansi warning.c -o warning
warning.c:     在函数"main"中：
warning.c:7   警告：在无返回值的函数中，"return"带返回值
warning.c:4   警告："main"的返回类型不是"int"
```

可以看出，该选项并没有发现"long long"这个无效数据类型的错误。

（2）"-pedantic"：打印 ANSI C 标准列出的全部警告信息，同样也保证所有没有警告的程序都是符合 ANSI C 标准的。其运行结果如下。

```
$ gcc -pedantic warning.c -o warning
warning.c:     在函数"main"中：
warning.c:5   警告：ISO C90 不支持"long long"
warning.c:7   警告：在无返回值的函数中，"return"带返回值
warning.c:4   警告："main"的返回类型不是"int"
```

可以看出，使用该选项查出了"long long"这个无效数据类型的错误。

（3）"-Wall"：打印 gcc 能够提供的所有有用的报警信息。该选项的运行结果如下。
```
$ gcc -Wall warning.c -o warning
warning.c:4    警告："main"的返回类型不是"int"
warning.c:    在函数"main"中：
warning.c:7    警告：在无返回值的函数中，"return"带返回值
warning.c:5    警告：未使用的变量"tmp"
```
使用"-Wall"选项找出了未使用的变量 tmp，但它并没有找出无效数据类型的错误。

另外，gcc 还可以利用选项对单独的常见错误分别指定警告，有关具体选项的含义，感兴趣的读者可以查看 gcc 手册进行学习。

4. 优化选项

gcc 可以对代码进行优化，它通过编译选项"-O*n*"来控制优化代码的生成，其中 *n* 是一个代表优化级别的整数。对于不同版本的 gcc 来讲，*n* 的取值范围及其对应的优化效果可能并不完全相同，比较典型的范围是从 0 变化到 2 或 3。

不同的优化级别对应不同的优化处理工作。如使用优化选项"-O"主要进行线程跳转（Thread Jump）和延迟退栈（Deferred Stack Pops）两种优化。使用优化选项"-O2"除了完成所有"-O1"级别的优化之外，还要进行一些额外的调整工作，如不进行循环展开和函数内嵌等。选项"-O3"则还包括循环展开和其他一些与处理器特性相关的优化工作。

虽然使用优化选项可以加速代码的运行速度，但对于调试而言将是一个很大的挑战。因为代码在经过优化之后，原先在源程序中声明和使用的变量很可能不再使用，控制流也可能会突然跳转到意外的地方，循环语句也有可能因为循环展开而变得到处都有，所有这些对调试来讲都将是一场噩梦。因此建议在调试时，最好不使用任何优化选项，只有当程序在最终发行时，才考虑对其进行优化。

5. 体系结构相关选项

gcc 的体系结构相关选项如表 2.10 所示。

表 2.10   gcc 体系结构相关选项列表

选项	含义
-mcpu=type	针对不同的 CPU 使用相应的 CPU 指令。可选择的 type 有 i386、i486、pentium 及 i686 等
-mieee-fp	使用 IEEE 标准进行浮点数的比较
-mno-ieee-fp	不使用 IEEE 标准进行浮点数的比较
-msoft-float	输出包含浮点库调用的目标代码
-mshort	把 int 类型作为 16 位处理，相当于 short int
-mrtd	强行将函数参数个数固定的函数用 ret NUM 返回，节省调用函数的一条指令

这些体系结构相关选项在嵌入式的设计中会有较多的应用，读者需根据不同体系结构将对应的选项进行组合处理。

2.4 调试器 gdb

在程序编译通过生成可执行文件之后，就进入了程序的调试环节。调试一直以来都是程序开发的重中之重，如何使程序员能够迅速找到错误的原因是调试器的目标。

gdb是GNU开源组织发布的一个强大的Linux下的程序调试工具,它是一种强大的命令行调试工具。一个合格的调试器需要有以下4项基本功能。

(1)能够运行程序,设置所有能影响程序运行的参数。
(2)能够使程序在指定的条件下停止。
(3)能够在程序停止时检查所有参数的情况。
(4)能够根据指定条件改变程序的运行。

2.4.1 gdb的使用流程

这里给出一个小程序,以此介绍gdb的使用流程。建议读者能够动手实际操作。首先,打开Linux下的编辑器vim,编辑如下代码。

```
/* test.c */
#include <stdio.h>
int sum(int m);
int main()
{
    int i, n = 0;
    sum(50);
    for(i = 1; i<= 50; i++)
    {
        n += i;
    }
    printf("The sum of 1-50 is %d \n", n );
}
int sum(int m)
{
    int i, n = 0;
    for (i = 1; i <= m; i++)
    {
        n += i;
    printf("The sum of 1-m is %d\n", n );
    }
}
```

在保存退出后,首先使用gcc对test.c进行编译,注意一定要加上选项"-g",这样编译出的可执行代码中才包含调试信息,否则之后gdb无法载入该可执行文件。

```
$ gcc -g test.c -o test
```

虽然这段程序没有错误,但调试完全正确的程序可以更加了解gdb的使用流程。接下来启动gdb进行调试。注意,gdb进行调试的是可执行文件,而不是如".c"的源代码,因此,需要先通过gcc编译生成可执行文件,才能用gdb进行调试。

```
$ gdb test
```
……(gdb版本号、使用的库文件等信息)
(gdb)

(1)查看文件
在gdb中键入"l"(list)可以查看所载入的文件,如下所示。

```
(gdb) l
1       #include <stdio.h>
2       int sum(int m);
3       int main()
4       {
5           int i,n = 0;
6           sum(50);
7           for(i = 1; i <= 50; i++)
```

```
8         {
9             n += i;
10        }
```
在 gdb 的命令中都可以使用缩略形式的命令,如"l"代表"list","b"代表"breakpoint","p"代表"print"等,读者也可使用"help"命令查看帮助信息。

(2)设置断点

设置断点是调试程序中一个非常重要的手段,它可以使程序运行到一定位置时暂停。因此,程序员在该位置处可以方便地查看变量的值、堆栈情况等,从而找出代码的症结所在。

在 gdb 中设置断点非常简单,只需在"b"后加入对应的行号即可(这是最常用的方式,另外还有其他方式设置断点),如下所示。

```
(gdb) b 6
Breakpoint 1 at 0x804846d: file test.c, line 6.
```

要注意的是,在 gdb 中利用行号设置断点是指代码运行到对应行之前将其停止,如上例中,代码运行到第 6 行之前暂停(并没有运行第 6 行)。

(3)查看断点情况

设置完断点之后,可以键入"info b"查看设置断点情况,在 gdb 中可以设置多个断点。

```
(gdb) info b
Num Type           Disp Enb Address     What
1   breakpoint     keep y   0x0804846d in main at test.c:6
```

在断点键入"backrace"(只输入"bt"即可)可以查到调用函数(堆栈)的情况,这个功能在程序调试中使用非常广泛,经常用于排除错误或者监视函数调用堆栈的情况。

```
(gdb) b 19
(gdb) c
Breakpoin 2, sum(m=50) at test.c:19
19                      printf("The sum of 1-m is %d\n", n);
(gdb) bt
#0  sum(m=50) at test.c:19             /* 停在 test.c 的 sum()函数,第 19 行*/
#1  0x080483e8 in main() at test.c:6   /* test.c 的第 6 行调用 sum 函数*/
```

(4)运行代码

接下来就可以运行代码了,gdb 默认从首行开始运行代码,键入"r"(run)即可(若想从程序中的指定行开始运行,可在 r 后面加上行号)。

```
(gdb) r
Starting program: /root/workplace/gdb/test
Reading symbols from shared object read from target memory...done.
Loaded system supplied DSO at 0x5fb000

Breakpoint 1, main () at test.c:6
6               sum(50);
```

可以看到,程序运行到断点处就停止了。

(5)查看变量值

在程序停止运行之后,程序员要做的工作是查看断点处的相关变量值。在 gdb 中键入"p"+变量值即可,如下所示。

```
(gdb) p n
$1 = 0
(gdb) p i
$2 = 134518440
```

在此处,变量"i"的值是一个奇怪的数字,原因就在于程序是在断点设置的对应行之前停止的,在此时,并没有把"i"的数值赋为 0,而只是一个随机的数字。但变量"n"是在第 4 行赋值的，故在此时已经为 0。

（6）单步运行

单步运行可以使用命令"n"（next）或"s"（step），它们之间的区别在于：若有函数调用时，"s"会进入该函数，而"n"不会进入该函数。因此，"s"就类似于 VC 等工具中的"step in"，"n"类似于 VC 等工具中的"step over"。它们的使用方法如下。

```
(gdb) n
The sum of 1-m is 1275
7            for (i = 1; i <= 50; i++)
(gdb) s
sum (m=50) at test.c:16
16           int i, n = 0;
```

可见，使用"n"后，程序显示函数 sum()的运行结果并向下执行，而使用"s"后，进入 sum()函数中单步运行。

（7）恢复程序运行

在查看完所需变量及堆栈情况后，可以使用命令"c"（continue）恢复程序的正常运行了。这时，它会把剩余还未执行的程序执行完，并显示剩余程序中的执行结果。以下是之前使用"n"命令恢复后的执行结果。

```
(gdb) c
Continuing.
The sum of 1-50 is :1275
Program exited with code 031.
```

可以看出，程序在运行完后退出，之后程序处于"停止状态"。在 gdb 中，程序的运行状态有"运行""暂停"和"停止"3 种，其中"暂停"状态为程序遇到了断点或观察点等，程序暂时停止运行，而此时函数的地址、函数参数、函数内的局部变量都会被压入"栈"（Stack）中。故在这种状态下，可以查看函数的变量值等各种属性。但当函数处于"停止"状态之后，"栈"就会自动撤销，它也就无法查看各种信息了。

2.4.2 gdb 的基本命令

gdb 的命令可以查看 help 进行查找，由于 gdb 的命令很多，因此 gdb 的 help 将其分成了很多种类（class），用户可以进一步查看相关 class 找到相应命令，如下所示。

```
(gdb) help
List of classes of commands:

aliases -- Aliases of other commands
breakpoints -- Making program stop at certain points
data -- Examining data
files -- Specifying and examining files
internals -- Maintenance commands
……

Type "help" followed by a class name for a list of commands in that class.
Type "help" followed by command name for full documentation.
Command name abbreviations are allowed if unambiguous.
```

上面列出了 gdb 各个分类的命令，注意底部的加粗部分说明其为分类命令。接下来可以具体查找各分类的命令，如下所示。

```
(gdb) help data
Examining data.

List of commands:
```

```
call -- Call a function in the program
delete display -- Cancel some expressions to be displayed when program stops
delete mem -- Delete memory region
disable display -- Disable some expressions to be displayed when program stops
……
Type "help" followed by command name for full documentation.
Command name abbreviations are allowed if unambiguous.
```

若用户想要查找 call 命令，就可键入 "help call"。

```
(gdb) help call
Call a function in the program.
The argument is the function name and arguments, in the notation of the
current working language. The result is printed and saved in the value
history, if it is not void.
```

若用户已知命令名，也可以直接键入 "help [command]"。

gdb 中的命令主要分为以下几类：工作环境相关命令、设置断点与恢复命令、源代码查看命令、查看运行数据相关命令及修改运行参数命令。以下分别对这几类的命令进行讲解。

1. 工作环境相关命令

gdb 中不仅可以调试所运行的程序，而且可以对程序相关的工作环境进行相应的设定，甚至还可以使用 shell 中的命令进行相关的操作，其功能极其强大。gdb 常见的工作环境相关命令如表 2.11 所示。

表 2.11　　　　　　　　　　　　　gdb 工作环境相关命令

命令格式	含义
set args 运行时的参数	指定运行时参数，如 set args 2
show args	查看设置好的运行参数
path dir	设定程序的运行路径
show paths	查看程序的运行路径
set environment var [=value]	设置环境变量
show environment [var]	查看环境变量
cd dir	进入 dir 目录，相当于 shell 中的 cd 命令
pwd	显示当前工作目录
shell command	运行 shell 的 command 命令

2. 设置断点与恢复命令

gdb 中设置断点与恢复的常见命令如表 2.12 所示。

表 2.12　　　　　　　　　　　　gdb 中设置断点与恢复的常见命令

命令格式	含义
info b	查看所设断点
break [文件名:]行号或函数名<条件表达式>	设置断点
tbreak [文件名:]行号或函数名<条件表达式>	设置临时断点，到达后自动删除
delete [断点号]	删除指定断点，其断点号为 "info b" 中的第一栏。若默认断点号，则删除所有断点
disable [断点号]	停止指定断点，使用 "info b" 仍能查看此断点。同 delete 一样，若默认断点号，则停止所有断点

续表

命令格式	含义
enable [断点号]	激活指定断点,即激活被 disable 停止的断点
condition [断点号] <条件表达式>	修改对应断点的条件
ignore [断点号]<*num*>	在程序执行中,忽略对应断点 *num* 次
step	单步恢复程序运行,且进入函数调用
next	单步恢复程序运行,但不进入函数调用
finish	运行程序,直到当前函数完成返回
c	继续执行函数,直到函数结束或遇到新的断点

由于设置断点在 gdb 的调试中非常重要,所以在此再着重讲解 gdb 中设置断点的方法。

gdb 中设置断点有多种方式:其一是按行设置断点,另外还可以设置函数断点和条件断点,在此结合上一小节的代码,具体介绍后两种设置断点的方法。

(1)函数断点

gdb 中按函数设置断点只需把函数名列在命令"b"之后,如下所示。

```
(gdb) b test.c:sum
Breakpoint 1 at 0x80484ba: file test.c, line 16.
(gdb) info b
Num Type           Disp Enb Address    What
1   breakpoint     keep y   0x080484ba in sum at test.c:16
```

要注意的是,此时的断点实际是在函数的定义处,也就是在 16 行处(注意第 16 行还未执行)。

(2)条件断点

gdb 中设置条件断点的格式为:b 行数或函数名 if 表达式。具体实例如下。

```
(gdb) b 8 if i==10
Breakpoint 1 at 0x804848c: file test.c, line 8.
(gdb) info b
Num Type           Disp Enb Address    What
1   breakpoint     keep y   0x0804848c in main at test.c:8
        stop only if i == 10
(gdb) r
Starting program: /home/yul/test
The sum of 1-m is 1275

Breakpoint 1, main () at test.c:9
9            n += i;
(gdb) p i
$1 = 10
```

可以看到,该例中在第 8 行(也就是运行完第 7 行的 for 循环)设置了一个"i==10"的条件断点,在程序运行之后可以看出,程序确实在 i 为 10 时暂停运行。

3. gdb 中源码查看相关命令

在 gdb 中可以查看源码以方便其他操作,它的常见相关命令如表 2.13 所示。

表 2.13　　　　　　　　　　　　　gdb 中源码查看相关命令

命令格式	含义
list <行号>|<函数名>	查看指定位置代码
file [文件名]	加载指定文件
forward-search 正则表达式	源代码的前向搜索

命令格式	含义
reverse-search 正则表达式	源代码的后向搜索
dir DIR	将路径 DIR 添加到源文件搜索的路径的开头
show directories	显示源文件的当前搜索路径
info line	显示加载到 gdb 内存中的代码

4. gdb 中查看运行数据相关命令

gdb 中查看运行数据是指当程序处于"运行"或"暂停"状态时，可以查看的变量及表达式的信息，其常见命令如表 2.14 所示。

表 2.14　　　　　　　　　　gdb 中查看运行数据相关命令

命令格式	含义
print 表达式|变量	查看程序运行时对应表达式和变量的值
x <n/f/u>	查看内存变量内容。其中 n 为整数表示显示内存的长度，f 表示显示的格式，u 表示从当前地址往后请求显示的字节数
display 表达式	设定在单步运行或其他情况中，自动显示的对应表达式的内容
backtrace 或 bt	查看当前栈帧的情况，即可以查到哪些被调用的函数尚未返回
frame n	打印第 n 个栈帧
info reg/stack	查看寄存器/堆栈使用情况
up	调到上一层函数，即上移栈帧
down	与 up 相对，即下移栈帧

5. gdb 中修改运行参数相关命令

gdb 还可以修改运行时的参数，并使该变量按照用户当前输入的值继续运行。它的设置方法为：在单步执行的过程中，键入命令"set 变量 = 设定值"。在此之后，程序会按照该设定的值运行。下面，结合上一小节中的代码将 n 的初始值设为 4，其代码如下。

```
(gdb) b 7
Breakpoint 5 at 0x804847a: file test.c, line 7.
(gdb) r
Starting program: /home/yul/test
The sum of 1-m is 1275
Breakpoint 5, main () at test.c:7
7           for(i = 1; i <= 50; i++)
(gdb) set n=4
(gdb) c
Continuing.
The sum of 1-50 is 1279
Program exited with code 031.
```

可以看到，最后的运行结果确实比之前的值大了 4。

2.4.3　gdbserver 的远程调试

在嵌入式系统开发中，用户经常通过使用交叉调试工具实现远程调试。采用远程调试的主要原因是大多数嵌入式平台不太适合进行本地调试，在很多嵌入式平台上内存等资源受限制，并且附带调试信息的可执行程序往往超过几兆字节大小。使用交叉调试，可以减轻嵌入式平台相应的负担。

gdb 调试器提供了两种不同的远程调试方法,即 gdbserver 方式和 stub(插桩)方式。这两种远程调试方式是有区别的。gdbserver 本身的体积很小,能够在具有很小内存的目标系统上独立运行,因而非常适合嵌入式开发。stub 方式则需要通过链接器把调试代理和要调试的程序链接成一个可执行的应用程序文件,而且 stub 需要修改异常处理和驱动程序等。但 gdbserver 要求宿主机和目标系统采用同一系列的操作系统,而 stub 没有这种限制,甚至目标系统可以没有操作系统。gdbserver 比较适合于调试嵌入式平台上的应用程序,而 stub 比较适合于调试 bootloader 和内核等系统程序。

在本小节中采用 gdb+gdbserver 的方式调试嵌入式平台上的 Linux 应用程序。其中 gdbserver 在目标系统上运行,gdb 则在宿主机上运行。gdb 和 gdbserver 之间可以通过串行线或 TCP/IP 网络连接进行通信,采用的通信协议是标准的 gdb 远程串行协议(RSP)。

(1)安装 arm-linux-gdb

从官网下载 gdb 的最新版本的源代码包。本小节以 gdb-6.8 为例进行说明。安装命令如下。

```
$ tar zxvf gdb-6.8.tar.gz
$ cd gdb-6.8
$ ./configure -target=arm-linux
$ make
```

此时可能出现以下错误(如系统已经安装 termcap 库,则不会出错)。

```
configure:error: no termcap library found
```

这个问题只要安装 termcap 库就能得到解决,该软件从 ftp://ftp.gnu.org/gnu/termcap/termcap 可以下载。其安装命令如下。

```
$ tar zxvf termcap-1.3.1.tar.gz
./configure -build="i686-pc-linux-gnu" -host="arm-linux-gnu" \
            -target="arm-linux-gnu" -prefix="$HOME/install"
$ make
$ make install
```

这样在$HOME/install 目录下会生成一个 libtermcap.a 库文件,这个目录是在上述命令中使用 -prefix 参数指定的。现在把 libtermcap.a 文件复制到系统的默认库目录(/usr/lib 等)中。

在成功安装 termcap 库之后,重新编译和安装 gdb 即可,命令如下。

```
$ make; make install
```

编译和安装过程成功结束之后,/usr/local/bin 目录下会出现两个文件:arm-linux-gdb 和 arm-linux-run。arm-linux-gdb 就是宿主机上运行的 gdb 调试器,而 arm-linux-run 用于在宿主机上运行 armulator 仿真器,把程序的运行结果显示出来。

(2)安装 gdbserver

在安装完宿主机的 gdb 端之后,需要编译在目标系统运行的 gdbserver 程序。在 gdb 源代码的解压目录下的 gdb/gdbserver 目录包含了编译 gdbserver 所需的所有东西。其命令如下。

```
$ cd gdb-6.8/gdb/gdbserver
$ chmod +x configure
$ ./configure -host=arm-linux -target=arm-linux
$ make CC=arm-linux-gcc
$ arm-linux-strip gdbserver     /* 去掉各种调试信息,减小 gdbserver 的大小 */
```

编译完成之后,在当前目录下会出现一个 ARM 平台的可执行文件 gdbserver。

(3)远程调试

首先将生成的 gdbserver 文件下载到目标系统上。使用 gdbserver 调试时,在目标系统中需要有一份要调试的程序的拷贝,可以通过 NFS 或 ftp 下载到目标系统上。宿主机也需要这样一份拷贝。由于 gdbserver 不处理程序符号表,所以如果有必要,可以用 arm-linux-strip 工具将目标系统上的符号表去掉以节省空间。符号表由运行在宿主机上的 gdb 调试器处理，不能将宿主机上的那份程序中的符号表去掉，否则就不能在调试过程中使用符号了。

下面是一个很典型的内存访问错误（段错误）的程序。

```
/* arm_error.c */
int main()
{
    char *p = "Error";
    p[0] = 'e';
    printf("%s\n", p);
    return 0;
}
```

使用交叉编译器生成附带调试信息的可运行程序，命令如下。

```
$ arm-linux-gcc -g -o arm_error arm_error.c
$ arm-linux-strip arm_error_strip
```

其中 arm_error 是宿主机端的附带调试信息的可运行程序，arm_error_strip 是将在目标机上使用的不带调试信息的可运行程序（在目标机端也可以直接使用附带调试信息的程序）。

首先在目标机上启动 gdbserver，命令如下。

```
$ ./gdbserver 192.168.1.113:1234 arm_error_strip
Process arm_error_strip created; pid = 359
Listening on port 1234
```

其中 192.168.1.113 是宿主机的 IP 地址。gdbserver 启动一个子进程 arm_error_strip（进程号为 359），然后将在 1234 端口（也可以设为其他端口号，一般大于 1 000，小于 65 534）上等待来自宿主机端 gdb 调试器的连接。此时在宿主机上启动 arm-linux-gdb，命令如下。

```
$ arm-linux-gdb arm_error
GNU gdb 6.8
Copyright (C) 2008 Free Software Foundation, Inc.
……
(gdb) target remote 192.168.1.120:1234
Remote debugging using 192.168.1.120:1234
[New Thread 359]
0x40001290 in ?? ()
(gdb) symbol-file arm_error
Reading symbols from /home/david/project/test/arm_error...done.
```

启动 arm-linux-gdb 之后，通过 target remote 命令连接到目标系统的 1234 端口。其中 192.168.1.120 是目标机的 IP 地址。接下来通过 symbol-file 命令读入符号表，其参数是附带调试信息的可执行程序，即 arm_error 文件。

现在可以进行调试工作了。需要注意的是和本地调试不同，在远程调试时，不需要使用 run 启动程序运行，因为目标板上已经启动了被调试的程序的运行。现在目标机的该程序的进程被 gdbserver 阻塞，以等待来自宿主机的调试指令。以下是宿主机上的调试过程。

```
(gdb) b main
Breakpoint 1 at 0x83b4: file hello.c, line 5.
(gdb) c
Continuing.

Breakpoint 1, main () at arm_error.c:5
5           char *p = "Error";
(gdb) n
7           p[0] = 'e';
(gdb) n
Program received signal SIGSEGV, Segmentation fault.
```

```
0x000083c4 in main () at arm_error.c:7
7           p[0] = 'e';
(gdb) bt
#0  0x000083c4 in main () at arm_error.c:7
(gdb) n
Program terminated with signal SIGSEGV, Segmentation fault.
The program no longer exists.
(gdb) q
```

在调试过程中，很容易发现问题出在"p[0] = 'e';"语句上。在调试结束之后，可以观察目标机上的显示信息，该程序的进程是收到 SIGSEGV 信号（段错误）而结束的，显示如下。

```
$ gdbserver 192.168.1.113:1234 arm_error_strip
Process arm_error_strip created; pid = 359
Listening on port 1234
Remote debugging from host 192.168.1.113
Child terminated with signal = b
Child terminated with signal = 0xb (SIGSEGV)
GDBserver exiting
```

2.5　make 工程管理器

前面几节主要讲解如何在嵌入式 Linux 下使用编辑器编写代码，如何使用 gcc 把代码编译成可执行文件，以及如何使用 gdb 在本地和远程调试程序，所有的工作看似已经完成了，为什么还需要 make 这个工程管理器呢？

工程管理器用来管理较多的文件。读者可以试想一下，有一个由上百个文件的代码构成的项目，如果其中只有一个或少数几个文件进行了修改，按照之前所学的 gcc 编译工具，就不得不把所有的文件重新编译一遍，因为编译器并不知道哪些文件是最近更新的，而只知道需要包含这些文件才能把源代码编译成可执行文件，于是，程序员就不得不重新输入数目如此庞大的文件名以完成最后的编译工作。

人们希望有一个工程管理器能够自动识别更新了的文件代码，同时又不需要重复输入冗长的命令行，于是 make 工程管理器应运而生。

实际上，make 工程管理器就是个自动编译管理器，能够根据文件时间戳自动发现更新过的文件而减少编译的工作量，同时，它通过读入 Makefile 文件的内容来执行大量的编译工作。用户只需一次编写简单的编译语句即可，这大大提高了实际项目的工作效率，几乎所有嵌入式 Linux 下的项目编程均会涉及它。

2.5.1　makefile 的基本结构

makefile 是 make 读入的唯一配置文件，因此本节的内容实际就是讲述 makefile 的编写规则。在一个 makefile 中通常包含如下内容。

（1）需要由 make 工具创建的目标体（target），通常是目标文件或可执行文件。
（2）要创建的目标体所依赖的文件（dependency_file）。
（3）创建每个目标体时需要运行的命令（command），这一行必须以制表符（Tab 键）开头。

它的格式为：

```
target: dependency_files
    command /* 该行必须以 tab 键开头 */
```

例如，有两个文件分别为 hello.c 和 hello.h，创建的目标体为 hello.o，执行的命令为 gcc 编译指令 gcc –c hello.c，那么，对应的 makefile 就可以写为：

```
#The simplest example /*注释以#开头*/
hello.o: hello.c hello.h
    gcc -c hello.c -o hello.o
```

接着就可以使用 make 了。使用 make 的格式为：make target，这样 make 就会自动读入 makefile（也可以是首字母大写的 Makefile，但优先级低于 makefile）并执行对应 target 的 command 语句，找到相应的依赖文件，如下所示。

```
$ make hello.o
gcc -c hello.c -o hello.o
$ ls
hello.c hello.h hello.o makefile
```

可以看到，makefile 执行了"hello.o"目标体的命令语句，并生成了"hello.o"目标体。

2.5.2 makefile 的变量

上面实例的 makefile 在实际开发中是几乎不存在的，因为这个例子过于简单，仅包含两个文件和一个命令，在这种情况下完全没必要编写 makefile，而只需在 shell 中直接输入即可。在实际开发中使用的 makefile 往往包含很多的文件和命令的，这也是 makefile 产生的原因。下面给出稍微复杂一些的 makefile 进行讲解。

```
david:kang.o yul.o
    gcc kang.o bar.o -o myprog
kang.o : kang.c kang.h head.h
    gcc -Wall -O -g -c kang.c -o kang.o
yul.o : bar.c head.h
    gcc - Wall -O -g -c yul.c -o yul.o
```

在这个 makefile 中有 3 个目标体（target），分别为 david、kang.o 和 yul.o，其中第一个目标体的依赖文件就是后两个目标体。如果用户使用命令"make david"，则 make 管理器就是找到 david 目标体开始执行。

这时，make 会自动检查相关文件的时间戳。首先，在检查 kang.o、yul.o 和 david3 个文件的时间戳之前，它会向下查找那些把 kang.o 或 yul.o 作为目标文件的文件的时间戳。比如，kang.o 的依赖文件为 kang.c、kang.h、head.h。如果这些文件中任何一个的时间戳比 kang.o 新，则命令 gcc -Wall -O -g -c kang.c -o kang.o 将会执行，从而更新文件 kang.o。在更新完 kang.o 或 yul.o 之后，make 会检查最初的 kang.o、yul.o 和 david3 个文件，只要文件 kang.o 或 yul.o 中至少有一个文件的时间戳比 david 新，第二行命令就会被执行。这样，make 就完成了自动检查时间戳的工作，开始执行编译工作。这就是 make 工作的基本流程。

接下来，为了进一步简化编辑和维护 makefile，make 允许在 makefile 中创建和使用变量。变量是在 makefile 中定义的名字，用来代替一个文本字符串，该文本字符串称为该变量的值。在具体要求下，这些值可以代替目标体、依赖文件、命令以及 makefile 文件中的其他部分。在 makefile 中，变量定义有两种方式：递归展开方式和简单方式。

递归展开方式定义的变量是在引用该变量时进行替换的，即如果该变量包含了对其他变量的引用，则在引用该变量时，一次性将内嵌的变量全部展开，虽然这种类型的变量能够很好地完成用户的指令，但是它也有严重的缺点，如不能在变量后追加内容（因为语句 CFLAGS = $(CFLAGS) -O 在变量扩展过程中可能导致无穷循环）。

为了避免上述问题，简单扩展型变量的值在定义处展开，并且只展开一次，因此它不包含任何对其他变量的引用，从而消除变量的嵌套引用。

递归展开方式的定义格式为：VAR=var。

简单扩展方式的定义格式为：VAR:=var。

make 中的变量使用的格式为：$(VAR)。

变量名是不包括":""#""="以及结尾空格的任何字符串。同时，变量名中包含字母、数字以及下画线以外的情况应尽量避免，因为它们可能在将来被赋予特别的含义。

变量名是对大小写敏感的，例如，变量名"foo""FOO"和"Foo"代表不同的变量。

下面给出了上例中用变量替换修改后的 makefile，这里用 OBJS 代替 kang.o 和 yul.o，用 CC 代替 gcc，用 CFLAGS 代替"-Wall -O -g"。这样在以后修改时，就可以只修改变量定义，而不需要修改下面的定义实体，从而大大简化了 makefile 维护的工作量。

经变量替换后的 makefile 如下：

```
OBJS = kang.o yul.o
CC = gcc
CFLAGS = -Wall -O -g
david : $(OBJS)
        $(CC) $(OBJS) -o david
kang.o : kang.c kang.h
        $(CC) $(CFLAGS) -c kang.c -o kang.o
yul.o : yul.c yul.h
        $(CC) $(CFLAGS) -c yul.c -o yul.o
```

可以看到，此处变量是以递归展开方式定义的。

makefile 中的变量分为用户自定义变量、预定义变量、自动变量及环境变量。如上例中的 OBJS 就是用户自定义变量，自定义变量的值由用户自行设定，而预定义变量和自动变量为通常在 makefile 都会出现的变量，它们的一部分有默认值，也就是常见的设定值，当然用户可以对其进行修改。

预定义变量包含了常见编译器、汇编器的名称及其编译选项。表 2.15 为 makefile 中常见的预定义变量及其部分默认值。

表 2.15　　　　　　　　　　makefile 中常见的预定义变量

预定义变量	含义
AR	库文件维护程序的名称，默认值为 ar
AS	汇编程序的名称，默认值为 as
CC	C 编译器的名称，默认值为 cc
CPP	C 预编译器的名称，默认值为$(CC) –E
CXX	C++编译器的名称，默认值为 g++
FC	FORTRAN 编译器的名称，默认值为 f77
RM	文件删除程序的名称，默认值为 rm –f
ARFLAGS	库文件维护程序的选项，无默认值
ASFLAGS	汇编程序的选项，无默认值
CFLAGS	C 编译器的选项，无默认值
CPPFLAGS	C 预编译的选项，无默认值
CXXFLAGS	C++编译器的选项，无默认值
FFLAGS	FORTRAN 编译器的选项，无默认值

可以看出，上例中的 CC 和 CFLAGS 是预定义变量，其中由于 CC 没有采用默认值，因此，需要把"CC=gcc"明确列出来。

由于常见的 gcc 编译语句中通常包含了目标文件和依赖文件，而这些文件在 makefile 文件中目标体所在行已经有所体现，因此，为了进一步简化 makefile 的编写，引入了自动变量。自动变量通常可以代表编译语句中出现的目标文件和依赖文件等，并且具有本地含义（即下一语句中出现的相同变量代表的是下一语句的目标文件和依赖文件）。表 2.16 列出了 makefile 中常见的自动变量。

表 2.16　　　　　　　　　　　makefile 中常见的自动变量

自动变量	含义
$*	不包含扩展名的目标文件名称
$+	所有的依赖文件，以空格分开，并以出现的先后为序，可能包含重复的依赖文件
$<	第一个依赖文件的名称
$?	所有时间戳比目标文件晚的依赖文件，并以空格分开
$@	目标文件的完整名称
$^	所有不重复的依赖文件，以空格分开
$%	如果目标是归档成员，则该变量表示目标的归档成员名称

自动变量的书写比较难记，但是在熟练了之后使用会非常方便，请读者结合下例中的自动变量改写的 makefile 进行记忆。

```
OBJS = kang.o yul.o
CC = gcc
CFLAGS = -Wall -O -g
david : $(OBJS)
    $(CC) $^ -o $@
kang.o : kang.c kang.h
    $(CC) $(CFLAGS) -c $< -o $@
yul.o : yul.c yul.h
    $(CC) $(CFLAGS) -c $< -o $@
```

另外，在 makefile 中还可以使用环境变量。使用环境变量的方法相对比较简单，make 在启动时会自动读取系统当前已经定义的环境变量，并且创建与之具有相同名称和数值的变量。但是，如果用户在 makefile 中定义了相同名称的变量，那么用户自定义变量将会覆盖同名的环境变量。

2.5.3　makefile 的规则

makefile 的规则是 make 进行处理的依据，它包括目标体、依赖文件及其之间的命令语句。在上面的例子中，都显式地指出了 makefile 中的规则关系，如"$(CC) $(CFLAGS) -c $< -o $@"，但为了简化 makefile 的编写，make 还定义了隐式规则和模式规则，下面分别进行讲解。

1. 隐式规则

隐式规则能够告诉 make 怎样使用传统的规则完成任务，这样，当用户使用它们时就不必详细指定编译的具体细节，而只需把目标文件列出即可。make 会自动搜索隐式规则目录来确定如何生成目标文件。如上例可以写成：

```
OBJS = kang.o yul.o
CC = gcc
CFLAGS = -Wall -O -g
david : $(OBJS)
    $(CC) $^ -o $@
```

为什么可以省略后两句呢？因为 make 的隐式规则指出：所有".o"文件都可自动由".c"文件使用命令"$(CC) $(CPPFLAGS) $(CFLAGS) -c file.c -o file.o"来生成。这样"kang.o"和"yul.o"就会分别通过调用"$(CC) $(CFLAGS) -c kang.c -o kang.o"和"$(CC) $(CFLAGS) -c yul.c -o yul.o"来生成。在隐式规则只能查找到相同文件名的不同后缀名文件，如"kang.o"文件必须由"kang.c"文件生成。

表 2.17 为常见的隐式规则目录。

表 2.17　　　　　　　　　　makefile 中常见的隐式规则目录

对应语言后缀名	隐式规则
C 编译：.c 变为.o	$(CC) -c $(CPPFLAGS) $(CFLAGS)
C++编译：.cc 或.C 变为.o	$(CXX) -c $(CPPFLAGS) $(CXXFLAGS)
Pascal 编译：.p 变为.o	$(PC) -c $(PFLAGS)
Fortran 编译：.r 变为-o	$(FC) -c $(FFLAGS)

2. 模式规则

模式规则用来定义相同处理规则的多个文件。它不同于隐式规则，隐式规则仅仅能够用 make 默认的变量来进行操作，而模式规则还能引入用户自定义变量，为多个文件建立相同的规则，从而简化 makefile 的编写。

模式规则的格式类似于普通规则，这个规则中的相关文件前必须用"%"标明。使用模式规则修改后的 makefile 的编写如下。

```
OBJS = kang.o yul.o
CC = gcc
CFLAGS = -Wall -O -g
david : $(OBJS)
    $(CC) $^ -o $@
%.o : %.c
    $(CC) $(CFLAGS) -c $< -o $@
```

2.5.4　make 管理器的使用

使用 make 管理器的操作非常简单，只需在 make 命令的后面键入目标名即可建立指定的目标，如果直接运行 make，则建立 makefile 中的第一个目标。

此外 make 还有丰富的命令行选项，可以完成各种不同的功能。表 2.18 为常用的 make 命令行选项。

表 2.18　　　　　　　　　　make 的常用命令行选项

命令格式	含义
-C dir	读入指定目录下的 makefile
-f file	读入当前目录下的 file 文件作为 makefile
-i	忽略所有的命令执行错误
-I dir	指定被包含的 makefile 所在目录
-n	只打印要执行的命令，但不执行这些命令
-p	显示 make 变量数据库和隐式规则
-s	在执行命令时不显示命令
-w	如果 make 在执行过程中改变目录，则打印当前目录名

2.6 实验内容

2.6.1 vim 使用练习

1. 实验目的

通过指定指令的 vim 操作练习，读者能够熟练使用 vim 中的常见操作，并且熟悉 vim 的几种模式。

2. 实验内容

（1）在"/root"目录下建一个名为"vim"的目录。
（2）进入"vim"目录。
（3）将文件"/etc/inittab"复制到"vim"目录下。
（4）使用 vim 打开"vim"目录下的 inittab。
（5）设定行号，指出设定 initdefault（类似于"id:5:initdefault"）的所在行号。
（6）将光标移到该行。
（7）复制该行内容。
（8）将光标移到最后一行行首。
（9）粘贴复制行的内容。
（10）撤销第 9 步的动作。
（11）将光标移动到最后一行的行尾。
（12）粘贴复制行的内容。
（13）光标移到"si::sysinit:/etc/rc.d/rc.sysinit"。
（14）删除该行。
（15）存盘但不退出。
（16）将光标移到首行。
（17）在插入模式下输入"Hello,this is vi world!"。
（18）返回命令行模式。
（19）向下查找字符串"0:wait"。
（20）向上查找字符串"halt"。
（21）强制退出 vim，不存盘。
分别指出每个命令处于何种模式下。

2.6.2 用 gdb 调试程序的 bug

1. 实验目的

通过调试一个有问题的程序，使读者进一步熟练使用 vim 操作，并且熟练掌握 gcc 编译命令及 gdb 的调试命令，通过对有问题程序的跟踪调试，进一步提高发现问题和解决问题的能力。这是一个很小的程序，希望读者认真调试。

2. 实验内容

（1）使用 vim 编辑器，将以下代码输入名为 greet.c 的文件中。此代码的原意为输出倒序 main

函数中定义的字符串,但结果显示没有输出,代码如下。
```c
#include <stdio.h>
int display1(char *string);
int display2(char *string);

int main ()
{
    char string[] = "Embedded Linux";
    display1 (string);
    display2 (string);
}
int display1 (char *string)
{
    printf ("The original string is %s \n", string);
}
int display2 (char *string1)
{
    char *string2;
    int size,i;
    size = strlen (string1);
    string2 = (char *) malloc (size + 1);
    for (i = 0; i < size; i++)
    {
        string2[size - i] = string1[i];
    }
    string2[size+1] = ' ';
    printf("The string afterward is %s\n",string2);
}
```
(2)使用 gcc 编译这段代码,注意要加上"-g"选项以方便之后的调试。
(3)运行生成的可执行文件,观察运行结果。
(4)使用 gdb 调试程序,通过设置断点、单步跟踪,一步步找出错误所在。
(5)纠正错误,更改源程序并得到正确的结果。

2.6.3 编写包含多文件的 makefile

1. 实验目的
通过编写包含多文件的 makefile,熟悉各种形式的 makefile,并且进一步加深对 makefile 中用户自定义变量、自动变量及预定义变量的理解。

2. 实验内容
(1)用 vim 在同一目录下编辑两个简单的 hello 程序,代码如下。
#**hello.c**
```c
#include "hello.h"
int main()
{
    printf("Hello everyone!\n");
}
```
#**hello.h**
```c
#include <stdio.h>
```
(2)仍在同一目录下用 vim 编辑 makefile,且不使用变量替换,用一个目标体实现(即直接将 hello.c 和 hello.h 编译成 hello 目标体),然后用 make 验证所编写的 makefile 是否正确。
(3)将上述 makefile 使用变量替换实现。同样用 make 验证所编写的 makefile 是否正确。
(4)编辑另一个 makefile,取名为 makefile1,不使用变量替换,但用两个目标体实现(也就是首先将 hello.c 和 hello.h 编译为 hello.o，再将 hello.o 编译为 hello），再用 make 的"-f"选项验证这个 makefile1 的正确性。

（5）将上述 makefile1 使用变量替换实现。

思考与练习

在 Linux 下综合使用 vim 编辑器、gcc 编译器、gdb 调试器开发汉诺塔游戏程序。

汉诺塔游戏介绍如下。

约 19 世纪末，在欧洲的商店中出售一种智力玩具，在一块铜板上有三根杆，如图 2.1 所示。其中，最左边的杆上按自上而下、由小到大的顺序串着由 64 个圆盘构成的塔。目的是将最左边杆上的盘全部移到右边的杆上，条件是一次只能移动一个盘，且不允许大盘放在小盘的上面。

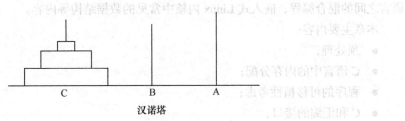

图 2.1　练习题参考图

第 3 章
嵌入式 Linux C 语言基础

本章介绍嵌入式 Linux C 语言的基本知识，这些在使用嵌入式 Linux C 开发的应用程序中是比较常用的。另外，本章也将介绍一些嵌入式 Linux C 程序可移植性的相关问题、C 语言与汇编语言之间的混合编程、嵌入式 Linux 内核中常见的数据结构等内容。

本章主要内容：
- 预处理；
- C 语言中的内存分配；
- 程序的可移植性考虑；
- C 和汇编的接口；
- ARM Linux 内核常见数据结构。

3.1 预处理

第 2 章已介绍过编译过程中的预处理阶段。所谓预处理，是指在进行编译的第一遍扫描（词法扫描和语法分析）之前所做的工作。预处理是 C 语言的一个重要功能，它由预处理程序负责完成。当编译一个程序时，系统将自动调用预处理程序对程序中由"#"号开头的预处理部分进行处理，处理完毕之后可以进入源程序的编译阶段。

C 语言提供了多种预处理功能，如宏定义、文件包含、条件编译等。合理使用预处理功能编写的程序便于阅读、修改、移植和调试，也有利于模块化程序设计。本节介绍最常用的几种预处理功能。

3.1.1 预定义

在 C 语言源程序中允许用一个标识符来表示一串符号，称为宏，被定义为宏的标识符称为宏名。在编译预处理时，对程序中所有出现的宏名，都用宏定义中的符号串替换，这称为宏替换或宏展开。

1. 预定义符号

在 C 语言中，有一些预处理定义的符号串，它们的值可以是字符串常量，或者十进制数字常量，它们通常在调试程序时用于输出源程序的各项信息，表 3.1 列出了这些预定义符号。

预处理

表 3.1　　　　　　　　　　预定义符号表

符号	示例	含义
__FILE__	/home/david/hello.c	正在预编译的源文件名
__LINE__	5	文件当前行的行号
__FUNCTION__	main	当前所在的函数名
__DATE__	Mar 13 2009	预编译文件的日期
__TIME__	23:04:12	预编译文件的时间
__STDC__	1	如果编译器遵循 ANSI C，则值为 1

这些预定义符号通常可以在程序出错处理时应用，下面的程序显示了这些预定义符号的基本用法。

```
int main()
{
    printf("The file is %s\n", __FILE__);
    printf("The line is %d\n", __LINE__);
    printf("The function is %s\n", __FUNCTION__);
    printf("The date is %s\n", __DATE__);
    printf("The time is %s\n", __TIME__);
}
```

要注意的是，这些预定义符号中的__LINE__和__STDC__是整数常量，其他都是字符串常量，该程序的输出结果如下。

```
The file is /home/david/hello.c
The line is 5
The function is main
The date is Mar 13 2009
The time is 23:08:42
```

一般情况下，__FUNCTION__也可以写成__func__，经常会使用__FILE__、__func__、__LINE__进行代码跟踪调试，使用起来也很方便。

2．宏定义

以上是 C 语言中自带的预定义符号，除此之外，用户也可以编写宏定义。宏定义是由源程序中的宏定义#define 语句完成的；而宏替换是由预处理程序自动完成的。在 C 语言中，宏分为带参数和不带参数两种，下面分别讲解这两种宏的定义和使用。

（1）无参宏定义

无参宏的宏名（也就是标识符）后不带参数，其定义的一般形式为：

`#define 标识符 字符串`

① #表示这是一条预处理命令。凡是以#开头的均为预处理命令。
② define 为宏定义命令。
③ 标识符为所定义的宏名。
④ 字符串可以是常数、表达式、格式串等。

前面介绍过的符号常量的定义就是一种无参宏定义。此外，用户还可对程序中反复使用的表达式进行宏定义，例如：

`#define M (y + 3)`

这样就定义了 M 表达式为(y + 3)，在此后编写程序时，所有的(y + 3)都可由 M 代替，而对源程序进行编译时，将先由预处理程序进行宏代换，即用(y + 3)表达式置换所有的宏名 M，然后再进行编译。

```
#define M (y + 3)
void main()
{
    int s, y;
    printf("input a number: ");
    scanf("%d", &y);
    s = 5 * M;
    printf("s = %d\n", s);
}
```

在上例程序中，首先进行宏定义，定义 M 表达式为(y + 3)，在"s = 5 * M"中调用宏，在预处理时，经宏展开后该语句变为：

```
s = 5 *(y + 3)
```

这里要注意的是，在宏定义中，表达式(y + 3)两边的括号不能少，否则该语句展开后的结果如下。

```
s = 5 * y + 3
```

这显然是错误的，通常把这种现象叫作宏的副作用。

对于宏定义还要说明以下几点。

① 宏定义用宏名来表示一串符号，在宏展开时又以该符号串取代宏名，这只是一种简单的替换，符号串中可以包含任何字符，可以是常数，也可以是表达式，预处理程序对它不做任何检查。如有错误，只能在编译已被宏展开后的源程序时发现。

② 宏定义不是声明或语句，在行末不必加分号，如加上分号则连分号也一起置换。

③ 宏定义的作用域包括从宏定义命名起到源程序结束，如要终止其作用域，可使用#undef 命令来取消宏作用域，例如：

```
#define PI 3.14159
func1()
{
    ......
}
#undef PI
func2()
/*表示 PI 只在 func1()函数中有效，在 func2()函数中无效*/
```

④ 宏名在源程序中若用引号括起来，则预处理程序不对其进行宏替换。

```
#define OK 100
main()
{
    printf("OK");
}
```

上例中定义宏名 OK 表示 100，但在 printf 语句中 OK 被引号括起来，因此不做宏置换。

⑤ 宏定义允许嵌套，在宏定义的符号串中可以使用已经定义的宏名，在宏展开时由预处理程序层层替换。

⑥ 习惯上宏名用大写字母表示，以便于与变量区别，但也允许用小写字母表示。

⑦ 对输出格式进行宏定义，可以减少程序编写过程中的麻烦，例如：

```
#define P printf
#define D "%d\n"
#define F "%f\n"
void main()
{
    int a = 5, c = 8, e = 11;
```

```
    float b = 3.8, d = 9.7, f = 21.08;
    P(D F, a, b);
    P(D F, c, d);
    P(D F, e, f);
}
```

（2）带参宏定义

C 语言允许宏带有参数，在宏定义中的参数称为形式参数，在宏调用中的参数称为实际参数。对带参数的宏，在调用中不仅要宏展开，而且要用实参代换形参。

带参宏定义的一般形式为：

```
#define 宏名(形参表) 字符串
```

在字符串中含有各个形参。带参宏调用的一般形式为：

```
宏名(实参表);
```

例如：

```
#define M(y) y + 3                    /*宏定义*/
```

若想调用以上宏，可以采用如下方法。

```
K = M(5);                             /*宏调用*/
```

在调用宏时，用实参 5 代替宏定义中的形参 y，经预处理宏展开后的语句为：

```
K = 5 + 3
```

以下这段程序就是常见的比较两个数大小的宏表示。

```
#define MAX(a,b) (a > b)?a:b           /*宏定义*/
void main()
{
    int x = 10, y = 20, max;
    max = MAX(x, y);                   /* 宏调用 */
    printf("max = %d\n", max);
}
```

上例程序的第 1 行定义带参宏，用宏名 MAX 表示条件表达式"(a > b)?a:b"，形参 a、b 均出现在条件表达式中。在程序中"max = MAX(x, y);"为宏调用，实参 x、y 将代换形参 a、b。宏展开后，该语句为"max = (x > y)?x:y;"，用于计算 x、y 中的大数。

由于宏定义非常容易出错，因此，对于带参的宏定义有以下问题需要特别说明。

① 带参宏定义中，宏名和形参表之间不能有空格出现。例如：

```
#define MAX(a, b) (a > b)?a:b
```

写为：

```
#define MAX (a, b) (a > b)?a:b
```

这将被认为是无参宏定义，宏名 MAX 代表字符串 (a, b) (a > b)?a:b。宏展开时，宏调用语句"max = MAX(x, y);"将变为"max = (a, b) (a > b)?a:b(x, y);"，这显然是错误的。

② 在带参宏定义中，形式参数不分配内存单元，因此不必做类型定义。这是与函数中的情况不同的。在函数中，形参和实参是两个不同的量，各有自己的作用域，调用时要把实参值赋予形参，进行值传递。而在带参宏中，只是符号置换，不存在值传递的问题。

③ 在宏定义中的形参是标识符，而宏调用中的实参可以是表达式。例如：

```
#define SQ(y) (y)*(y)                  /*宏定义*/
sq = SQ(a+1);                          /*宏调用*/
```

在上例中，第 1 行为宏定义，形参为 y；而在宏调用中，实参为 a+1，是一个表达式，在宏展开时，用 a + 1 代换 y，再用(y) * (y)代换 SQ，得到如下语句。

```
sq=(a+1)*(a+1);
```
这与函数的调用是不同的,函数调用时要把实参表达式的值求出来再赋予形参,而宏代换中对实参表达式不作计算,直接照原样代换。

④ 在宏定义中,字符串内的形参通常要用括号括起来以避免出错。

在上例的宏定义中,(y) * (y)表达式的y都用括号括起来,因此结果是正确的,如果去掉括号,把程序改为以下形式。

```
#define SQ(y)  y * y              /*宏定义无括号*/
sq = SQ(a + 1);                    /*宏调用*/
```

这是由于置换只做简单的符号替换而不做其他处理而造成的,在宏替换之后将得到以下语句。

```
sq = a + 1 * a + 1;
```

这显然与题意相违背,因此参数两边的括号是不能少的。

其实,宏定义即使在参数两边加括号还是不够的。例如:

```
#define SQ(y)  (y) * (y)          /*宏定义有括号*/
sq = 160 / SQ(a + 1);              /*宏调用依然出错*/
```

分析一下宏调用语句,在宏代换之后变为:

```
sq = 160 / (a + 1) * (a + 1);
```

由于"/"和"*"运算符优先级和结合性相同,所以先计算 160 / (a + 1),再将结果与(a + 1)相乘,所以程序运行的结果依然是错误的。正确的宏定义如下。

```
#define SQ(y)  ((y) * (y))        /*正确的宏定义*/
sq = 160 / SQ(a + 1);              /*宏调用结果正确*/
```

以上讨论说明,对于宏定义不仅应在参数两侧加括号,还应在整个符号串外加括号。

带参宏和带参函数很相似,但有本质上的不同,除上面已谈到的各点外,把同一表达式用函数处理与用宏处理两者的结果有可能是不同的。

例如,有以下两段程序,第1个程序是采用调用函数的方式来实现的。

```
/*程序1,函数调用*/
int SQ(int y)                       /*函数定义*/
{
    Return (y * y);
}

void main()
{
    int i = 1;
    while (i <= 5)
    {
        printf("%d ", SQ(i++));     /*函数调用*/
    }
}
```

第2个程序是采用宏定义的方式来实现的。

```
/*程序2,宏定义*/
#define SQ(y)  ((y)*(y))           /*宏定义*/

void main()
{
    int i = 1;
    while (i <= 5)
    {
        printf("%d ", SQ(i++));    /*宏调用*/
```

}
}
可以看到,不管是形参、实参还是具体的表达,都是一样的,但运行的结果却截然不同,函数调用的运行结果为:

1 4 9 16 25

而宏调用的运行结果却是:

1 9 25

这是为什么呢?请读者先自己思考,然后再看下面的分析。

在第 1 个程序中,函数调用是把实参 i 值传给形参 y 后自增 1,然后输出函数值,因而要循环 5 次,输出 1~5 的平方值。

在第 2 个程序中调用宏时,实参和形参只作代换,因此 SQ(i++)被代换为((i++) * (i++))。在第 1 次循环时,由于在其计算过程中,i 值一直为 1,两相乘的结果为 1,然后 i 值两次自增 1,变为 3。

在第 2 次循环时,i 值已有初值为 3,同理相乘的结果为 9,然后 i 再两次自增 1 变为 5。进入第 3 次循环,由于 i 值已为 5,所以这将是最后一次循环。相乘的结果为等于 25。i 值再两次自增 1 变为 7,不再满足循环条件,停止循环。

从以上分析可以看出函数调用和宏调用二者在形式上相似,在本质上是完全不同的,表 3.2 列出了宏与函数的不同之处。

表 3.2　　　　　　　　　　　宏与函数的不同之处

属性	#define 宏	函数
处理阶段	预处理阶段,只是符号串的简单的置换	编译阶段
代码长度	每次使用宏时,宏代码都被插入程序中。因此,除了非常小的宏之外,程序的长度都将被大幅增长	(除了 inline 函数之外)函数代码只出现在一个地方,每次使用这个函数,都只调用那个地方的同一份代码
执行速度	更快	存在函数调用/返回的额外开销(inline 函数除外)
操作符优先级	宏参数的求值是在所有周围表达式的上下文环境中,除非它们加上括号,否则邻近操作符的优先级可能会产生不可预料的结果	函数参数只在函数调用时求值一次,它的结果值传递给函数,因此,表达式的求值结果更容易预测
参数求值	参数每次用于宏定义时,它们都将重新求值。由于多次求值,具有副作用的参数可能会产生不可预料的结果	参数在函数被调用前只求值一次,在函数中多次使用参数并不会导致多种求值问题,参数的副作用不会造成任何特殊的问题
参数类型	宏与类型无关,只要对参数的操作是合法的,它就可以使用于任何参数类型	函数的参数与类型有关,如果参数的类型不同,就需要使用不同的函数,即使它们执行的任务是相同的

3.1.2　文件包含

文件包含是 C 语言预处理程序的另一个重要功能,文件包含命令行的一般形式为:

`#include "文件名"`

在前面已多次用此命令包含过库函数的头文件。例如:

`#include <stdio.h>`
`#include <math.h>`

文件包含语句的功能是把指定的文件插入该语句行位置,从而把指定的文件和当前的源程序文件连成一个源文件。在程序设计中，文件包含是很有用的。一个大的程序可以分为多个模块，由多个程序员分别编写。有些公用的符号常量、宏、结构、函数等的声明或定义可单独组成一个文件，在其他文件的开头用包含命令包含该文件即可使用。这样，可避免在每个文件开头都去写那些公用量，从而节省时间，并减少出错。

这里，还要对文件包含命令说明以下几点。

（1）包含命令中的文件名可以用双引号括起来，也可以用尖括号括起来，如以下写法是允许的。

```
#include "stdio.h"
#include <math.h>
```

但是，这两种形式是有区别的：使用尖括号表示在系统头文件目录中查找（头文件目录可以由用户指定）；使用双引号则表示首先在当前的源文件目录中查找，若未找到，才到系统头文件目录中查找。用户编程时可根据自己文件所在的位置选择某一种形式。

（2）一个 include 命令只能指定一个被包含文件，若有多个文件要包含，则需用多个 include 命令。

（3）文件包含允许嵌套，即在一个被包含的文件中又可以包含别的文件。

3.1.3 条件编译

预处理程序提供了条件编译的功能，可以按不同的条件编译不同的程序代码，从而产生不同的目标代码文件，这对于程序的移植和调试是很有用的。条件编译有 3 种形式，现分别介绍如下。

1. 第 1 种形式

```
#ifdef 标识符
程序段 1
#else
程序段 2
#endif
```

它的功能是，如果标识符已被#define 语句定义过，则会编译程序段 1；否则编译程序段 2。如果没有程序段 2（它为空），本格式中的#else 可以没有。例如有以下程序：

```
#include <stdio.h>
#define NUM OK  /*宏定义*/

void main()
{
    struct stu
    {
        int num;
        char *name;
        float score;
    } *ps;

    ps = (struct stu*)malloc(sizeof(struct stu));
    ps->num = 102;
    ps->name="David";
    ps->score=92.5;
#ifdef NUM  /*条件编译，若定义了 NUM，则打印以下内容*/
    printf("Number = %d\nScore = %f\n", ps->num, ps->score);
#else  /*若没有定义 NUM，则打印以下内容*/
    printf("Name=%s\n",ps->name);
#endif
```

```
    free(ps);
}
```

该程序的运行结果为:

```
Number = 102
Score = 92.500000
```

在程序中根据 NUM 是否被定义来决定编译哪一个 printf 语句。因为在程序的第 2 行中定义了宏 NUM，因此应编译第 1 个 printf 语句，运行结果则为输出学号和成绩。

在此程序中，宏 NUM 是符号串 OK 的别名，其实也可以为任何符号串，甚至不给出任何符号串，如下所示。

```
#define NUM
```

这样也具有同样的意义。读者可以试着将本程序中的宏定义去掉，看一下程序的运行结果，这种形式的条件编译通常用在调试程序中。在调试时，可以将要打印的信息用#ifdef ＿＿DEBUG＿＿语句包含起来，这样在调试完成之后，可以直接去掉宏定义#define ＿＿DEBUG＿＿，做成产品的发布版本。条件编译语句和宏定义语句一样，在#ifdef 语句后不能加分号（；）。

2. 第 2 种形式

```
#ifndef 标识符
程序段 1
#else
程序段 2
#endif
```

与第 1 种形式的区别是将 ifdef 改为 ifndef。它的功能是，如果标识符未被#define 语句定义过，则编译程序段 1，否则编译程序段 2，这与第 1 种形式的功能正好相反。

3. 第 3 种形式

```
#if 常量表达式
程序段 1
#else
程序段 2
#endif
```

它的功能是，如常量表达式的值为真（非 0），则编译程序段 1，否则编译程序段 2。因此可以使程序在不同条件下，完成不同的功能。

```
#include <stdio.h>
#define IS_CURCLE 1
void main()
{
    float c = 2, r, s;
#if IS_CURCLE
    r = 3.14159 * c * c;
    printf("area of round is: %f\n",r);
#else
    s = c * c;
    printf("area of square is: %f\n",s);
#endif
}
```

本例中采用了第 3 种形式的条件编译。在程序第 1 行宏定义中，将 IS_CURCLE 定义为 1，因此在条件编译时，只编译计算和输出圆面积的代码部分。

上面介绍的程序的功能可以使用条件语句来实现。但是使用条件语句将会编译整个源程序，生成的目标代码程序很长，也比较麻烦。采用条件编译，则根据编译条件，选择性进行编译，生成的目标程序较短，尤其在调试和发布不同版本时非常有用。

3.2　C语言中的内存分配

本节将介绍 C 语言程序中的内存分配的原理和方法。内存的使用是程序设计中需要考虑的重要因素之一，这不仅由于系统内存是有限的（尤其在嵌入式系统中），而且内存分配会直接影响到程序的效率。

3.2.1　C语言程序所占内存分类

一个由 C 语言的程序占用的内存分为以下几个部分。

（1）栈（stack）：由编译器自动分配释放，存放函数的参数值、局部变量的值、返回地址等，其操作方式类似于数据结构中的栈。

（2）堆（heap）：一般由程序员动态分配（调用 malloc()函数）和释放（调用 free()函数），若程序员不释放，程序结束时可能由操作系统回收。

内存分配

（3）数据段（data）：存放的是全局变量、静态变量、常数。根据存放的数据，数据段又可以分成普通数据段（包括可读可写/只读数据段，存放静态初始化的全局变量或常量）、BSS 数据段（存放未初始化的全局变量及静态未初始化的变量）。

（4）代码段（code）：用于存放程序代码。

下面的这段程序说明了不同类型的内存分配。

```
/*C语言中数据的内存分配*/
int a = 0;                        /* 可读可写数据段 */
char *p1;                         /* BSS 段*/
void main()
{
    int b;                        /* b 在栈 */
    char s[] = "abc";             /* s 在栈，"abc"在常量区 */
    char *p2;                     /* p2 在栈 */
    char *p3 = "123456";          /*"123456"在常量区, p3 在栈*/
    static int c =0;              /*可读可写数据段*/

    p1 = (char *)malloc(10);      /*分配得来的 10 个字节的区域在堆区*/
    p2 = (char *)malloc(20);      /*分配得来的 20 个字节的区域在堆区*/
    /* 从常量区的 "Hello World" 字符串复制到刚分配到的堆区 */
    strcpy(p1, "Hello World");
}
```

3.2.2　堆和栈的区别

堆和栈有以下区别。

1. 申请方式

栈（stack）是由系统自动分配的，如声明函数中一个局部变量"int b;"，那么系统自动在栈中为 b 开辟空间，值得注意的是，栈区的空间会随着代码段的结束而自动摧毁。堆（head）需要程序员自己申请，并在申请时指定大小，堆区的空间需要用户手动申请，并且手动释放，使用 C 语言中的 malloc()函数的实例如下。

```
p1 = (char *)malloc(10);
```

2. 申请后系统的响应

堆在操作系统中有一个记录空闲内存地址的链表,当系统收到程序的申请时,系统就开始遍历该链表,寻找第 1 个空间大于所申请空间的堆节点,然后将该节点从空闲节点链表中删除,并将该节点的空间分配给程序。另外,对于大多数系统,会在这块内存空间中的首地址处记录本次分配的大小。这样,代码中的删除语句才能正确释放本内存空间。如果找到的堆节点的大小与申请的大小不相同,系统会自动将多余的那部分重新放入空闲链表中。

只要栈的剩余空间大于所申请空间,系统将为程序提供内存,否则将报异常,提示栈溢出。

3. 申请大小的限制

堆是向高地址扩展的数据结构,是不连续的内存区域。这是由于系统用链表来存储的空闲内存地址,地址是不连续的,而链表的遍历方向是由低地址指向高地址。堆的大小受限于计算机系统中有效的虚拟内存,因此堆获得的空间比较灵活,也比较大。

栈是向低地址扩展的数据结构,是一块连续的内存区域。因此,栈顶的地址和栈的最大容量是系统预先规定好的,当申请的空间超过栈的剩余空间时,提示栈溢出,因此,能从栈获得的空间较小。

4. 申请速度的限制

堆是由 malloc() 等语句分配的内存,一般速度比较慢,而且容易产生内存碎片,不过用起来很方便。栈由系统自动分配,速度较快,但程序员一般无法控制。

5. 堆和栈中的存储内容

堆一般在堆的头部用一字节存放堆的大小,堆中的具体内容由程序员安排。

在调用函数时,第 1 个进栈的是函数调用语句的下一条可执行语句的地址,然后是函数的各个参数,在大多数的 C 编译器中,参数是由右往左入栈的,然后是函数中的局部变量。当本次函数调用结束后,局部变量先出栈,然后是参数,最后栈顶指针指向最开始的存储地址,也就是调用该函数处的下一条指令,程序从该点继续运行。

3.3 程序的可移植性考虑

嵌入式开发很重要的一个问题就是可移植性的问题。Linux 是一个可移植性非常好的系统,这也是嵌入式 Linux 能够迅速发展起来的一个主要原因。因此,嵌入式 Linux 在可移植性方面所做的工作是非常值得学习的。本节结合嵌入式 Linux 实例来讲解嵌入式开发在可移植性方面需要考虑的问题。

3.3.1 字长和数据类型

能够由机器一次完成处理的数据称为字,不同体系结构的字长通常会有所区别,如现在通用的处理器字长为 32 位。

为了解决不同的体系结构有不同的字长问题,在嵌入式 Linux 中存在两种数据类型:不透明数据类型和长度明确的数据类型。

不透明数据类型隐藏了它们的内部格式或结构。在 C 语言中,它们就像黑盒一样,开发者们利用 typedef 声明一个类型,把它叫作不透明数据类型,并希望其他开发者不要重新将其转化为对应的那个标准 C 类型。

例如，用来保存进程标识符的 pid_t 类型的实际长度被隐藏起来了，尽管任何人都可以揭开它的面纱，但其实它就是一个 int 型数据。

长度明确的数据类型也非常常见。程序员在程序中需要操作硬件设备时，就必须明确知道数据的长度。

嵌入式 Linux 内核在<asm/types.h>中定义了这些长度明确的类型，表 3.3 为这些类型的完整说明。

表 3.3　　　　　　　　　　　　　　　　　类型说明

类型	描述
s8	带符号字节
u8	无符号字节
s16	带符号 16 位整数
u16	无符号 16 位整数
s32	带符号 32 位整数
u32	无符号 32 位整数
s64	带符号 64 位整数
u64	无符号 64 位整数

这些长度明确的数据类型大部分是通过 typedef 对标准的 C 类型进行映射得到的，在嵌入式 Linux 中的</asm-arm/types.h>有如下定义。

```
typedef __signed__ char __s8;
typedef unsigned char __u8;
typedef __signed__ short __s16;
typedef unsigned short __u16;
typedef __signed__ int __s32;
typedef unsigned int __u32;
typedef __signed__ long long __s64;
typedef unsigned long long __u64;
```

3.3.2　数据对齐

对齐是内存数据与内存中的相对位置相关的话题。如果一个变量的内存地址正好是它长度的整数倍，它就被称作是自然对齐的。例如，如果一个 32 位（4 个字节）类型的数据在内存中的地址刚好可以被 4 整除（最低两位是 0），它就是自然对齐的。

一些体系结构对对齐的要求非常严格。通常基于 RISC 的系统载入未对齐的数据会导致处理器陷入（一种可处理的错误）；还有一些系统可以访问没有对齐的数据，但性能会下降。编写可移植性高的代码要避免对齐问题，保证所有的类型都能够自然对齐。

3.3.3　字节顺序

字节顺序是指一字中各字节的顺序，有大端模式和小端模式。大端模式是指在这种格式中，字数据的高字节存储在低地址中，而字数据的低字节存放在高地址中。小端模式与大端存储格式相反，在小端存储格式中，低地址中存放的是字数据的低字节，高地址存放的是字数据的高字节。

ARM 体系结构支持大端模式（big-endian）和小端模式（little-endian）两种内存模式。通过下面的一段代码可以查看一个字（通常为 4 字节）数据的每字节在内存中的分布情况，即可分辨出当前系统采用哪种字节顺序模式。

```
typedef unsigned char byte;
typedef unsigned int  word;
word val32 = 0x87654321;
byte val8 = *((byte*)&val32);
```

这段代码在小端模式和大端模式下的运行结果分别为 val8 = 0x21 和 val8 = 0x87。其实，变量 val8 所在的地方是 val32 的低地址，因此如果 val8 值为 val32 的低字节（0x21），则本系统是小端模式；如果 val8 值为 val32 的高字节（0x87），则本系统是大端模式，如图 3.1 所示。

图 3.1　小端和大端模式

该代码功能也可以用 union 联合体来实现，建议读者动手编程尝试一下。

3.4　C 语言和汇编的接口

C 语言是一种优秀的中级语言，它既可以实现高级语言的模块化编程，又可以实现很多底层的操作。但是，与汇编语言相比，C 语言的效率毕竟还是无法与之相媲美的。因此，在对效率或硬件操作要求比较高的地方，可以采用将部分汇编语句嵌入 C 语言中的方式来进行。

gcc 的内嵌式汇编语言提供了一种在 C 语言源程序中直接嵌入汇编指令的很好办法，既能直接控制所形成的指令序列，又有着与 C 语言的良好接口，所以在 Linux 内核代码中很多地方都使用了这一语句。

在内嵌汇编中，可以将 C 语言表达式指定为汇编指令的操作数，而且不用管如何将 C 语言表达式的值读入哪个寄存器以及如何将计算结果写回 C 变量，用户只要告诉程序中 C 语言表达式与汇编指令操作数之间的对应关系即可，gcc 会自动插入代码完成必要的操作。

3.4.1　内嵌汇编的语法

在阅读 C/C++源代码时经常会遇到内联汇编的情况，下面简要介绍 ARM 体系结构下的＿＿asm＿＿内嵌汇编用法。带有 C/C++表达式的内联汇编格式为：

＿＿asm＿＿　（汇编语句模板：输出部分：输入部分：破坏描述部分）

＿＿asm＿＿是 gcc 关键字 asm 的宏定义：＿＿asm＿＿或 asm 用来声明一个内联汇编表达式，所以任何一个内联汇编表达式都是以它开头的，是必不可少的。

```
#define  __asm__    asm
#define  __volatile__  volatile
```

有时在__asm__后面使用__volatile__。__volatile__或volatile是可选的。使用它，表示向gcc声明不允许对该内联汇编优化，否则当使用优化选项（-O）进行编译时，gcc将会根据自己的判断决定是否优化这个内联汇编表达式中的指令。

内联汇编总共由4个部分组成：汇编语句模板、输出部分、输入部分和破坏描述部分，各部分使用":"隔开。如果使用了后面的部分，而前面部分为空，也需要用":"隔开，相应部分内容为空。例如：

```
__asm__ ("": : :"memory")
```

下面分别对关键部分进行介绍。

1. 汇编语言模板

汇编语句模板由汇编语句序列组成，语句之间使用";""\n"或"\n\t"分开。它可以是空的，比如__asm____volatile__("");或__asm__("");都是完全合法的内联汇编表达式，只不过这两条语句没有什么意义。但并非所有汇编语句模板为空的内联汇编表达式都是没有意义的。例如，__asm__ ("":::"memory"); 就非常有意义，它向gcc声明"内存作了改动"，gcc在编译时，会将此因素考虑进去。当在汇编语句模板中有多条指令时，可以在一对引号中列出全部指令，也可以将一条或几条指令放在一对引号中，所有指令放在多对引号中。如果是前者，可以将每一条指令放在一行，如果要将多条指令放在一行，则必须用分号（;）或换行符（\n）将它们分开。

综上所述：

（1）每条指令都必须被双引号括起来；

（2）两条指令必须用换行或分号分开；

（3）指令中的操作数可以使用占位符引用C语言变量，操作数占位符最多10个，名称为：%0, %1, ..., %9。

例如，在ARM系统结构上关闭中断的操作如下。

```c
int disable_interrupts(void)
{
    unsigned long old,temp;
    __asm__ __volatile__("mrs %0, cpsr\n"
                "orr %1, %0, #0x80\n"
                "msr cpsr_c, %1"
                : "=r" (old), "=r" (temp)
                :
                : "memory");
    return (old & 0x80) == 0;
}
```

2. 输出部分

输出部分用来指定当前内联汇编语句的输出。

例如，从arm协处理器p15中读出c1值的代码如下。

```c
static unsigned long read_p15_c1 (void)
{
    unsigned long value;
    __asm__ __volatile__(
        "mrc    p15, 0, %0, c1, c0, 0   @ read control reg\n"
        : "=r" (value)     @编译器选择一个R*寄存器
        :
        : "memory");
#ifdef MMU_DEBUG
    printf ("p15/c1 is = %08lx\n", value);
```

```
#endif
    return value;
}
```

输出部分描述输出操作数，不同的操作数描述符之间用逗号隔开，每个操作数描述符由限定字符串和 C 语言变量组成。每个输出操作数的限定字符串必须包含 "="，表示它是一个输出操作数。限定字符串表示对该变量的限制条件，这样 gcc 就可以根据这些条件决定如何分配寄存器，如何产生必要的代码处理指令操作数与 C 表达式或 C 变量之间的联系。

3. 输入部分

输入部分用来指定当前内联汇编语句的输入，每个操作数描述符由限定字符串和 C 语言表达式或者 C 语言变量组成，格式为形如 "constraint"（variable）的列表（不同的操作数描述符之间使用逗号格开）。例如，向 arm 协处理器 p15 中写入 C1 值，代码如下：

```
static void write_p15_c1 (unsigned long value)
{
#ifdef MMU_DEBUG
    printf ("write %08lx to p15/c1\n", value);
#endif
    __asm__ __volatile__ (
        "mcr    p15, 0, %0, c1, c0, 0    @ write it back\n"
        :
        : "r" (value)    @编译器选择一个R*寄存器
        : "memory");
}
```

4. 破坏描述部分

有时候需要通知 gcc 当前内联汇编语句可能会修改某些寄存器或内存，希望 gcc 在编译时能够将这一点考虑进去。那么可以在破坏描述部分声明这些寄存器或内存。这种情况一般发生在以下情况：一个寄存器出现在汇编语句模板中，但不是由输入/输出部分操作表达式指定的，也不是在一些输入/输出操作表达式使用"r"约束时由 gcc 为其选择的，同时此寄存器被汇编语句模板中的指令修改，而这个寄存器只是供当前内联汇编临时使用的情况。

例如：

```
__asm__ ("mov R0, #0x34" : : : "R0");
```

因为寄存器 R0 出现在汇编语句模板中，并且被 mov 指令修改，但未被任何输入/输出部分操作表达式指定，所以需要在破坏描述部分指定"R0"，以让 gcc 知道这一点。

因为在输入/输出部分操作表达式指定的寄存器，或为一些输入/输出部分操作表达式使用"r"约束，让 gcc 选择一个寄存器时，gcc 对这些寄存器是非常清楚的——它知道这些寄存器是被修改的，用户根本不需要在破坏描述部分再声明它们。但除此之外，gcc 对剩下的寄存器中哪些会被当前的内联汇编修改一无所知。所以，如果真的在当前内联汇编指令中修改了它们，就最好在破坏描述部分中声明它们，让 gcc 针对这些寄存器做相应的处理，否则有可能会造成寄存器不一致，从而造成程序执行错误。

如果一个内联汇编语句的破坏描述部分存在"memory"，那么 gcc 会保护内存数据。如果在此内联汇编之前，某个内存的内容被装入了寄存器，那么在这个内联汇编之后，当需要使用这个内存处的内容时，就会直接到这个内存处重新读取，而不是使用被存放在寄存器中的拷贝。因为这时寄存器中的拷贝已经很可能和内存处的内容不一致了。

这只是使用"memory"时，gcc 会保证做到的一点，但这并不是全部。因为使用"memory"是向 gcc 声明内存发生了变化，而内存发生变化带来的影响并不止这一点。

例如：
```
int main(int __argc, char* __argv[])
{
    int* __p = (int*)__argc;
    (*__p) = 9999;
    __asm__("":::"memory");
    if((*__p) == 9999)
        return 5;
    return (*__p);
}
```

在本例中，如果没有其中的内联汇编语句，if 语句的判断条件就完全是多余的。gcc 在优化时会注意到这一点，直接只生成 return 5 的汇编代码，而不会再生成 if 语句的相关代码，也不会生成 return (*__p) 的相关代码。但加上了这条内联汇编语句，它除了声明内存变化之外，什么都没有做。因为内存变量可能发生变化，gcc 就不能简单地认为它不需要判断都知道(*__p)一定与 9999 相等，它只有生成这条 if 语句的汇编代码以及相关的两个 return 语句的代码。

另外，在 Linux 内核中，内存屏障也是基于它实现的，在<include/asm/system.h>中：

```
# define barrier() _asm_ _volatile_("": : :"memory")
```

"memory"可能是内嵌汇编中比较难懂的部分，为解释清楚它，先介绍编译器的优化知识，之后介绍 C 语言关键字 volatile，再对"memory"做进一步介绍。

3.4.2 编译器优化

由于内存访问速度远不及 CPU 处理速度，为提高机器整体性能，在硬件上引入硬件高速缓存 Cache，加速对内存的访问。另外，在现代 CPU 中，指令并不一定严格按照顺序执行，没有相关性的指令可以乱序执行，以充分利用 CPU 的指令流水线，提高执行速度，以上是硬件级别的优化。

软件级别的优化有两种：一种是在编写代码时由程序员优化，另一种是由编译器进行优化。编译器优化常用的方法有：将内存变量缓存到寄存器、调整指令顺序充分利用 CPU 指令流水线等，常见的是重新排序读写指令。对常规内存进行优化时，这些优化是透明的，而且效率很高。

由编译器优化或者硬件重新排序引起的问题的解决办法是：为以特定顺序执行的操作之间设置内存屏障（memory barrier），Linux 提供了一个宏用于解决编译器的执行顺序问题，如下所示。

```
void barrier(void)
```

这一操作主要是为了保证程序的执行遵循顺序一致性。有时候写代码的顺序不一定是最终执行的顺序，与处理器有关。这个函数通知编译器插入一个内存屏障，但对硬件无效，编译后的代码会把当前 CPU 寄存器中所有修改过的数值存入内存，需要这些数据时，再重新从内存中读出。

3.4.3 C 语言关键字 volatile

C 语言关键字 volatile（注意它是用来修饰变量而不是上面介绍的__volatile__）表明某个变量的值可能随时被外部改变（如外设端口寄存器值），因此对这些变量的存取不能缓存到寄存器，每次使用时需要重新读取。

该关键字在多线程环境下经常使用，因为在编写多线程的程序时，同一个变量可能被多个线程修改，而程序通过该变量同步各个线程。对于 C 编译器来说，它并不知道这个值会被其他线程修改，自然就把它缓存到寄存器中。volatile 的本意是指这个值可能会在当前线程外部被改变，此时编译器知道该变量的值会在外部改变，因此每次访问该变量时会重新读取。这个关键字在外设接口编程中尤其常用。

3.5 ARM Linux 内核常见数据结构

3.5.1 链表

链表是一种常见的重要数据结构，它可以动态地进行存储分配，根据需要开辟内存单元，还可以方便地实现数据的增加和删除。链表中的每个元素都由两部分组成：数据域和指针域。

其中，数据域用于存储数据元素的信息，指针域用于存储该元素的直接后继元素的位置。其整体结构就是用指针相链接起来的线性表，如图 3.2 所示。

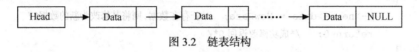

图 3.2 链表结构

由图 3.2 可以看到，每个链表都有一个头指针 Head，其用于指示链表中第 1 个节点的存储位置。之后，链表由第 1 个节点指向第 2 个节点，以此类推。链表的最后一个数据元素由于没有直接后继节点，因此其节点的指针为空（NULL）。

1. 单向链表

（1）单向链表的组织与存储

单向链表的每个节点中除信息域以外还有一个指针域，用来指向其后续节点，其最后一个节点的指针域为空（NULL）。

单向链表由头指针唯一确定，因此单向链表可以用头指针的名字来命名，头指针指向单向链表的第 1 个节点。

在用 C 语言实现时，首先说明一个结构类型，在这个结构类型中包含一个（或多个）信息成员以及一个指针成员，代码如下。

```
#define element_type int;   /*当前这张表主要是计算整型数据*/
struct link_node
{
    element_type data;  /* element_type 为有效数据类型*/
    struct link_node *next;
}linklist;
```

链表结构中包含指针型的结构成员，类型为指向相同结构类型的指针。根据 C 语言的语法要求，结构的成员不能是结构自身类型，即结构不能自己定义自己，因为这样将导致一个无穷的递归定义，但结构的成员可以是结构自身的指针类型，通过指针引用自身这种类型的结构。

（2）单向链表常见操作

① 节点初始化

由于链表是一种动态分配数据的数据结构，因此单向链表中各个节点的初始化通常使用 malloc()函数，把节点中的 next 指针赋为 NULL，再把数据域的部分初始化为需要的数值，通常使用 memset()函数。

通常会写一个创建一个空单向链表的函数，代码如下。

```
linklist *CreateList()
{
    linklist*h = (linklist *)malloc(sizeof(linklist));  /*在栈区手动开辟空间*/
```

```
    h->next = NULL;
    return h;    /*返回指向开辟后的空间的首地址*/
}
```

② 数据查询

在操作链表时，通常需要检查在链表中是否存在某种数据，这时，可以通过顺序遍历链表来取得所需的元素。

将表中存在的数据 OldData 修改为新的数据 NewData，代码如下。

```
int SearchData(linklist *h, element_type OldData, element_type NewData)
{
    while(h->next != NULL)   /*循环退出条件，表中已没有数据为止*/
    {
        if(h->next->data == OldData)  /*比较表中是否存在这个数据*/
        {
            h->next->data = NewData;  /*若存在数据,则将其修改为新的数据*/
            return 0;    /*成功修改返回0*/
        }
        else
        {
            h = h->next;   /*没找到继续往后找*/
        }
    }
    printf("%d is not exist\n", OldData);
    return -1;    /*表中没有这个数据返回-1*/
}
```

③ 链表的插入与删除

链表的插入与删除是链表中最常见的操作，也是最能体现链表灵活性的操作。

在单向链表中插入一个节点要引起插入位置前面节点指针的变化，如图 3.3 所示。

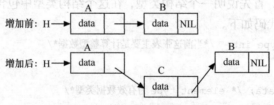

图 3.3　链表的节点插入过程

由图 3.3 可以看出，在链表中增加一个节点会依次完成如下操作。
- 创建新节点 C。
- 使 C 指向 B：C→next = A→next。
- 使 A 指向 C：A→next = C。

删除的过程也类似，如图 3.4 所示。

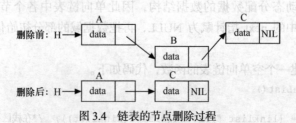

图 3.4　链表的节点删除过程

同样，链表中元素的指针会依次有以下变化。
- 使 A 指向 C：A→next = B->next。
- 使 B 指向 NULL：B->next = NULL 或（若不再需要该节点）释放节点 B。

④ 其他操作

将几个单向链表合并也是链表操作的常见的操作之一。

下面将两个单向链表根据标识符 ID 顺序合并成一个单向链表。在合并的过程中，实际上新建了一个链表，然后依次比较两个链表的元素，并且将 ID 较小的节点插入新的链表中。如果其中一个链表的元素已经全部插入，则另一个链表的剩余操作只需顺序插入剩余元素即可。该过程如图 3.5 所示。

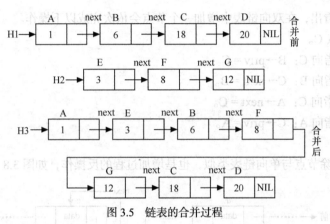

图 3.5　链表的合并过程

2. 双向链表

（1）双向链表的组织与存储

在单向链表中，每个节点只包括一个指向下个节点的指针域，因此要在单向链表中插入一个新节点，就必须从链表头指针开始逐个遍历链表中的节点。双向链表与单向链表不同，它的每个节点都包括两个指针域，分别指向该节点的前一个节点和后一个节点，如图 3.6 所示。

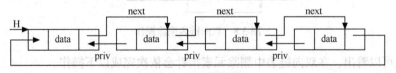

图 3.6　双向链表结构

在双向链表中由任何一个节点都可以很容易地找到其前面的节点和后面的节点，而不需要在上述的插入（及删除）操作中由头节点开始寻找，定义双向链表的节点结构如下。

```
struct link_node
{
    element_type data; /*element_type 为有效数据类型*/
    struct link_node *next;
    struct link_node *priv;
};
```

（2）双向链表的常见操作

① 增加节点

在双向链表中增加一个节点要比在单向链表中的插入操作复杂得多，因为在此处，节点 next 指针和 priv 指针会同时变化，如图 3.7 所示。

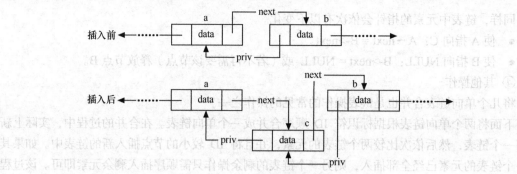

图 3.7 双向链表插入操作

由图 3.7 可以看出，在双向链表中增加一个节点会依次完成以下操作。
- 创建新节点 C。
- 使 B 前方指向 C：B→priv = C。
- 使 C 后方指向 B：C→next = B。
- 使 A 后方指向 C：A→next = C。
- 使 C 前方指向 A：C→priv = A。

② 删除节点

双向链表中删除节点与单向链表类似，也是增加过程的反操作，如图 3.8 所示。

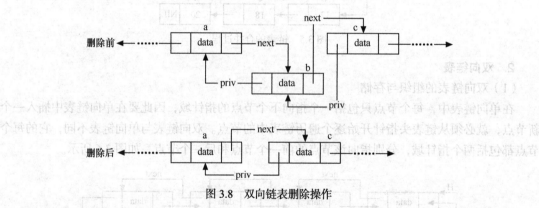

图 3.8 双向链表删除操作

由图 3.8 可以看出，在双向链表中删除元素指针会依次完成以下操作。
- 使 C 前方指向 A：C→priv = A。
- 使 A 后方指向 C：A→next = C。
- 使 B 前后方指向 NULL：B->priv = NULL 和 B->next = NULL，或（若不再需要该节点）释放节点 B。

3. 循环链表

单向链表最后一个节点的指针域为空（NULL）。如果将这个指针利用起来，以指向单向链表的第 1 个节点，就能组成一个单向循环链表，如图 3.9 所示。

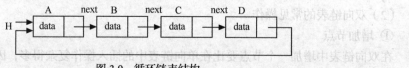

图 3.9 循环链表结构

可以看到，循环链表的组织结构与单向链表非常相似，因此其操作与单链表也是一致的，唯一的差别仅在于在单链表中，算法判断到达链表尾的条件是 p→next 是否为空，而在双向链表中，则是判断 p→next 是否等于头指针。

当然，可以为单向循环链表增加一个 priv 指针，从而可以将其转化为双向循环链表，这些都视具体的应用而定。

各种链表的异同点如表 3.4 所示。

表 3.4　　　　　　　　　　　　　各种链表的异同点

	单向链表	双向链表	单向循环链表	双向循环链表
指针域	next	next, priv	next	next, priv
结尾指针	NULL	NULL	头指针	头指针
内存占用	较少	较多	较少	较多
操作灵活性	较不灵活，每次搜索都必须从头指针开始，不能反向搜索	较为灵活，搜索时可以反向搜索，但也从头指针开始搜索	较为灵活，搜索时可以不从头指针开始，但不能反向搜索	非常灵活，搜索时可以不从头指针开始，且可以反向搜索
时间复杂度	$O(N)$	$O(N)$	$O(N)$	$O(N)$
空间复杂度	$O(N)$	$O(N)$	$O(N)$	$O(N)$

4. ARM Linux 中的链表使用实例

（1）ARM Linux 内核链表概述

在 ARM Linux 中，链表是最为基本的数据结构，也是最为常用的数据结构。在本书中尽管使用 2.6 内核作为讲解的基础，但实际上 2.4 内核中的链表结构和 2.6 并没有太大区别。二者不同之处在于 2.6 扩充了两种链表数据结构：链表的读拷贝更新（read-copy update,rcu）和 HASH 链表（hlist）。这两种扩展都是基于最基本的 list 结构。因此，此处主要介绍基本链表结构。

链表数据结构的定义很简单（<include/linux/list.h>，以下所有代码除非加以说明，均取自该文件）。

　　struct list_head { struct list_head *next, *prev; };

list_head 结构包含两个指向 list_head 结构的指针 prev 和 next，由此可见，内核的链表具备双向链表功能，实际上，通常它都组织成双向循环链表。

和 3.5.1 小节介绍的双向链表结构模型不同，这里的 list_head 没有数据域。在 Linux 内核链表中，不是在链表结构中包含数据，而是在数据结构中包含链表节点。由于链表数据类型差别很大，如果对每一种数据项类型都需要定义各自的链表结构，不利于抽象成为公共的模板。

在 Linux 内核链表中，需要用链表组织起来的数据通常会包含一个 struct list_head 成员，如在 <include/linux/netfilter.h>中定义了一个 nf_sockopt_ops 结构来描述 netfilter 为某一协议簇准备的 getsockopt/setsockopt 接口，其中就有一个（struct list_head list）成员，各个协议族的 nf_sockopt_ops 结构都通过这个 list 成员组织在一个链表中，表头是定义在<net/core/netfilter.c>中的 nf_sockopts（struct list_head）。可以看到，Linux 的简捷实用、不求完美和标准的风格在这里体现得相当充分。

（2）Linux 内核链表接口

① 声明和初始化

实际上 Linux 只定义了链表节点，并没有专门定义链表头，那么一个链表结构是如何建立起来的？这里是使用 LIST_HEAD()这个宏来构建的，代码如下。

```
#define LIST_HEAD_INIT(name) { &(name), &(name) }
#define LIST_HEAD(name) struct list_head name = LIST_HEAD_INIT(name)
```

这样,当需要用 LIST_HEAD(nf_sockopts)声明一个名为 nf_sockopts 的链表头时,它的 next、prev 指针都初始化为指向自己。这样就构建了一个空链表,因为 Linux 用头指针的 next 是否指向自己来判断链表是否为空。

```
static inline int list_empty(const struct list_head *head)
{ return head->next == head; }
```

除了用 LIST_HEAD()宏在声明时创建一个链表以外,Linux 还提供了一个 INIT_LIST_HEAD 宏用于运行时创建链表。

```
#define INIT_LIST_HEAD(ptr) do { (ptr)->next = (ptr);
(ptr)->prev = (ptr); } while (0)
```

② 插入

对链表的插入操作有两种:在表头插入和在表尾插入。Linux 为此提供了两个接口:

```
static inline void list_add(struct list_head *new, struct list_head *head);
static inline void list_add_tail(struct list_head *new, struct list_head *head);
```

因为 Linux 链表是循环表,且表头的 next、prev 分别指向链表中的第 1 个和最末一个节点,所以,list_add()和 list_add_tail()的区别并不大,实际上,Linux 分别用以下两个函数来实现接口。

```
static inline void __list_add(struct list_head *new,
                              struct list_head *prev,
                              struct list_head *next)
{
    next->prev = new;
    new->next = next;
    new->prev = prev;
    prev->next = new;
}
static inline void list_add(struct list_head *new, struct list_head *head)
{
    __list_add(new, head, head->next);
}
static inline void list_add_tail(struct list_head *new, struct list_head *head)
{
    __list_add(new, head->prev, head);
}
```

③ 删除

Linux 中删除的代码也是类似的,通过 __list_del 来实现 list_del 接口,读者可以自行分析以下代码段。

```
static inline void __list_del(struct list_head * prev, struct list_head * next)
{
    next->prev = prev;
    prev->next = next;
}
static inline void list_del(struct list_head *entry)
{
    __list_del(entry->prev, entry->next);
    entry->next = LIST_POISON1;
    entry->prev = LIST_POISON2;
}
```

从接口函数中可以看到,被删除的 prev、next 指针分别被设为 LIST_POSITION2 和 LIST_POSITION1 两个特殊值,这样设置是为了保证不在链表中的节点项不可访问,对 LIST_POSITION1 和 LIST_POSITION2 的访问都将引起页故障。与之相对应,list_del_init()函数将节点从链表中解下来之后，调用 LIST_INIT_HEAD()将节点置为空链状态。

3.5.2 树、二叉树、平衡树

1．树的定义

树是由 $n\,(n{\geqslant}0)$ 个节点组成的有限集合。如果 $n=0$，称为空树；如果 $n>0$，则

（1）有一个特定的称为根的节点，它只有直接后继，但没有直接前驱；

（2）除根以外的其他节点划分为 $m\,(m{\geqslant}0)$ 个互不相交的有限集合 $T_0, T_1, \cdots, T_{m-1}$，每个集合又是一棵树，并且称为根的子树。每棵子树的根节点有且仅有一个直接前驱，但可以有 0 个或多个直接后继。

与树相关的定义如下。

节点：表示树中的元素，包括数据元素的内容及指向其子树的分支。

节点的度：节点的分支数。

终端节点（叶子）：度为 0 的节点。

非终端节点：度不为 0 的节点。

节点的层次：树中根节点的层次为 1，根节点子树的根为第 2 层，以此类推。

树的度：树中所有节点度的最大值。

树的深度：树中所有节点层次的最大值。

有序树、无序树：如果树中每棵子树以从左到右的排列拥有一定的顺序，不得互换，则称为有序树，否则称为无序树。

森林：$m\,(m{\geqslant}0)$ 棵互不相交的树的集合。

在树结构（见图 3.10）中，节点之间的关系又可以用家族关系描述，定义如下。

孩子、双亲：某个节点的子树的根称为这个节点的孩子，而这个节点又被称为孩子的双亲。

子孙：以某节点为根的子树中的所有节点都被称为该节点的子孙。

祖先：从根节点到该节点路径上的所有节点。

兄弟：同一个双亲的孩子之间互为兄弟。

堂兄弟：双亲在同一层的节点互为堂兄弟。

2．二叉树

（1）二叉树的定义

二叉树是一种有序树，它是节点的一个有限集合，该集合或者为空，或者是由一个根节点加上两棵分别称为左子树和右子树的、互不相交的二叉树组成。它的特点是每个节点至多只有两棵子树(即二叉树中不存在度大于 2 的节点)，并且二叉树的子树有左右之分，其次序不能任意颠倒。二叉树有图 3.11 所示的 5 种形态。

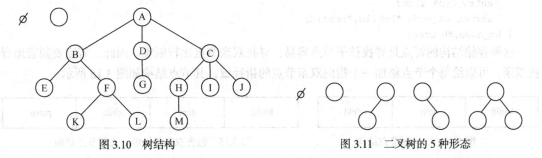

图 3.10　树结构　　　　　　　　　图 3.11　二叉树的 5 种形态

在实际使用中，有两种常见的特殊形态的二叉树。

① 满二叉树。一棵深度为 k 且有 2^k-1 个节点的二叉树称为满二叉树，如图 3.12 所示。

② 完全二叉树。若设二叉树的高度为 h，则共有 h 层。除第 h 层外，其他各层（$0\sim h-1$）的节点数都达到最大个数，第 h 层从右向左连续缺若干节点，这就是完全二叉树，如图 3.13 所示。

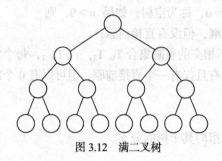 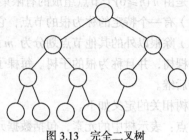

图 3.12　满二叉树　　　　　　　　　　　　图 3.13　完全二叉树

（2）二叉树的顺序存储

二叉树可以采用两种存储方式：顺序存储结构和链式存储结构，在这里首先讲解顺序存储方式。这种存储结构适用于完全二叉树，其存储形式为：用一组连续的存储单元按照完全二叉树的每个节点编号的顺序存放节点内容。在 C 语言中，这种存储形式的类型可以定义为如下形式。

```
#define MAX_TREE_NODE_SIZE  100
typedef  struct
{
    entry_type item[MAX_TREE_NODE_SIZE];      /* 根存储在下标为1的数组单元中 */
    int n;                                    /* 当前完全二叉树的节点个数 */
} qb_tree;
```

这种存储结构的特点是空间利用率高、寻找孩子和双亲比较容易，但是插入和删除节点不方便（需要整体移动数组）。顺序存储的二叉树在实际使用中并不是很常见，本书在此不详细展开讲解。

（3）二叉树的链式存储

① 二叉树链式存储结构

在顺序存储结构中，利用编号表示元素的位置及元素之间孩子或双亲的关系，因此对于非完全二叉树，需要将空缺的位置用特定的符号填补，若空缺节点较多，势必造成空间利用率下降。在这种情况下，就应该考虑使用链式存储结构。常见的二叉树节点结构如图 3.14 所示。

其中，lchild 和 rchild 是分别指向该节点左孩子和右孩子的指针，item 是数据元素的内容，在 C 语言中的类型定义为：

```
typedef struct _bt_node
{
    entry_type item;
    struct bt_node *lchild,*rchlid;
} bt_node,*b_tree;
```

这种存储结构的特点是寻找孩子节点容易，寻找双亲节点比较困难。因此，若需要频繁地寻找双亲，可以给每个节点添加一个指向双亲节点的指针域，其节点结构如图 3.15 所示。

lchild	item	rchild

lchild	item	rchild	parent

图 3.14　二叉树节点结构　　　　　　图 3.15　包含双亲指针的二叉树节点结构

② 二叉树链式构建实例

下面通过非递归的方式构建一个顺序二叉树，二叉树中每个节点都是一个 char 型的数据，这个二叉树遵循以下规则。

- 所有右孩子的数值大于根节点。
- 所有左孩子的数值小于根节点。

这样，为了方便起见，先设定一个数据集合及构建顺序，如下所示（数据的构建顺序自左向右）：e、f、h、g、a、c、b、d。

与此相对应的二叉树如图 3.16 所示。

（4）二叉树的常见操作

① 遍历二叉树

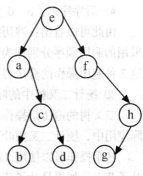

图 3.16 实例构建的二叉树

二叉树是一种非线性的数据结构，在对它进行操作时，总是需要逐一对每个数据元素实施操作，这样就存在一个操作顺序问题，由此提出了二叉树的遍历操作。

所谓遍历二叉树，就是按某种顺序访问二叉树中的每个节点一次且仅一次的过程。这里的访问可以是输出、比较、更新、查看元素内容等操作。

二叉树的遍历方式分为两大类：一类按根、左子树和右子树 3 个部分进行访问；另一类按层次访问。

遍历二叉树的顺序存在下面 6 种可能。

- TLR（根左右），TRL（根右左）。
- LTR（左根右），RTL（右根左）。
- LRT（左右根），RLT（右左根）。

其中，TRL、RTL 和 RLT 3 种顺序在左右子树之间均是先右子树后左子树，这与人们先左后右的习惯不同，因此，往往不予采用。余下的 3 种顺序 TLR、LTR 和 LRT 根据根访问的位置不同分别称为先序遍历、中序遍历和后序遍历。

先序遍历的流程：

- 若二叉树为空，则结束遍历操作；
- 访问根节点；
- 先序遍历左子树；
- 先序遍历右子树。

中序遍历的流程：

- 若二叉树为空，则结束遍历操作；
- 中序遍历左子树；
- 访问根节点；
- 中序遍历右子树。

后序遍历的流程：

- 若二叉树为空，则结束遍历操作；
- 后序遍历左子树；
- 后序遍历右子树；
- 访问根节点。

为本节前面部分构建起来的二叉树如图 3.16 所示，它经过 3 种遍历得到的相应序列如下。

- 先序序列：e a c b d f h g

- 中序序列：a b c d e f g h
- 后序序列：b d c a g h f e

由此可以看出：遍历操作实际上是将非线性结构线性化的过程，其结果为线性序列，并根据采用的遍历顺序分别称为先序序列、中序序列或后序序列；遍历操作是一个递归的过程，因此，这3种遍历操作的算法可以用递归函数实现。

② 统计二叉树中的叶子节点

二叉树的遍历是操作二叉树的基础，二叉树的很多特性都可以通过遍历二叉树来得到。在实际应用中，统计二叉树叶子节点的个数是非常常用的一种操作。

这个操作可以使用3种遍历顺序中的任何一种，只是需要将访问操作变成判断该节点是否为叶子节点，如果是叶子节点，则将累加器加1即可。

③ 统计二叉树中的高度

求二叉树的高度也是非常常用的一种操作。这一操作使用后序遍历比较符合人们求解二叉树高度的思维方式：首先分别求出左右子树的高度，在此基础上得出该树的高度，即左右子树较大的高度值加1。

3. 平衡树

二叉树是一种非平衡树，各个子树之间的高度可能相差很大，这样就会造成平均性能下降。为了使各个子树的高度基本保持平衡，平衡树就应运而生了。

平衡树包括很多种类，常见的有B树、AVL树、红黑树等。这些树都大致平衡，能保证最坏情况下为$O(\log_2 N)$的性能。但是由于平衡机制不同，这些树都有不同的应用场景和不同的统计性能，其中B树主要用于文件系统、数据库等方面，而AVL树和红黑树多用于检索领域。

由于红黑树在平衡机制上比较灵活，能取得最好的统计性能，在Linux内核、STL源码中广泛使用。

（1）红黑树的定义

红黑树是指满足下列条件的二叉搜索树。

性质1：每个节点要么是红色，要么是黑色（后面将说明）。

性质2：所有的叶节点都是空节点，并且是黑色的。

性质3：如果一个节点是红色的，那么它的两个子节点都是黑色的。

性质4：节点到其子孙节点的每条简单路径都包含相同数目的黑色节点。

性质5：根节点永远是黑色的。

之所以称其为红黑树是因为它的每个节点都被着色为红色或黑色。这些节点颜色被用来检测树的平衡性。但需要注意的是，红黑树并不是严格意义上的平衡二叉树，恰恰相反，红黑树放松了平衡二叉树的某些要求，由于一定限度的不平衡，红黑树的性能得到了提升。

从根节点到叶节点的黑色节点数被称为树的黑色高度（black-height）。前面关于红黑树的性质保证了从根节点到叶节点的路径长度不会超过任何其他路径的两倍。因此，对于给定的黑色高度为n的红黑树，从根到叶节点的简单路径的最短长度为$n-1$，最大长度为$2\times(n-1)$。

红黑树在插入和删除操作中，节点可能需要被旋转以保持树的平衡。红黑树的平均和最差搜索时间都是$O(\log_2 N)$。在实际应用中，红黑树的统计性能要好于严格平衡二叉树（如AVL树），但极端性能略差。

（2）红黑树节点的插入过程

插入节点的过程如下。

① 在树中搜索插入点。
② 新节点将替代某个已经存在的空节点,并且将拥有两个作为子节点的空节点。
③ 新节点标记为红色,其父节点的颜色根据红黑树的定义确定,如果需要,对树做调整。

这里需要注意的是,空节点和 NULL 指针是不同的。在简单的实现中,NULL 指针可以用作监视哨,标记为黑色的公共节点作为前面提到的空节点。

给一个红色节点加入两个空的子节点符合性质 4,同时,也必须确保红色节点的两个子节点都是黑色的(根据性质3)。尽管如此,当新节点的父节点是红色时,插入红色的子节点将是违反定义的。这时存在两种情况。

情形 1:红色父节点的兄弟节点也是红色的,如图 3.17 所示。

这时可以简单地对上级节点重新着色来解决冲突。当节点 B 被重新着色之后,应该重新检验更大范围内树节点的颜色,以确保整棵树符合定义的要求。结束时根节点应当是黑色的,如果它原先是红色的,则红黑树的黑色高度将递增 1。

情形 2:红色父节点的兄弟节点是黑色的,这种情形比较复杂,如图 3.18 所示。

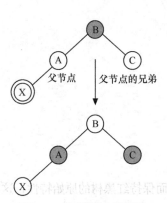

图 3.17 红黑树插入情形 1

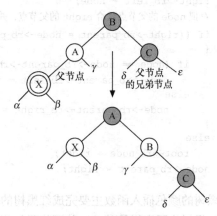

图 3.18 红黑树插入情形 2

这时,如果重新对节点着色,就会把节点 A 变成黑色,于是,树的平衡被破坏,因为左子树的黑色高度将增加,而右子树的黑色高度没有相应地改变。如果把节点 B 着上红色,那么左右子树的高度都将减少,树依然不平衡。此时,继续对节点 C 进行着色将导致更糟糕的情况,左子树黑色高度增加,右子树黑色高度减少。

为了解决问题,需要旋转并对树节点重新着色。这时算法将正常结束,因为子树的根节点(A)被着色为黑色,同时,不会引入新的红-红冲突。

(3)红黑树节点插入过程结束

插入节点时,可能会需要重新着色,或者旋转来保持红黑树的性质。旋转完成,算法就结束了。对于重新着色来说,读者需要在子树的根节点留下一个红色节点,于是需要继续向上修整树,以保持红黑树的性质。最坏情况下,用户将不得不处理到树根的所有路径。

4. ARM Linux 中红黑树使用实例

红黑树是 Linux 内核中一个常见的数据结构,它优越的性能得到了广泛的体现。下面讲解 Linux 内核中红黑树的实现。

以下是红黑树的定义,代码位于<include/linux/rbtree.h>中。

```
struct rb_node
{
```

```
        struct rb_node *rb_parent;
        int rb_color;
#define     RB_RED      0
#define     RB_BLACK    1
        struct rb_node *rb_right;
        struct rb_node *rb_left;
};
```

可以看到，红黑树包含一个 parent 的指针，此外还有标明颜色的域，用于指明节点的颜色。红黑树的旋转代码如下。

```
static void __rb_rotate_left(struct rb_node *node, struct rb_root *root)
{
    /*设置 right*/
    struct rb_node *right = node->rb_right;
    /*把 right 的左子树赋给 node 的右子树*/
    if ((node->rb_right = right->rb_left))
        right->rb_left->rb_parent = node;
    right->rb_left = node;
    /*把 node 的父节点赋给 right 的父节点，并且判断是否为0*/
    if ((right->rb_parent = node->rb_parent))
    {
        if (node == node->rb_parent->rb_left)
            node->rb_parent->rb_left = right;
        else
            node->rb_parent->rb_right = right;
    }
    else
        root->rb_node = right;
    node->rb_parent = right;
}
```

红黑树的颜色插入函数主要完成红黑树的颜色调整，从而保持红黑树的原始特性，这些特性是保持红黑树为平衡树的基础，其源代码如下。

```
void rb_insert_color(struct rb_node *node, struct rb_root *root)
{
    struct rb_node *parent, *gparent;
    /*检查父节点的颜色是否为红色*/
    while ((parent = node->rb_parent) && parent->rb_color == RB_RED)
    {
        gparent = parent->rb_parent;
        /*判断父节点是否是祖父节点的左节点*/
        if (parent == gparent->rb_left)
        {
            {
                register struct rb_node *uncle = gparent->rb_right;
                /*判断 uncle 节点是否为红色，并相应调整颜色*/
                if (uncle && uncle->rb_color == RB_RED)
                {
                    uncle->rb_color = RB_BLACK;
                    parent->rb_color = RB_BLACK;
                    gparent->rb_color = RB_RED;
                    node = gparent;
                    continue;
                }
```

```
            }
            if (parent->rb_right == node)
            {
                register struct rb_node *tmp;
                /*左旋*/
                __rb_rotate_left(parent, root);
                tmp = parent;
                parent = node;
                node = tmp;
            }
            parent->rb_color = RB_BLACK;
            gparent->rb_color = RB_RED;
            __rb_rotate_right(gparent, root);
        }
        else
        { /*else部分与前面对称*/
            {
                register struct rb_node *uncle = gparent->rb_left;
                if (uncle && uncle->rb_color == RB_RED)
                {
                    uncle->rb_color = RB_BLACK;
                    parent->rb_color = RB_BLACK;
                    gparent->rb_color = RB_RED;
                    node = gparent;
                    continue;
                }
            }
            if (parent->rb_left == node)
            {
                register struct rb_node *tmp;
                __rb_rotate_right(parent, root);
                tmp = parent;
                parent = node;
                node = tmp;
            }
            parent->rb_color = RB_BLACK;
            gparent->rb_color = RB_RED;
            __rb_rotate_left(gparent, root);
        }
    }
    root->rb_node->rb_color = RB_BLACK;
}
```

3.5.3 哈希表

1. 哈希表的概念及作用

前面两节介绍了两种常见的数据结构：链表和树。在这些数据结构中，记录在结构中的相对位置是随机的，即其相对位置和记录的关键字（或者叫索引）之间不存在确定的关系，因此，在结构中查找记录时需依次与关键字比较。这一类查找方法是建立在比较的基础上，查找的效率依赖于查找过程中进行的比较次数。

迅速找到所需的记录最为直接的方法是，在记录的存储位置和它的关键字之间建立一个确定的对应关系 f，使每个关键字和结构中一个唯一的存储位置相对应。哈希表就是这样一种数据结构。下面通过一个具体的实例来讲解何为哈希表。

下面是以学生学号为关键字的成绩表，1号学生的记录位置在第一条，10号学生的记录位置在第 10 条，如表 3.5 所示。

表 3.5　　　　　　　　　　　　　　　学生成绩表

学生号	1	2	3	4	5	6	7	8	9	10
成绩	87	68	76	56	89	87	78	98	65	47

这是最简单的哈希表。那么如果以学生姓名为关键字，如何建立查找表，使得根据姓名可以直接找到相应记录呢？这里，可以首先建立一个字母和数字的映射表，如表 3.6 所示。

表 3.6　　　　　　　　　　　　　　字母、数字映射表

a	b	c	d	e	f	g	h	i	j	k	l	m	n	o	p	q	r	s	t	u	v	w	x	y	z
1	2	3	4	5	6	7	8	9	10	11	12	13	14	15	16	17	18	19	20	21	22	23	24	25	26

接下来，读者可以将不同学生的姓名中名字拼音首字母记录下来，并将所有这些首字母编号值相加求和，如表 3.7 所示。

表 3.7　　　　　　　　　　　　　学生姓名首字母累加

	刘丽	刘宏英	吴军	吴小艳	李秋梅	陈伟	……
姓名中名字拼音首字母	ll	lhy	wj	wxy	lqm	cw	……
用所有首字母编号值相加求和	24	46	33	72	42	26	……

最小值可能为 3，最大值可能为 78，可放 75 个学生

通过这些值来作为关键字索引哈希表，就可以得到图 3.19 所示的哈希表。

		成绩一	成绩二……
3	……		
24	刘丽	82	95
25	……		
26	陈伟		
……	……		
33	吴军		
……	……		
42	李秋梅		
……	……		
46	刘宏英		
……	……		
72	吴小艳		
……	……		
78	……		

图 3.19　姓名成绩哈希表

哈希表的查找方式与构建过程非常类似，例如，要查李秋梅的成绩，可以用上述方法求出该记录所在位置。李秋梅：lqm，12 + 17 + 13 = 42，取表中第 42 条记录即可。

如果两个同学分别叫"刘丽"和"刘兰"，那么该如何处理这两条记录？

正如问题中提到的，哈希表有个不可避免现象就是冲突现象：对不同的关键字可能得到同一哈希地址。这个问题的解决方法在本文的后续部分会详细讲解。

2. 哈希表的构造方法

构造哈希表实际上也就是构造哈希函数，以确定关键值的存储位置，并能尽可能地减少哈希冲突的个数。上面介绍的构建哈希表的方法是最为简单的一种，这里将介绍几种最为常见的哈希表构造方法。

（1）直接定址法

直接定址法是一种最直接的构造哈希表的方法。此类方法取关键码的某个线性函数值作为哈希地址：

Hash（key）= a * key + b　　{a，b为常数}

这类哈希函数是一对一的映射，一般不会产生冲突。但是，它要求哈希地址空间的大小与关键码集合的大小相同。例如，有一个1～100岁的人口数字统计表，其中，年龄作为关键字，哈希函数取关键字自身（$a=1, b=0$），其哈希表如表3.8所示。

表 3.8　　　　　　　　　　　　直接定址法哈希表

地址	01	02	……	25	26	27	……	100
年龄	1	2	……	25	26	27	……	……
人数	3000	2000	……	1050	……	……	……	……
……								

（2）数字分析法

数字分析法是指分析已有的数据，尽量选取能够减少冲突的数字来构建哈希函数。

设有 n 个 d 位数，每一位可能有 r 种不同的符号。这 r 种不同的符号在各位上出现的频率不一定相同，可能在某些位上分布均匀些；在某些位上分布不均匀，只有某几种符号经常出现。可根据哈希表的大小，选取其中各种符号分布均匀的若干位作为哈希地址。

例如，学生的生日数据如表3.9所示。

表 3.9　　　　　　　　　　　　生日数据表

年	月	日
75	10	03
75	11	23
76	03	02
76	07	12
75	04	21
76	02	15

经过分析可知，第1位、第2位、第3位重复的可能性大，取这3位造成冲突的机会增加，所以尽量不取前3位，取后3位比较好。

（3）除留余数法

设哈希表中允许的地址数为 m，取一个不大于 m，但最接近于或等于 m 的质数 p，或选取一个不含有小于 20 的质因数的合数作为除数，利用以下公式把关键码转换成哈希地址。哈希函数为：

hash（key）= key % p　p≤m

其中，"%"是整数除法取余运算，要求这时的质数 p 不接近 2 的整数次幂。

例如，有一个关键码 key = 962 148，哈希表大小 m = 25，即 HT[25]。取质数 p= 23。哈希函数 hash（key）= key % p，则哈希地址为 hash（962 148）= 962 148 % 23 = 12。

（4）乘余取整法

使用此方法时，先让关键码 key 乘以一个常数 A (0 < A < 1)，提取乘积的小数部分。然后，用整数 n 乘以这个值，对结果向下取整，把它作为哈希表地址。

（5）平方取中法

平方取中法在词典处理中使用十分广泛。它先计算构成关键码的标识符的内码的平方，然后按照哈希表的大小取中间的若干位作为哈希地址。

在平方取中法中，一般取哈希地址为 2 的某次幂。例如，若哈希地址总数取为 $m = 2r$，则对内码的平方数取中间的 r 位。

（6）折叠法

折叠法把关键码从左到右分成位数相等的几部分，每一部分的位数应与哈希表地址位数相同，只有最后一部分的位数可以短一些。把这些部分的数据叠加起来，就可以得到具有该关键码的记录的哈希地址。

例如，每一种西文图书都有一个国际标准图书编号，它是一个 10 位的十进制数字，若要以它作关键字建立一个哈希表，当馆藏书种类不到 10 000 时，可采用此法构造一个 4 位数的哈希函数。则书的编号为 04-4220-5864 和 04-0224-5864 的哈希值可按图 3.20 所示的方法求得。

```
        5864              5864
        4220              0224
     +)   04           +)   04
      ------            ------
       10088             6092
    H(key)=0088       H(key)=6092

   （a）移位叠加      （b）间界叠加
```

图 3.20　折叠法举例

（7）随机数法

随机数法是选择一个随机函数，取关键字的随机函数值作为它的哈希地址，即 H(*key*) = random(*key*)，其中 random 为随机函数，通常关键字长度不等时采用此法。

3. 哈希表的处理冲突方法

就如本节前面提到：如果两个同学分别叫"刘丽"和"刘兰"，当加入刘兰时，地址 24 发生了冲突，可以以某种规律使用其他的存储位置，如果选择的一个其他位置仍有冲突，则再选下一个，直到找到没有冲突的位置，选择其他位置的方法有以下 4 种。

（1）开放定址法

Hi=(H(`key`)+di) MOD m, i=1,2,…,k(k≤m-1)，

其中 m 为表长，di 为增量序列。

如果 di 取值可能为 1，2，3，…，m-1，则称为线性探测再散列。

如果 di 取值可能为 1，-1，4，-4，9，-9，16，-16，…$k*k$，-$k*k$($k ≤ m/2$)，则称为二次探测再散列。

如果 di 取值可能为伪随机数列，则称为伪随机探测再散列。

例如，在长度为 11（$m = 11$）的哈希表中已填有关键字分别为 17、60、29 的记录，现有第 4 个记录，其关键字为 38，由哈希函数得到地址为 5（H(38) = 5）。分别采用线性探测再散列、二次探测再散列、伪随机探测再散列时，插入该记录的结果如图 3.21 所示。

（2）再哈希法

再哈希法是指当发生冲突时，使用第 2 个、第 3 个哈希函数计算地址，直到无冲突为止，这种方法的缺点是计算时间会显著增加。

（3）链地址法

链地址法是将所有发生冲突的关键字链接在同一位置的线性链表中，如图 3.22 所示。

0	1	2	3	4	5	6	7	8	9	10
					60	17	29			

插入前

0	1	2	3	4	5	6	7	8	9	10
					60	17	29	38		

线性探测再散列 ($di=3$，$H_4=(H(38)+3) \bmod 11=8$)

0	1	2	3	4	5	6	7	8	9	10
				38	60	17	29	38		

二次探测再散列 ($di=-1$，$H_4=(H(38)-1) \bmod 11=4$)

0	1	2	3	4	5	6	7	8	9	10
			38		60	17	29	38		

伪随机探测再散列 (伪随机数为$di=9$，$H_4=(H(38)+9) \bmod 11=3$)

图 3.21 开放定址法实例

（4）建立公共溢出区

公共溢出区是指另外设立存储空间来处理哈希冲突。假设哈希函数的值域为 $[0,m-1]$，则设向量 HashTable$[0..m-1]$ 为基本表，另外设立存储空间向量 OverTable$[0..v]$ 用以存储发生冲突的记录。

4. ARM Linux 中哈希表使用实例

在 Linux 内核中，需要从进程的 PID 推导出对应的进程描述符指针。当然，顺序扫描进程链表并检查进程描述符的 pid 字段是可行的，但是相当低效。为了加快查找，Linux 内核引入了 pidhash 哈希表来快速定位。

在内核初始化期间（在 pidhash_init()函数中），动态地为哈希表分配 pid_hash 数组。这个哈希表的长度依赖于系统内存的容量，代码如下。

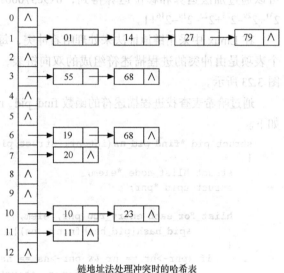

图 3.22 链地址法实例

```
unsigned long megabytes = nr_kernel_pages >> (20 - PAGE_SHIFT);
pidhash_shift = max(4, fls(megabytes * 4));
pidhash_shift = min(12, pidhash_shift);
pidhash_size = 1 << pidhash_shift;
```

变量 pidhash_size 表示哈希表索引的长度，pidhash_shift 是 pidhash_size 值所占的位数。这两个变量值可以在内核启动日志信息（如/var/log/messages 文件）中查到，以下是作者机器上打印的消息。

```
PID hash table entries: 2048 (order: 11, 8192 bytes)
```

通过日志信息，可知本系统的 pidhash_shift 值为 11，pidhash_size 值为 $2^{11}=2\,048$，即哈希表的长度为 2 048（个元素）。每个元素是链表头指针，一个元素占 4 字节，因此，整个哈希表占用 8 192 字节的内存空间。

Linux 用 pid_hashfn 宏把 PID 转化为哈希表索引。

```
#define pid_hashfn(nr, ns) \
    hash_long((unsigned long)nr + (unsigned long)ns, pidhash_shift)
```

其中，**hash_long** 宏在 32 位体系结构中的定义如下。

```c
#define GOLDEN_RATIO_PRIME_32 0x9e370001UL
#define hash_long(val, bits) hash_32(val, bits)
static inline u32 hash_32(u32 val, unsigned int bits)
{
    /* On some cpus multiply is faster, on others gcc will do shifts */
    u32 hash = val * GOLDEN_RATIO_PRIME_32;

    /* High bits are more random, so use them. */
    return hash >> (32 - bits);
}
```

从代码中可知，该哈希函数是基于表索引乘以一个适当的大数，于是结果溢出，就用32位变量中的值进行模数运算（使用移位操作来实现）。据专家分析，如果想得到满意的结果，这个大乘数应该是一个接近黄金比例的 2^{32} 数量级的素数。0x9e370001 就是接近 $2^{32} \times (\sqrt{5}-1)/2$ 的素数，这个数可以通过加法运算和移位运算得到，0x9e370001 = $2^{31}+2^{29}-2^{25}+2^{22}-2^{19}-2^{16}+1$。

在 Linux 中采用链地址法来处理哈希冲突，每一个表项是由冲突的进程描述符组成的双向链表，如图 3.23 所示。

通过哈希表查找进程描述符的函数 find_pid_ns() 如下：

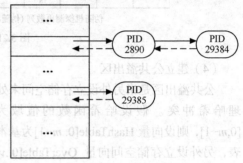

图 3.23　ARM-Linux 处理哈希冲突方法

```c
struct pid *find_pid_ns(int nr, struct pid_namespace *ns)
{
    struct hlist_node *elem;
    struct upid *pnr;

    hlist_for_each_entry_rcu(pnr, elem,
            &pid_hash[pid_hashfn(nr, ns)], pid_chain)
    {
        if (pnr->nr == nr && pnr->ns == ns)
            return container_of(pnr, struct pid, numbers[ns->level]);
    }
    return NULL;
}
```

思考与练习

1. 宏定义和函数之间有哪些区别？宏定义与 inline 函数有区别吗？
2. 具体分析 hello.c 程序的预处理之后的代码。
3. 简述 C 语言的各种数据如何在内存中分配，它们分别对程序的运行效率有哪些影响。
4. 与程序的移植性相关的问题有哪些？怎么能写出与平台无关或者移植性很强的程序？
5. 在 ARM 目标板的某个 GPIO 端口上连续进行写操作（交替进行写 0 和写 1 的操作），以便观察 I/O 端口的工作频率。分别用纯 C 语言和内嵌汇编的 C 语言编写该功能代码，并比较两种方法的运行效率。
6. 分析 Linux 内核的链表机制，并编写一个实现简单链表功能的模块，包括链表的创建、插入、删除、查询、修改操作。

第 4 章
嵌入式 Linux 开发环境的搭建

在讲解嵌入式开发的基本概念和嵌入式 Linux C 语言的基础之后，本章主要介绍如何搭建嵌入式 Linux 开发的环境。本章从嵌入式开发环境的搭建和交叉编译开始，介绍了 Bootloader 的概念以及 U-Boot 的编译和移植的方法；然后介绍了 Linux 内核的相关知识，主要讲解了内核编译和移植的方法；最后介绍了 Linux 根文件系统的构建。

本章主要内容：
- 构建嵌入式 Linux 开发环境；
- Bootloader；
- Linux 内核与移植；
- 嵌入式文件系统构建。

4.1 构建嵌入式 Linux 开发环境

构建开发环境是任何开发工作的基础，对于软硬件非常丰富的嵌入式系统来说，构建高效、稳定的环境是能否开展工作的重要因素之一。本节将介绍如何构建一套嵌入式 Linux 开发环境。在构建开发环境以前，有必要了解嵌入式 Linux 开发流程。因为嵌入式 Linux 开发往往会涉及多个层面，这与桌面开发有很大不同。构建一个 Linux 系统，需仔细考虑下面几点。

（1）选择嵌入式 Linux 发行版。商业的 Linux 发行版是作为产品开发维护的，经过严格的测试验证，并且可以得到厂家的技术支持。它为开发者提供了可靠的软件和完整的开发工具包。

（2）熟悉开发环境和工具。交叉开发环境是嵌入式 Linux 开发的基本模型，Linux 环境配置、GNU 工具链、测试工具，甚至集成开发环境都是开发嵌入式 Linux 的利器。

（3）熟悉 Linux 内核。因为嵌入式 Linux 开发一般需要重新定制 Linux 内核，所以熟悉内核配置、编译和移植很重要。

（4）熟悉目标板引导方式。开发板的 Bootloader 负责硬件平台最基本的初始化，并且具备引导 Linux 内核启动的功能。硬件平台是专门定制的，一般需要修改编译 Bootloader。

（5）熟悉 Linux 根文件系统。高级一点的操作系统一般都有文件系统的支持，Linux 也一样离不开文件系统。系统启动必需的程序和文件都必须放在根文件系统中。Linux 系统支持的文件系统种类非常多，可以通过 Linux 内核命令行参数指定要挂接的根文件系统。

（6）理解 Linux 内存模型。Linux 是保护模式的操作系统。内核和应用程序分别运行在完全分离的虚拟地址空间，物理地址必须映像到虚拟地址才能访问。

（7）理解 Linux 调度机制和进程线程编程。Linux 调度机制影响到任务的实时性，理解调度机制可以更好地运用任务优先级。此外，进程和线程编程是应用程序开发所必需的。

4.1.1 嵌入式交叉编译环境搭建

搭建交叉编译环境是嵌入式开发的第一步，也是关键的一步。不同的体系结构、不同的操作内容，甚至是不同版本的内核，都会用到不同的交叉编译器。选择交叉编译器非常重要，有些交叉编译器经常会有部分的 BUG，这会导致最后的代码无法正常运行。

交叉编译器完整的安装一般涉及多个软件的安装，包括 binutils、gcc、glibc、glibc-linuxthreads 等软件。其中，binutils 主要用于生成一些辅助工具，如 readelf、objcopy、objdump、as、ld 等；gcc 用来生成交叉编译器，主要生成 arm-linux-gcc 交叉编译工具（应该说，生成此工具后已经搭建起了交叉编译环境，可以编译 Linux 内核了，但由于没有提供标准用户函数库，用户程序还无法编译）；glibc 主要提供用户程序所使用的一些基本的函数库，glibc-linuxthreads 是线程相关函数库。这样，交叉编译环境就完全搭建起来了。

上面所述的搭建交叉编译环境比较复杂，很多步骤都涉及硬件平台的选择。因此，现在嵌入式平台社区或厂商一般会提供在各种平台上测试通过的交叉编译器，而且也有很多把以上安装步骤全部写入脚本文件或者以发行包的形式提供，这样就大大方便了用户使用。例如，crosstool 是美国人 Dan Kegel 开发的一套可以自动编译不同版本的交叉编译器，关于该工具的使用请参考人民邮电出版社出版的《嵌入式系统技术与设计》一书。还有就是下载 gcc 交叉编译工具包。

在本书中采用广泛使用的 gcc-4.6.4 交叉编译器工具链，其使用非常简单。

```
$ mkdir toolchain  /* 这是交叉编译器安装目录*/
$ cd toolchain
$ tar xvf gcc-4.6.4.tar.xz
```

此时，在 toolchain 目录下出现了 gcc-4.6.4 文件夹，可以看到，这个交叉编译工具确实集成了 binutils、gcc、glibc 这几个软件，分别存在于不同的文件夹中。

接下来，在环境变量 PATH 中添加路径，就可以直接使用 arm-none-linux-gnueabi-gcc 命令了。修改配置的方式如下。

```
$ sudo vi /etc/environment
$   PATH="/usr/local/sbin:/usr/local/bin:/usr/sbin:/usr/bin:/sbin:/bin:/usr/games:/home/linux/toolchain/gcc-4.6.4/bin"
$ export PATH=$PATH:/home/linux/toolchain/gcc-4.6.4/bin
```

把交叉开发工具链的路径添加到环境变量 PATH 中，这样可以方便地在 Bash 或者 Makefile 中使用这些工具。通常可以在环境变量的配置文件有以下几个。

（1）profile 类文件：用户登录时仅运行一次，profile 类文件包括每个用户主目录下的.profile 文件和/etc/profile 等。哪个用户登录就会运行相应主目录下的.profile 文件的脚本。

（2）bashrc 类文件：每当打开 bash shell 时（如当打开一个虚拟终端时），运行该脚本文件。bash 类文件包括每个用户主目录下的.bashrc 文件和/etc/bash.bashrc 等。

把环境变量配置的命令添加到其中一个文件中即可。

```
$ arm-none-linux-gnueabi-gcc -v /*查看交叉编译器的版本信息*/
gcc version 4.6.4 (crosstool-NG hg+default-2685dfa9de14 - tc0002)
```

观察打印信息可以看到当前的版本为 4.6.4，表示交叉编译工具链配置成功。

4.1.2 主机交叉开发环境配置

1. 配置控制台程序

要查看目标板的输出，可以使用控制台程序。在各种操作系统上一般都有现成的控制台程序可以使用。例如，Windows 操作系统中有 PuTTY 串口终端、超级终端（Hyperterminal）工具；Linux/Unix 操作系统有 minicom（使用 minicom 命令启动该软件）等工具。无论什么操作系统和通信工具，都可以作为串口控制台。配置一个 PuTTY 终端如图 4.1 所示，先选择到 Serial 模式，再配置 PuTTY 如图 4.2 所示，配置参数包括串口号、通信速率、数据位数、停止位数、奇偶校验、数据流控制等。一次配置可以保存下来，以供以后使用。

图 4.1　配置串口控制台

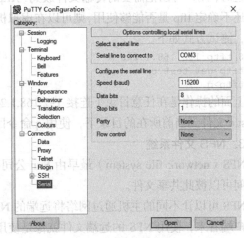
图 4.2　配置 PuTTY

2. 配置 tftp 服务

tftp 是一个传输文件的简单协议，它基于 UDP 而实现。此协议设计时是进行小文件传输的，因此它不具备通常 FTP 的许多功能，它只能从文件服务器上获得或写入文件，不能列出目录，不进行认证，传输 8 位数据。tftp 传输有 3 种模式。

tftp 和 nfs 安装与测试

（1）netascii：8 位的 ASCII 码形式。

（2）octet：8 位源数据类型。

（3）mail：目前已经不再支持这种模式，返回的数据直接返回给用户，而不是保存为文件。

tftp 分为客户端和服务器端两种。通常，首先在宿主机上开启 tftp 服务器端服务，设置好 tftp 的根目录内容（也就是供客户端下载的文件），接着，在目标板上开启 tftp 的客户端程序（tftp 客户端主要在 Bootloader 交互环境下运行，几乎所有 Bootloader 都提供该服务，用于下载操作系统内核和文件系统）。这样，把目标板和宿主机用网线相连之后，就可以通过 tftp 传输可执行文件了。下面讲述在 Linux 下的配置方法。

首先，在配置之前要确定你的 Linux 下是否已经安装了 tftp 服务器和客户端。安装命令如下。

```
$ sudo apt-get install tftped-hpa tftp-hpa
```

安装完之后，可以修改配置文件，代码如下。

```
$ sudo vi /etc/default/tftpd-hpa
```

修改完毕之后的文件内容如下。

```
TFTP_USERNAME="tftp"
TFTP_DIRECTORY="/tftpboot"
TFTP_ADDRESS="0.0.0.0:69"
TFTP_OPTIONS="-c -s -l"
```

在这里，主要要将 TFTP_DIRECTORY 改为 "/tftpboot"，表示 tftp 服务器端的默认根目录为 "/tftpboot"，可以更改为其他目录，这也就是后面要从这个目录下载 uImage 和文件系统镜像的目录，TFTP_ADDRESS="0.0.0.0:69"表示任意匹配主机 IP，TFTP_OPTIONS="-c –s -l"表示可以上传和下载。

接下来，重启 tftp 服务（两种方式），使刚才的更改生效，代码如下。

```
$ sudo /etc/init.d/tftpd-hpa restart        第一种
$ sudo service tftpd-hpa restart            第二种
```

这时，用户可以把需要的传输文件放到 "/tftpboot" 目录下，主机上的 tftp 服务就建立起来了。如果还不确定 tftp 是否能够使用，则可以在虚拟机下测试。先在/tftpboot 目录下创建一个文件 test.c 文件，测试方式如下。

```
$ tftp 192.168.1.240
tftp>get test.c
tftp>q
```

上面的操作是在任意目录下连接 192.168.1.240 主机 IP，使用 get 命令从/tftpboot 目录下面下载 test.c 文件到当前所在的目录下，使用 q 命令回车退出。

3．NFS 文件系统

NFS（network file system）最早由 Sun 公司提出，其目的就是让不同的机器、不同的操作系统之间可以彼此共享文件。

NFS 可以让不同的主机通过网络将远端的 NFS 服务器共享出来的文件安装到自己的系统中，从客户端看来，使用 NFS 的远端文件就像是使用本地文件一样。在嵌入式系统中使用 NFS 会使应用程序的开发变得十分方便，并且不用反复烧写镜像文件。

NFS 的使用分为服务器端和客户端，其中服务器端提供要共享的文件，客户端则通过挂载 mount 这一动作来实现对共享文件的访问操作。在嵌入式开发中，通常 NFS 服务端在宿主机上运行，客户端在目标板上运行。

NFS 服务器端通过读入它的配置文件 "/etc/exports" 来决定所共享的文件目录。在这个配置文件中，每一行都代表一项要共享的文件目录以及所指定的客户端对其的操作权限。客户端可以根据相应的权限，访问该目录下的所有目录文件。

配置文件中每一行的格式如下。

[共享的目录] [客户端主机名称或 IP]([参数 1，参数 2…])

在这里，主机名或 IP 是可供共享的客户端主机名或 IP，若所有的 IP 都可以访问，则可用 "*" 表示。这里的参数有很多种组合方式，表 4.1 为常见的参数。

表 4.1 NFS 配置文件的常见参数

选项	参数含义
rw	可读写的权限
ro	只读的权限
no_root_squash	NFS 客户端分享目录使用者的权限，即如果客户端使用的是 root 用户，对于这个共享的目录而言，该客户端就具有 root 的权限
sync	资料同步写入内存与硬盘当中
async	资料会先暂存于内存当中，而非直接写入硬盘

下面是配置文件"/etc/exports"的一个实例。

```
$ sudo vi /etc/exports
/source/rootfs    *(rw,sync,no_subtree_check,no_root_squash)
```

/source/rootfs 是要维护或要挂载的文件,*号表示全网段都能用,在设定完配置文件之后,需要启动 NFS 服务,代码如下。

```
$ sudo /etc/init.d/nfs-kernel-server restart
```

下面测试 NFS 服务是否可以使用,在 ubuntu 中,/mnt 目录下面是挂载点,则使用命令:

```
$ sudo mount -t nfs 192.168.1.240:/source/rootfs /mnt
```

以上命令表示,要将/source/rootfs 目录下的内容挂载到/mnt 目录下,可以在/mnt 目录下看到与/source/rootfs 目录下相同的内容,并且可以操作相关文件内容。

4.2 Bootloader

Bootloader 是在操作系统运行之前执行的一段小程序。通过这段小程序,可以初始化硬件设备、建立内存空间的映像表,从而建立适当的系统软硬件环境,为最终调用操作系统内核做好准备。

对于嵌入式系统,Bootloader 是基于特定硬件平台来实现的。因此,几乎不可能为所有的嵌入式系统建立一个通用的 Bootloader,不同的处理器架构都有不同的 Bootloader。Bootloader 不但依赖于 CPU 的体系结构,而且依赖于嵌入式系统板级设备的配置。即使两块不同的嵌入式板使用同一种处理器,要想让运行在一块板子上的 Bootloader 程序也能运行在另一块板子上,一般也都需要修改 Bootloader 的源程序。

反过来,大部分 Bootloader 仍然具有很多共性,某些 Bootloader 也够支持多种体系结构的嵌入式系统。例如,U-Boot 就同时支持 PowerPC、ARM、MIPS、x86 等体系结构,支持的板子有上百种。通常,它们都能够自动从存储介质上启动,都能够引导操作系统启动,并且大部分都可以支持串口和以太网接口。

4.2.1 Bootloader 的种类

嵌入式系统世界已经有各种各样的 Bootloader,种类划分也有多种方式。除了按照处理器体系结构不同划分以外,还可按照功能复杂程度不同划分。

首先区分 Bootloader 和 Monitor 的概念。严格来说,Bootloader 只是引导设备并且执行主程序的固件;而 Monitor 还提供了更多的命令行接口,可以进行调试、读写内存、烧写 Flash、配置环境变量等。Monitor 在嵌入式系统开发过程中可以提供很好的调试功能,开发完成以后,就完全设置成了一个 Bootloader。因此,习惯上大家把它们统称为 Bootloader。

Linux 的开放源码引导程序及其支持的体系结构如表 4.2 所示。表 4.2 给出了 x86、ARM、PowerPC 体系结构的常用引导程序,并且注明了每一种引导程序是不是 Monitor。

表 4.2　　　　　　　　　　开放源码的 Linux 引导程序

Bootloader	Monitor	描述	x86	ARM	PowerPC
LILO	否	Linux 磁盘引导程序	是	否	否
GRUB	否	GNU 的 LILO 替代程序	是	否	否
Loadlin	否	从 DOS 引导 Linux	是	否	否

续表

Bootloader	Monitor	描述	x86	ARM	PowerPC
ROLO	否	从 ROM 引导 Linux 而不需要 BIOS	是	否	否
Etherboot	否	通过以太网卡启动 Linux 系统的固件	是	否	否
LinuxBIOS	否	完全替代 BIOS 的 Linux 引导程序	是	否	否
BLOB	否	LART 等硬件平台的引导程序	否	是	否
vivi	是	主要为 S3c2410 等三星处理器引导 Linux	否	是	否
U-Boot	是	通用引导程序	是	是	是
RedBoot	是	基于 eCos 的引导程序	是	是	是

1. x86

x86 的工作站和服务器上一般使用 LILO 和 GRUB。LILO 曾经是 Linux 发行版主流的 Bootloader。不过现在几乎所有的发行版都使用了 GRUB，GRUB 比 LILO 有更有好的显示接口，使用配置也更加灵活方便。

在某些 x86 嵌入式单板机或者特殊设备上，会采用其他的 Bootloader，如 ROLO。这些 Bootloader 可以取代 BIOS 的功能，能够从 Flash 中直接引导 Linux 启动。因为现在 ROLO 支持的开发板已经并入 U-Boot，所以 U-Boot 也可以支持 x86 平台。

2. ARM

因为 ARM 处理器的芯片商很多，所以每种芯片的开发板都有自己的 Bootloader，结果 ARM Bootloader 也变得多种多样。最早为有 ARM720 处理器开发板开发的固件，又有了 armboot、StrongARM 平台的 BLOB，还有 S3C2410 处理器开发板上的 vivi 等。现在 armboot 已经并入了 U-Boot，所以 U-Boot 也支持 ARM/XSCALE 平台。U-Boot 已经成为 ARM 平台事实上的标准 Bootloader。

3. PowerPC

PowerPC 平台的处理器有标准的 Bootloader，就是 PPCBOOT。PPCBOOT 在合并 armboot 等之后，创建了 U-Boot，成为各种体系结构开发板的通用引导程序。U-Boot 仍然是 PowerPC 平台的主要 Bootloader。

4. MIPS

MIPS 公司开发的 YAMON 是标准的 Bootloader，也有许多 MIPS 芯片商为自己的开发板编写了 Bootloader。现在，U-Boot 也已经支持 MIPS 平台。

5. SH

SH 平台的标准 Bootloader 是 sh-boot。RedBoot 在这种平台上也很适用。

6. M68K

M68K 平台没有标准的 Bootloader。RedBoot 能够支持 M68K 系列的系统。

值得说明的是，RedBoot 几乎能够支持所有的体系结构，包括 MIPS、SH、M68K 等。RedBoot 是以 eCos 为基础，采用 GPL 许可的开源软件工程。RedBoot 的文档也相当完善，有详细的使用手册《RedBoot User's Guide》。

4.2.2 U-Boot 编译与使用

最早，DENX 软件工程中心的 Wolfgang Denk 基于 8xxrom 的源码创建了 PPCBOOT 工程，并且不断添加处理器的支持。后来,Sysgo Gmbh 把 PPCBOOT 移植到 ARM 平台上,创建了 ARMBOOT 工程,然后以 PPCBOOT 工程和 ARMBOOT 工程为基础,创建了 U-Boot 工程。

现在,U-Boot 已经能够支持 PowerPC、ARM、x86、MIPS 体系结构的上百种开发板,已经成为功能最多、灵活性最强并且开发最积极的开放源码 Bootloader。U-Boot 的源码包可以从 sourceforge 网站下载,还可以订阅该网站活跃的 U-Boot Users 邮件论坛,这个邮件论坛对于 U-Boot 的开发和使用都很有帮助。

1. U-Boot 配置

解压 u-boot-2016.03.tar.bz2 就可以得到全部 U-Boot 源程序。在顶层目录下有 20 个子目录,分别存放和管理不同的源程序。这些目录中要存放的文件可以分为 3 类。

(1) 与处理器体系结构或者开发板硬件直接相关的文件。
(2) 一些通用的函数或者驱动程序。
(3) U-Boot 的应用程序、工具或者文件。

U-Boot 顶层目录下各级目录的存放原则如表 4.3 所示。

表 4.3 U-Boot 的源码顶层目录说明

目录	特性	解释说明
board	平台相关	存放不同厂家名称命名的相关的目录文件,如 samsung/origen
arch	平台相关	存放 CPU 相关的目录文件,如 arch/armcpu/armv7 arch/arm/lib 等目录
include	平台相关	头文件和开发板配置文件,所有开发板的配置文件都在 configs 目录下
common	平台无关	通用的多功能函数实现
net	平台无关	存放网络相关程序
fs	平台无关	存放文件系统相关程序
post	平台无关	存放上电自检程序
drivers	平台无关	通用的设备驱动程序,主要有以太网接口的驱动
disk	平台无关	硬盘接口程序
examples	应用例程	一些独立运行的应用程序的例子,如 helloworld
tools	工具	存放制作 S-Record 或者 U-Boot 格式的镜像等工具,如 mkimage
doc	文档	开发使用文档

U-Boot 的源码包含对几十种处理器、数百种开发板的支持。可是对于特定的开发板,配置编译过程只需要其中部分程序。这里,具体以 ARM Cortex A9 处理器为例,分析处理器和开发板依赖的程序,以及 U-Boot 的通用函数和工具。

U-Boot 源码给用户提供了很多参考板的源码,我们参考的是 origen 参考板,具体源码在 board/Samsung/origen 下,因为 fs4412 这个板子参考 origen 的配置信息,所以在解压完源码之后,需要导入 origen 这个板子的相关信息,相关命令如下。

```
$ cp configs/origen_defconfig configs/fs4412_defconfig
$ make fs4412_defconfig
```

本章节使用的开发板是华清远见教学使用的 fs4412 开发板。但是执行 make 命令编译 U-Boot 会出现问题,原因是顶层目录下的 Makefile 需要修改,改为指定的平台和固定的交叉编译工具链,具体修改内容如下。

```
ARCH=arm
ifeq(arm,$(ARCH))
CROSS_COMPILE ?= arm-none-linux-gnueabi-
endif
```

修改完之后,再执行 make fs4412_defconfig 就可以生成默认的配置了。

接下来使用 make menuconfig 命令生成 U-Boot 的配置界面,并对配置进行修改,取消 SPL 选项(Second program lider),这里暂时不需要 bl2,后面在 U-Boot 启动时再介绍 bl2。

接下来在 Device Tree Control 中的 Provider of DTB for DT control 选项中选择 Embedded DTB for DT control,表示设备树合并到 U-Boot 镜像中。上面的 make menuconfig 的命令和设备树的概念会在后面讲解。以上的过程就是最基本的 U-Boot 的配置。

2. U-Boot 编译

U-Boot 的源码是通过 GCC 和 Makefile 组织编译的。顶层目录下的 Makefile 首先可以设置开发板的定义,然后递归地调用各级子目录下的 Makefile,最后把编译过的程序链接成 U-Boot 映像。

顶层目录下的 Makefile 负责 U-Boot 整体配置编译。按照配置的顺序阅读其中关键的几行。

每一种开发板在 Makefile 都需要有开发板配置的定义。

在顶层目录的 Makefile 中要定义交叉编译器,另外需要定义 U-Boot 镜像编译的依赖关系,也就是编译的过程,如下所示。

因为在 Makefile 中以最终要生成的 u-boot.bin 为目标入口,搜索 u-boot.bin,代码如下。

```
u-boot.bin: u-boot-nodtb.bin FORCE
    $(call if_changed,copy)
```

所以再以 u-boot.nodtb.bin 为目标进行搜索,命令如下。

```
u-boot-nodtb.bin: u-boot FORCE
```

根据搜索结果可知,u-boot-nodtb.bin 的依赖是 U-Boot,因此,还要继续搜索 u-boot 这个目标,命令如下。

```
u-boot: $(u-boot-init) $(u-boot-main) u-boot.lds FORCE
    $(call if_changed,u-boot__)
```

因为根据上面的规则可以知道要想生成 U-Boot,还需要三个内容,分别是 u-boot-init、u-boot-main、u-boot.lds,所以继续在 Makefile 中搜索 u-boot-init,搜索内容如下。

```
u-boot-init := $(head-y)
```

以上语句表示赋值,那么具体参数的值是什么呢?可以在源码目录下执行下面的命令生成一个可以查看变量值的文件,具体命令是 make –p Makefile > farsight,可以在 farsight 文件中查找 head-y 是什么内容,可以得知:

```
u-boot-init := arch/arm/cpu/armv7/start.o
u-boot-main := $(libs-y)
```

变量 head-y 的内容也可以在 farsight 文件中查到,内容如下。

```
u-boot-main := arch/arm/cpu/built-in.o
```
…等一些需要链接的.o 文件。

还有一个文件是 u-boot.lds 链接脚本文件,这个文件的作用是将要生成 u-boot.bin 依赖的各个文件的各个分段信息链接在一起,并且制定 U-Boot 的启动入口为 start.S 文件。Makefile 默认的编译目标为 all,包括 u-boot.srec、u-boot.bin、System.map。U-Boot 就是通过 ld 命令按照 u-boot.map 地址表把目标文件组装成 U-Boot。其他 Makefile 内容不再详细分析,上述代码分析应该可以为阅读代码提供一定线索。

除了编译过程 Makefile 以外,还要在程序中为开发板定义配置选项或者参数。其中头文件是 include/configs/<board_name>.h。<board_name>用相应的 BOARD 定义代替,这里就是 fs4412。

这个头文件中主要定义了两类变量。

一类是选项，前缀是 CONFIG_，用来选择处理器、设备接口、命令、属性等。例如：

```
#define    CONFIG_EXYNOS4412           1
#define    CONFIG_FS4412               1
```

另一类是参数，前缀是 CONFIG_，用来定义总线频率、串口波特率、SDRAM 起始地址参数。例如：

```
#define    CONFIG_BAUDRATE             115200
#define    CONFIG_SYS_SDRAM            0x40000000
```

根据对 Makefile 的分析，编译分为两步：第 1 步是配置，如 make fs4412_config；第 2 步是编译，执行 make 即可。

编译完成后，可以得到 U-Boot 各种格式的映像文件和符号表，如表 4.4 所示。

表 4.4　　　　　　　　　　U-Boot 编译生成的镜像文件

文件名称	说明	文件名称	说明
System.map	U-Boot 映像的符号表	u-boot.bin	U-Boot 映像原始的二进制格式
U-Boot	U-Boot 映像的 ELF 格式	u-boot.srec	U-Boot 映像的 S-Record 格式

U-Boot 的 3 种映像格式都可以烧写到 Flash 中，但需要看加载器能否识别这些格式。一般 u-boot.bin 最为常用，直接按照二进制格式下载，并且按照绝对地址烧写到 Flash 中即可。U-Boot 和 u-boot.srec 格式映像都自带定位信息。

3. U-Boot 烧写到 SD 中

刚才 make 出来的 u-boot.bin 还不能正常在开发板上直接使用运行，还需要借助一些工具和脚本来完成真正 U-Boot 的制作，即制作启动 SD 卡。因为目标机也就是开发板要和主机进行交互，需要在目标机上运行一个程序，而这个程序通常就是 Bootloader，因为这个 FS4412 开发板支持从 SD 卡启动，所以可以把制作好的 u-boot-fs4412.bin 烧写到 SD 卡上。

解压 sdtool 压缩包，进入 sdtool 目录，将刚才制作完成的 u-boot.bin 文件拷贝到 sdtool 目录下，执行以下命令。

```
$ ./sdtool.sh clean      #清除所有目标文件
$ ./sdtool.sh update     #重新生成目标文件
$ ./sdtool.sh mkuboot u-boot.bin    #将 bl1、bl2、u-boot.bin 合并，生成 U-Boot 的烧写镜像 u-boot-fs4412.bin
```

然后将 SD 插入读卡器中，让虚拟机识别到读卡器，并在 sdtool 目录下执行命令。

```
$ sudo ./sdtool.sh fuse /dev/sdb u-boot-fs4412.bin
```

#将镜像文件烧写到/dev/sdb 设备上，但 sdb 不一定是绝对的，有可能是 sdc，这要看 ubuntu 连接了多少个外设存储设备，注意不要烧写到其他存储设备上，以免造成麻烦。

4. U-Boot 的常用命令

将烧写好的 SD 插到开发板上，并将启动模式的拨码开关调至 1000 模式（SD 卡启动），开发板上电启动后，按任意键可以退出自动启动状态，进入命令行。

在命令行提示符下，可以输入 U-Boot 的命令并执行。U-Boot 可以支持几十个常用命令，通过这些命令，可以对开发板进行调试，可以引导 Linux 内核，还可以擦写 Flash 完成系统部署等功能。只有掌握这些命令的使用，才能够顺利地进行嵌入式系统的开发。

输入 help 命令，可以得到当前 U-Boot 的所有命令列表。每一条命令后面是简单的命令说明。U-Boot 还提供了更加详细的命令帮助，通过 help 命令还可以查看每个命令的参数说明。由于开发过程的需要，有必要先讲解 U-Boot 命令的用法，接下来，根据每一条命令的帮助信息，解释这些命令的功能和参数。

（1）printenv 命令。printenv 命令打印环境变量。可以打印全部环境变量，也可以只打印参数中列出的环境变量。

（2）setenv 命令。setenv 命令可以设置环境变量。例如：

```
FS4412 # setenv serverip 192.168.1.240          （修改环境变量）
FS4412 # setnev serverip                         （删除环境变量）
```

（3）saveenv 命令。

保存环境变量到固态存储器中，重启后也有效。

（4）ping 命令。

执行命令：

```
FS4412 # ping 192.168.1.240          （查看板子与 ubuntu 连接是否畅通）
```

（5）tftpboot 命令。tftpboot 命令可以使用 TFTP 通过网络下载文件。按照二进制文件格式下载。另外使用这个命令，必须配置好相关的环境变量，如 serverip 和 ipaddr。

（6）loadb 命令。loadb 命令可以通过串口线下载二进制格式文件。

（7）md 命令。显示内存区的内容。

（8）mm 命令。修改内存，地址自动递增。

（9）nm 命令。修改内存，地址不递增。

（10）mv 命令。填充内存。

（11）mtest 命令。测试内存。

（12）cp 命令。cp 命令可以在内存中复制数据块，包括对 Flash 的读写操作。

（13）cmp 命令。cmp 命令可以比较两块内存中的内容。.b 以字节为单位；.w 以字为单位；.l 以长字为单位。注意：cmp.b 中间不能保留空格，需要连续输入命令。

（14）mmc list 命令。列出可用的 mmc 设备。

```
FS4412 # mmc list
SAMSUNG SDHCI: 0 (SD)
EXYNOS DWMMC: 1
```

（15）mmc dev 命令。查看或设置当前操作的 mmc 设备。

```
FS4412 # mmc dev 1
switch to partitions #0, OK
mmc1(part 0) is current device
```

（16）mmc partconf 命令。eMMC 的 PARTITION_CONFIG 设置，主要用于切换分区。

（17）mmc bootbus。eMMC 的 BOOT_BUS_WIDTH 设置，设置引导时的总线宽度。

（18）mmc read 命令。读取 mmc 的相应块到内存中。

```
mmc read addr blk# cnt
```

（19）mmc write 命令。将内存中的数据写到 mmc 的相应块。

```
mmc write addr blk# cnt
```

例如：

从 SD 卡启动，下载 Bootloader 镜像并烧写到 eMMC 的 Boot 分区。

```
FS4412 # tftpboot 41000000 u-boot-fs4412.bin
FS4412 # mmc dev 1
FS4412 # mmc partconf 1 1 1 1
FS4412 # mmc bootbus 1 1 0 0
FS4412 # mmc write 41000000 0 400
FS4412 # mmc partconf 1 1 1 0
```

(20) go 命令。go 命令可以执行应用程序。
```
FS4412 # tftpboot 43e00000 u-boot.bin
FS4412 # go 43e00000
```
(21) boot 命令。运行 bootcmd 环境变量中的命令。
```
FS4412# setenv bootcmd tftpboot 41000000 uImage\;tftpboot 42000000 exynos4412-fs4412.dtb\;bootm 41000000 - 42000000
FS4412 # boot
```
(22) bootm 命令。bootm 命令可以引导启动存储在内存中的程序映像。这些内存包括 RAM 和可以永久保存的 Flash。

(23) run 命令。run 命令可以执行环境变量中的命令，后面参数可以跟几个环境变量名。

这些 U-Boot 命令为嵌入式系统提供了丰富的开发和调试功能。在 Linux 内核启动和调试过程中，都可以用到 U-Boot 的命令。但是一般情况下，不需要使用全部命令。比如如果已经支持以太网接口，就可以通过 tftpboot 命令来下载文件，没有必要使用串口下载的 loadb；如果开发板需要特殊的调试功能，也可以添加新的命令。命令的使用可以参考实验手册进行测试。

4.2.3 U-Boot 移植

U-Boot 能够支持多种体系结构的处理器，支持的开发板也越来越多。因为 Bootloader 是完全依赖硬件平台的，所以在新电路板上需要移植 U-Boot 程序。

开始移植 U-Boot 之前，要先熟悉硬件电路板和处理器。确认 U-Boot 是否已经支持新开发板的处理器和 I/O 设备。假如 U-Boot 已经能够支持一块非常相似的电路板，那么移植的过程将非常简单。移植 U-Boot 工作就是添加开发板硬件相关的文件、配置选项，然后配置编译。开始移植之前，需要先分析 U-Boot 已经支持的开发板，比较出硬件配置最接近的开发板。选择的原则是，首先处理器相同，其次处理器体系结构相同，然后是以太网接口等外围接口相同。还要验证参考开发板的 U-Boot，至少能够配置编译通过。

以 Cortex-A9 处理器的 FS4412 开发板为例，因为 U-Boot 的高版本已经支持 origen 开发板。可以基于 origen 移植，所以针对 FS4412 这个板子，将 origen 的基本配置和文件粘贴拷贝成 FS4412 所需的文件内容并修改。移植 U-Boot 的基本步骤如下，具体请参考系统移植实验手册中的 U-Boot 基础移植实验与网卡移植实验。

（1）使用的 U-Boot-2016.03 源码在 U-Boot 配置阶段已经完成解压和基本配置，并且修改了 Makefile 文件中的交叉编译工具链。

（2）进入解压的目录，拷贝相应的文件。

（3）修改相应的文件。还要添加驱动或者功能选项，要实现 U-Boot 的以太网接口、Flash 擦写等功能。

（4）配置 U-Boot。

（5）编译 U-Boot。根据步骤配置完之前的内容之后，在源码的根目录下面直接执行 make 命令来编译 U-Boot，编译完之后生成 u-boot.bin 文件，但是这个文件还不能在板子上正常运行工作，这里借助一个工具包 sdtool，执行相应的脚本文件，最终生成 u-boot-FS4412.bin 的文件，在板子上运行，调试 U-Boot 源代码，直到 U-Boot 在开发板上能够正常启动。调试的过程可能很艰难，需要借助工具，并且有些问题可能会很长时间得不到解决。

U-Boot 启动过程

4.3 Linux 内核与移植

Linux 内核是 Linux 操作系统的核心，也是整个 Linux 功能体现。它是用 C 语言编写，符合 POSIX 标准。Linux 最早是由芬兰黑客 Linus Torvalds 为尝试在 Intel x86 架构上提供自由免费的类 UNIX 操作系统而开发的。该计划开始于 1991 年，Linus Torvalds 在 Usenet 新闻组 comp.os.minix 登载了一篇著名的帖子，这份帖子标志着 Linux 计划正式开始。在计划的早期有一些 Minix 黑客提供了协助，而今天全球无数程序员正在为该计划无偿提供帮助。

今天 Linux 是一个一体化内核（Monolithic Kernel）系统。设备驱动程序可以完全访问硬件。Linux 内的设备驱动程序可以方便地以模块化（Modularize）的形式设置，并在系统运行期间可直接装载或卸载。

Linux 内核主要功能包括：进程管理、内存管理、文件管理、设备管理、网络管理等。

（1）进程管理：进程是计算机系统中资源分配的最小单元。内核负责创建和销毁进程，而且由调度程序采取合适的调度策略，实现进程之间合理且实时的处理器资源共享。从而内核的进程管理活动实现了多个进程在一个或多个处理器之上的抽象。内核还负责实现不同进程之间、进程和其他部件之间的通信。

（2）内存管理：内存是计算机系统中最主要的资源。内核使得多个进程安全、合理地共享内存资源，为每个进程在有限的物理资源上建立一个虚拟地址空间。内存管理代码可以分为硬件无关部分和硬件有关部分：硬件无关部分实现进程和内存之间的地址映射等功能；硬件有关部分实现不同体系结构上的内存管理相关功能并为内存管理提供硬件无关的虚拟接口。

（3）文件管理：在 Linux 系统中的任何一个概念几乎都可以看作一个文件。内核在非结构化的硬件之上建立了一个结构化的虚拟文件系统，隐藏了各种硬件的具体细节。从而在整个系统的几乎所有机制中使用文件的抽象。Linux 在不同物理介质或虚拟结构上支持数十种文件系统，例如，Linux 支持磁盘的标准文件系统 ext3 和虚拟的特殊文件系统。

（4）设备管理：Linux 系统中几乎每个系统操作最终都会映射到一个或多个物理设备上。除了处理器、内存等少数硬件资源之外，任何一种设备控制操作都由设备特定的驱动代码来进行。内核中必须提供系统中可能要操作的每一种外设的驱动。

（5）网络管理：内核支持各种网络标准协议和网络设备。网络管理部分可分为网络协议栈和网络设备驱动程序。网络协议栈负责实现每种可能的网络传输协议（TCP/IP 等）；网络设备驱动程序负责与各种网络硬件设备或虚拟设备进行通信。

4.3.1 Linux 内核结构

Linux 内核结构如图 4.3 所示。

Linux 内核源代码非常庞大，随着版本的发展不断增加。它使用目录树结构，并且使用 Makefile 组织配置编译。

初次接触 Linux 内核，最好仔细阅读顶层目录的 readme 文件，它是 Linux 内核的概述和编译命令说明。readme 的说明更加针对 x86 等通用的平台，对于某些特殊的体系结构，可能有些特殊的地方。

顶层目录的 Makefile 是整个内核配置编译的核心文件，负责组织目录树中子目录的编译管理，还可以设置体系结构和版本号等。

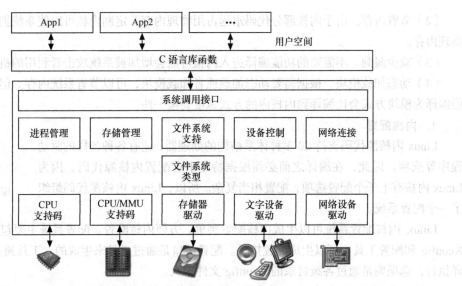

图 4.3 Linux 内核结构

内核源码的顶层有许多子目录，分别组织存放各种内核子系统或者文件。具体的目录说明如表 4.5 所示。

表 4.5　　　　　　　　　　　Linux 内核源码顶层目录说明

arch/	体系结构相关的代码，如 arch/arm、arch/mips、x86
crypto	常用加密和散列算法（如 AES、SHA 等），以及一些压缩和 CRC 校验算法
drivers/	各种设备驱动程序，如 drivers/char、drivers/block……
documentation/	内核文档
fs/	文件系统，如 fs/ext3、fs/jffs2……
include/	内核头文件：include/config 是配置相关的头文件。include/linux 是 Linux 内核基本的头文件
init/	Linux 初始化，如 main.c
ipc/	进程间通信的代码
kernel/	Linux 内核核心代码（这部分比较小）
lib/	各种库子程序，如 zlib、crc32
mm/	内存管理代码
net/	网络支持代码，主要是网络协议
sound	声音驱动的支持
scripts/	内部或者外部使用的脚本
usr/	用户的代码

4.3.2　Linux 内核配置与编译

编译内核之前要先配置。为了正确、合理地设置内核编译配置选项，从而只编译系统需要的功能的代码，一般主要从如下 4 个方面考虑。

（1）尺寸小。自己定制内核可以使代码尺寸减小，运行会更快。

（2）节省内存。由于内核部分代码永远占用物理内存，定制内核可以使系统拥有更多的可用物理内存。

（3）减少漏洞。不需要的功能编译进入内核可能会增加被系统攻击者利用的机会。

（4）动态加载模块。根据需要动态加载或者卸载模块，可以节省系统内存。但是，将某种功能编译为模块方式会比编译到内核内的方式速度要慢一些。

1. 内核配置

Linux 内核源代码支持 20 多种体系结构的处理器，还有各种各样的驱动程序等选项。因此，在编译之前必须根据特定平台配置内核源代码。因为 Linux 内核有上千个配置选项，配置相当复杂。所以，Linux 内核源代码组织了一个配置系统。

添加驱动配置选项

Linux 内核配置系统可以生成内核配置菜单，方便内核配置。配置系统主要包含 Makefile、Kconfig 和配置工具，可以生成配置接口。配置接口是通过工具来生成的，工具通过 Makefile 编译执行，选项则是通过各级目录的 Kconfig 文件定义。

Linux 内核配置命令有 make config、make menuconfig 和 make xconfig。它们分别是字符接口、ncurses 光标菜单和 X-window 图形窗口的配置接口。字符接口配置方式需要回答每一个选项提示，逐个回答内核上千个选项几乎是行不通的；图形窗口的配置接口很好，光标菜单也方便实用。例如，执行 make menuconfig，主菜单接口如图 4.4 所示。

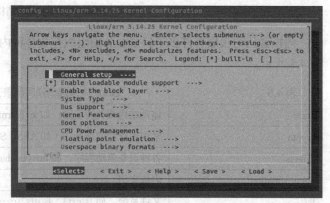

图 4.4　配置内核

2. 内核编译

（1）下载内核源码。从 www.kernel.org 下载 Linux-3.14.25 内核（或者更高的版本）。解开压缩包，并进入内核源码目录，具体过程如下。

```
$ tar jxvf Linux-3.14.25.tar.xz
$ cd Linux-3.14.25
```

（2）修改内核目录树根下的 Makefile，指明交叉编译器。

```
$ vim Makefile
```

找到 ARCH 和 CROSS_COMPILE，修改如下。

```
ARCH = arm
CROSS_COMPILE = arm-none-linux-gnueabi-
```

（3）清除原有配置。

```
$ make distclean
```

（4）配置内核产生 .config 文件如下。

```
$ cp arch/arm/configs/exynos_defconfig .config
```

或

```
$ make exynos_defconfig
```

（5）输入内核配置命令，选择内核选项，命令如下。

```
$ make menuconfig
```

编译内核之前必须执行一次 make menuconfig 命令，命令执行成功以后，会看到图 4.4 所示的界面。需要制定交叉编译工具链的前缀。

```
General setup --->
        (arm-none-linux-gnueabi-)Cross-compiler tool prefix
```

在各级子菜单项中,选择相应的配置时,有 3 种选择,它们的含义分别如下。

Y:将该功能编译进内核。N:不将该功能编译进内核。M:将该功能编译成可以在需要时动态插入内核中的模块。

在每一个选项前都有个括号,有的是中括号,有的是尖括号,还有的是圆括号。用空格键选择时可以发现,中括号中要么是空,要么是 "*",而尖括号中可以是空、"*"和"M"。这表示中括号对应的项要么不要,要么编译到内核中;尖括号则多一样选择,可以编译成模块。而圆括号的内容是需要在提供的几个选项中选择一项。

在编译内核的过程中,最麻烦的就是配置这步工作了。初次接触 Linux 内核的开发者往往弄不清楚该如何选取这些选项。实际上在配置时,大部分选项可以使用其默认值,只有小部分需要根据用户不同的需要选择。选择的原则是将与内核其他部分关系较远且不经常使用的部分功能代码编译成可加载模块,这有利于减小内核的长度和内核消耗的内存,简化该功能相应的环境改变时对内核的影响;不需要的功能就不要选;与内核关系紧密而且经常使用的部分功能代码直接编译到内核中。

(6)执行下面的命令开始编译。

```
$ make uImage
```

如果按照默认的配置,没有改动的话,编译后系统会在 arch/arm/boot 目录下生成一个 uImage 文件,这个文件就是刚刚生成的内核文件,需要把它加载到开发板中运行,加以验证。

(7)下载 Linux 内核。加载到开发板的方式是通过 U-Boot 提供的网络功能,直接下载到开发板的内存中。首先把内核复制到 tftp 服务器的根目录下(见 tftp 配置文件说明)。此处这个目录在 /tftpboot,则在内核源码目录中直接执行如下命令。

```
$ cp arch/arm/boot/uImage /tftpboot
```

启动开发板,在 U-Boot 界面下输入如下命令。

```
FS4412 # printenv                                          (查看当前开发板的环境变量)
FS4412 # setenv ipaddr 192.168.1.134                       (设置开发板的 IP 地址为 192.168.1.134)
FS4412 # setenv serverip 192.168.1.23                      (设置开发主机的 IP 地址为 192.168.1.23)
FS4412 # setenv bootargs root=/dev/nfs nfsroot=192.168.1.23:/source/rootfs rw console=ttySAC2,115200 init=/linuxrc ip=192.168.1.134    (设置终端为串口 2,波特率为 115200)
FS4412 # setenv bootcmd tftpboot 41000000 uImage\;tftpboot 42000000 exynos4412-fs4412.dtb\;bootm 41000000 - 42000000
FS4412 # saveenv                                           (保存环境变量)
FS4412 # ping 192.168.1.23                                 (测试网络是否畅通)
```

如果网络畅通,执行下面的命令重新启动并下载内核。

```
FS4412 # boot
```

此时可以在超级终端中观察到内核的启动现象,不过内核在此时还不会成功启动,如果设备树和根文件系统都存在并没有问题的话,还需要做一些其他的移植工作。

4.3.3 设备树文件

设备树是一种描述硬件的数据结构,它起源于 OpenFirmware(OF)。设备树由一系列被命名的节点(node)和属性(property)组成,而节点本身可包含子节点。所谓属性,其实就是成对出现的 name 和 value。在设备树中,可描述的信息包括(原先这些信息大多被 hard code 到 kernel

中）CPU 的数量和类别、内存基地址和大小、外设链接、总线和桥、中断控制器和中断使用情况、GPIO 控制器和 GPIO 使用情况等。

.dts 文件是一种 ASCII 文本格式的设备树描述，此文本格式非常人性化，适合人类的阅读习惯。基本上，在 ARM-Linux 中，一个 .dts 文件对应一个 ARM 的 machine，一般放置在内核的 arch/arm/boot/dts/目录下。其中 FS4412 板子使用的参考设备树文件是 exynos4412-origen.dts 文件。

由于一个 SoC 可能对应多个 machine（一个 SoC 可以对应多个产品和电路板），势必这些 .dts 文件需包含许多共同的部分，Linux 内核为了简化，一般把 SoC 公用的部分或者多个 machine 共同的部分提炼为 .dtsi，类似于 C 语言的头文件，如 arch/arm/boot/dts/skeleton.dtsi。

.dts 和 .dtsi 文件的基本元素为节点和属性，一个设备树文件中有且只有一个根节点"\"，根节点下又可以有一系列的子节点或孙子节点等。

还有一个文件类型是 .dtb 文件，是编译后的二进制文件。

部分属性的分析如下。

compatible：兼容性，自己添加的 compatible 属性中有一个字符串就使用","分开，这个属性是用来和驱动匹配的，让驱动指导它能识别哪个设备信息。

reg：可寻址设备用来表示编码地址信息，是一个列表，格式如下。

    reg = <地址 1 长度 1 地址 2 长度 2 地址 3 长度 3 ......>;

地址个数由 #address-cells 决定，长度（偏移）由 size-cells 决定（32 位长度的内容）。其他属性参考 Documentation/devicetree/bindings，还可以根据设备需求自定义属性。

编译设备树的命令是：make dtbs，编译之后会在 arch/arm/boot/dts/ 目录下生成 exynos4412-fs4412.dtb 文件。

在这里需要明白为什么使用设备树，在这之前必须了解，"设备和驱动分离的思想"，如果驱动代码和设备信息同时写到一个代码文件中，那么这种情况下该驱动只适合某种板子，是不具有通用性的，对于嵌入式平台来说，在很大程序上驱动是需要具有通用性的，所以驱动代码和设备的硬件操作需要分开，一旦驱动和设备分离，换一个平台，只需要修改硬件信息即可。

4.3.4 Linux 内核移植

所谓移植，就是把程序代码从一种运行环境转移到另外一种运行环境中。内核移植主要是从一种硬件平台转移到另外一种硬件平台上运行。

内核移植主要是添加开发板初始化和驱动程序的代码。这部分代码大部分与体系结构相关，在 arch 目录下按照不同的体系结构管理。下面以 exynos 平台为例，分析内核代码移植过程。

Linux 3.14.25 内核已经支持 Cortex A9 处理器的多种硬件板，如 origen，可以以 origen 为参考板来移植开发板的内核。前面移植的实验内核是无法运转的，因为内核中没有网卡的驱动，所以接下来移植一个网卡驱动。

1. 修改 arch/arm/boot/dts/exynos4412-fs4412.dts 文件

删除设备节点：

```
firmware@0203F000 {
    compatible = "samsung,secure-firmware";
    reg = <0x0203F000 0x1000>;
};
```

添加设备节点：

```
            srom-cs1@5000000 {
                compatible = "simple-bus";
                #address-cells = <1>;
                #size-cells = <1>;
                reg = <0x5000000 0x1000000>;
                ranges;
                ethernet@5000000 {
                    compatible = "davicom,dm9000";
                    reg = <0x5000000 0x2 0x5000004 0x2>;
                    interrupt-parent = <&gpx0>;
                    interrupts = <6 4>;
                    davicom,no-eeprom;
                    mac-address = [00 0a 2d a6 55 a2];
                };
            };
```

2. 修改 drivers/clk/clk.c 文件

将 "static bool clk_ignore_unused;" 改为 "static bool clk_ignore_unused = true;"，否则需要在 bootargs 中添加参数 "clk_ignore_unused = true"。

3. 配置内核

因为刚才添加了网卡的驱动，所以现在需要配置内核，添加驱动支持、DM9000 网络支持和文件系统支持。配置之后重新编译内容就可以正常地运行在板子上，系统就可以正常启动了。

Linux 3.14.25 内核对 Samsung exynos 平台已经有了基本的支持。从学习的角度，分析 ARM exynos 平台的有关代码实现。

在内核配置选项的 System Type 中有处理器及开发板的支持选项。这些 ARM 平台相关的选项都是在 arch/arm 目录下实现的。在内核编译过程中已经说明，需要在顶层 Makefile 中设置相应的体系结构和工具链。这样，配置 Linux 内核时会调用 arch/arm/Kconfig 文件。

arch/arm/Kconfig 文件是内核主配置文件，从这个文件中可以找到 System Type 的配置选项，代码如下。

```
#arch/arm/Kconfig
menu "System Type"
choice                                   #系统平台选择项列表
    prompt "ARM system type"
    default ARCH_VERSATILE if !MMU
    default ARCH_MULTIPLATFORM if MMU
……
config ARCH_EXYNOS                       #对于 EXYNOS 处理器的支持
    bool "Samsung EXYNOS"
    select ARCH_HAS_CPUFREQ
    select ARCH_HAS_HOLES_MEMORYMODEL
    select ARCH_REQUIRE_GPIOLIB
select ARCH_SPARSEMEM_ENABLE
select ARCH_GIC
……
Help
    Support for SAMSUNG's EXYNIS SoCs (EXYNOS4/5)
endchoice
……
source "arch/arm/mach-exynos/Kconfig"
```

上面的 choice 语句可以在菜单中生成一个多选项，可以找到 Samsung EXYNOS 选项，然后通过 source 语句调用 arch/arm/mach-exynos/Kconfig 文件。

arch/arm/mach-exynos/Kconfig 文件中定义了各种 exynos 处理器开发板的选项，还有 EXYNOS 处理器的特殊支持选项，代码如下。

```
#arch/arm/mach-exynos/Kconfig
if ARCH_EXYNOS
menu "SAMSUNG EXYNOS SoCs Support"      #EXYNOS 系列开发板的选项
config ARCH_EXYNOS4
    bool "SAMSUNG EXYNOS4"
    default y
select ARM_AMBA
......
    help
      Samsung EXYNOS4 SoCs based systems
......
config SOC_EXYNOS4412
    bool "SAMSUNG EXYNOS4412"
    default y
    depends on ARCH_EXYNOS4
select ARCH_HAS_BANDGAP
select PINCTRL_EXYNOS
select SAMSUNG_DMADEV
    help
      Enable EXYNIS4412 SoC support
.........
endmenu
endif
```

上述的两个 Kconfig 文件，提供了处理器目标板及处理器特性的选项。选择 SAMSUNG EXYNOS SoCs Support 时，自动出现 SAMSUNG EXYNOS4412 系列开发板的配置菜单选项。这里的 mach-exynos 目录专门用来保存 EXYNOS 系列处理器平台相关程序。mach-exynos 目录下有很多相关文件，其中，Kconfig 和 Makefile 用于内核配置编译。在上述文件中，实现了处理器和目标板相关的一些定义和初始化函数。还有另外相关的定义包含在 include/mach/ 下的头文件中。

了解完这些内容后应该可以编译内核镜像了，内核的编译过程可以参考前面的内容。

对 uImage 的编译生成过程简单分析如下。

（1）在顶层目录下的 Makefile 中搜索 uImage 目标，但是没有搜索到目标，发现有：include $(srctree)/arch/$(SRCARCH)/Makefile 这行代码。

（2）打开 arch/arm/Makefile，在 Makefile 中寻找 uImage 目标，可以找到将 uImage 赋值给变量 BOOT_TARGETS，BOOT_TARGETS 又依赖 vmlinux，这个 vmlinux 是在源码顶层目录下的 vmlinux 文件。

（3）通过执行命令：@$(MAKE) $(build)=$(boot) MACHINE=$(MACHINE) $(boot)/$@，进入到 arch/arm/boot 下的 Makefile 中继续搜索目标 uImage。

（4）继续搜索可知，uImage 这个目标是依赖 zImage 的，那么此时将 zImage 转变为目标文件进行搜索，发现 zImage 依赖 arch/arm/boot/compressed/ 于下面的 vmlinux 文件。

（5）现在的目标文件又发生了转变，那么需要进入 arch/arm/boot/compressed/ 下的 Makefile 文件中搜索 vmlinux 这个目标，该文件依赖 vmlinux.lds 链接脚本和 head.o 文件、piggy.gzip.o 文件等，通过搜索得知 piggy.gzip.o 文件还依赖于 arch/arm/boot/ 下面的 Image 文件，接着调用 gzip 压缩命令生成一个文件，将 Image 文件压缩。

（6）此时需要回到 arch/arm/boot/下的 Makefile 中搜索 Image 目标文件，搜索之后又得知，Image 文件依赖于顶层目录下面的 vmlinux，而 vmlinux 是通过调用 objcopy 命令生成出来的。

（7）所以最终要生成 vmlinux，还需要在顶层目录的 Makefile 中进行搜索，根据搜索结果可知，vmlinux 这个目标是依赖于 scripts/link-vmlinux.sh 脚本和 arch/arm/kernel 目录下面的 vmlinux.lds 和各级目录下的 .o 文件。

根据上述 Makefile 的定义，先把顶层的 vmLinux 转换成 Image，调用 gzip 对 Image 进行压缩生成 piggy.gzip.o，并结合其他若干 .o 文件调用 ld 命令生成 compressed/vmlinux。继续进行格式转化生成 zImage，最后调用 mkimage 工具生成 uImage 文件。

4.4 嵌入式文件系统构建

Linux 支持多种文件系统，同样，嵌入式 Linux 也支持多种文件系统。虽然在嵌入式系统中，由于资源受限，它的文件系统和计算机 Linux 的文件系统有较大的区别，但是，它们的总体架构相同，都是采用目录树的结构。嵌入式系统中常见的文件系统有 cramfs、romfs、jffs、yaffs 等，在嵌入式 Linux 中，busybox 是构造文件系统最常用的软件工具包，它被非常形象地称为嵌入式 Linux 系统中的 "瑞士军刀"，因为它将许多常用的 Linux 命令和工具结合到一个单独的可执行程序（busybox）中。虽然与相应的 GNU 工具比较起来，busybox 提供的功能和参数略少，但在比较小的系统（如启动盘）或者嵌入式系统中已经足够了。

busybox 在设计上就充分考虑了硬件资源受限的特殊工作环境。它采用一种很巧妙的办法减小自己的体积：所有的命令都通过"插件"的方式集中到一个可执行文件中，在实际应用过程中通过不同的符号链接来确定到底要执行哪个操作。例如，最终生成的可执行文件为 busybox，当为它建立一个符号链接 ls 时，就可以执行这个新命令实现列出目录的功能。采用单一执行文件的方式最大限度地共享了程序代码，甚至连文件头、内存中的程序控制块等其他系统资源都共享了，适用于资源比较紧张的系统。在 busybox 的编译过程中，可以非常方便地增减它的"插件"，最后的符号链接也可以由编译系统自动生成。

下面用 busybox 构建 FS4412 开发板使用的文件系统。

（1）从 busybox 网站下载 busybox 源码（本实例采用 busybox-1.22.1）并解压，根据实际需要配置 busybox，命令如下。

嵌入式文件系统构建

```
$ tar jxvf busybox-1.22.1.tar.bz2
$ cd busybox-1.22.1
$ make menuconfig
```

此时需要设置平台相关的交叉编译选项，操作步骤为：选中 Build Options 项的 Cross Compiler prefix，将其设置为 "arm-none-linux-gnueabi-"，如图 4.5 所示。

（2）编译并安装 busybox，命令如下。

```
$ make
$ make install
```

默认在当前目录下创建 _install 目录。创建的安装目录的内容如下。

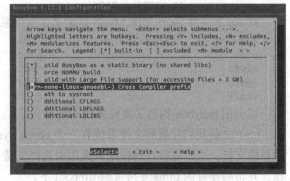

图 4.5 busybox 配置画面

```
$ ls
bin  linuxrc  sbin  usr
```
由此可知，使用 busybox 软件包创建的文件系统还缺少很多东西。

（3）通过创建系统所需的目录和文件来完善文件系统的内容，命令如下。
```
$ mkdir mnt root var tmp proc etc sys dev
```
将需要的交叉编译链接库复制到 lib 目录中，这些库文件位于/home/linux/toolchain/gcc-4.6.4/arm-arm1176jzfssf-linux-gnueabi/lib/下。在复制时应该注意采用打包后解包的方式，以保证符号链接的正确性和完整性。命令如下。
```
$ cp /home/linux/toolchain/gcc-4.6.4/arm-arm1176jzfssf-linux-gnueabi/lib/ . -a
```
删除所有静态库文件，并使用 arm-none-linux-gnueabi-strip 工具剥除库文件中的调试段信息，从而减少库的体积。命令如下。
```
$ sudo rm lib/*.a
$ arm-none-linux-gnueabi-strip lib/*
```
使用命令查看库的大小，确保库不超过 8MB。
```
$ du -mh lib/
```

（4）需要创建一些重要文件。inittab 是 Linux 启动之后第一个被访问的脚本文件，代码如下。
```
# This is run first except when booting in single-user mode.
::sysinit:/etc/init.d/rcS
# Start an "askfirst" shell on the console
::askfirst:-/bin/bash
# Stuff to do when restarting the init process
::restart:/sbin/init
# Stuff to do before rebooting
::ctrlaltdel:/sbin/reboot
```
建立 init.d 目录，进入 init.d 目录，建立 rcS 文件，文件内容如下。
```
#!/bin/sh
# This is the first script called by init process
/bin/mount -a
echo /sbin/mdev > /proc/sys/kernel/hotplug/sbin/mdev -s
```
为 rcS 添加可执行权限：
```
$ chmod +x init.d/rcS
```
建立/etc/profile 文件，代码如下。
```
#! /bin/sh
export HOSTNAME=farsight
export USER=root
export HOME=root
export PS1="[$USER@$HOSTNAME\W]\#"
PATH=/bin:/sbin:/usr/bin:/usr/sbin
LD_LIBRARY_PATH=/lib:/usr/lib:$LD_LIBRARY_PATH
export PATH LD_LIBRARY_PATH
```
在 etc 下添加 fstab 文件，fstab 是定义了文件系统的各个"挂接点"，需要与实际的系统配合。

#device	mount-point	type	options	dump	fsck order
proc	/proc	proc	defaults	0	0
tmpfs	/tmp	tmpfs	defaults	0	0
sysfs	/sys	sysfs	defaults	0	0
tmpfs	/tmp	tmpfs	defaults	0	0

以上用 busybox 构造了文件系统的内容。

（5）之前我们挂载的文件系统有三个 proc、sysfs 和 tmpfs，需要查看内核中是否对这 3 个文件系统支持，所以需要在内核配置选项中选择支持。选择到该部分文件系统支持之后重新编译内核，并将编译好的 uImage 拷贝到/tftpboot 下。

（6）使用 NFS 测试制作的根文件系统是否可用，删除原有的/source/roofs 文件夹包括的所有文件，在/source 下创建新的/rootfs 文件夹，将_install 下的所有文件和目录拷贝到/rootfs 下，然后启动内容挂载文件系统，如果最终能够正常进入文件系统，则表示制作文件系统成功。

（7）制作 ramdisk 文件系统映像文件。

① 到家目录下，制作一个大小为 8MB 的镜像文件，并格式化这个镜像文件为 ext2。

```
$ cd ~
$ dd if=/dev/zero of=ramdisk bs=1k count=8192
$ mkfs.ext2 -F ramdisk
```

② 创建 initrd 目录为挂载点，并将镜像文件挂载到 initrd 目录下，然后拷贝文件系统，再取消挂载 initrd。

```
$ sudo mkdir /mnt/initrd
$ sudo mount -t ext2 ramdisk /mnt/initrd
$ sudo cp /source/rootfs/* /mnt/initrd -a
$ sudo umount /mnt/initrd
```

③ 压缩 ramdisk 为 ramdisk.gz 并拷贝到/tftpboot 下，然后格式化为 uboot 识别的格式。

```
$ gzip -best -c ramdisk > ramdisk.gz
$ mkimage -n "ramdisk" -A arm -O linux -T ramdisk -C gzip -d ramdisk.gz ramdisk.img
$ cp ramdisk.img /tftpboot
```

④ 配置内核支持 RAMDISK。

执行 make menuconfig，选择 File system 下的 Second extended fs support，Device Drivers 下 SCSI disk support 和 RAM block device support，并将大小改为 8192KB（8MB），修改"（16）Default numberi of RAM disks"，在 generaL setup 下选择 Initial RAM filesystem and RAM disk (initramfs/initrd) support。

配置好内核之后，重新编译内核，并将 uImage 拷贝到/tftpboot 下。

这里需要注意的是，需要修改启动参数信息，需要修改的参数如下。

```
# setenv bootcmd tftpboot 41000000 uImage\;tftpboot 42000000 exynos4412-fs4412.dtb\;tftpboot 43000000 ramdisk.img\;bootm 41000000 43000000 42000000
```

重新启动开发板，则可以正常进入根文件系统。

思考与练习

1. 在读者的主机上搭建交叉编译环境，并用交叉编译器编译 hello.c 程序。
2. 移植与编译 FS4412 目标板平台的 U-Boot、内核。
3. 用 busybox 或者已做好的文件系统创建（或重建）新的文件系统，而且把编译好的 hello 程序复制到该文件系统中。
4. 在主机上安装和配置 putty、tftp、nfs 等应用程序和服务器，并通过这些软件开发嵌入式系统的应用程序。

第 5 章
嵌入式 Linux 文件 I/O 编程

前面的章节系统介绍了嵌入式系统的基本概念、嵌入式 Linux 开发环境的搭建和开发工具的使用、嵌入式 Linux C 语言的基本知识。本章开始嵌入式 Linux C 语言应用程序开发。由于嵌入式 Linux 是经 Linux 裁减而来的,它的系统调用及用户编程接口 API 与 Linux 基本一致,因此,在后续章节中,首先介绍 Linux 中相关内容的基本编程开发,主要讲解与嵌入式 Linux 中一致的部分,然后将程序移植到嵌入式的开发板上运行。

本章主要内容:
- Linux 系统调用及用户编程接口(API);
- 嵌入式 Linux 文件 I/O 系统概述;
- 底层文件 I/O 操作;
- 标准 I/O 编程。

5.1 Linux 系统调用及用户编程接口

5.1.1 系统调用

系统调用是指操作系统提供给用户程序调用的一组"特殊"接口,用户程序可以通过这组"特殊"接口获得操作系统内核提供的服务。例如,用户可以通过进程控制相关的系统调用来创建进程、实现进程之间的通信等。

为什么用户程序不能直接访问系统内核提供的服务呢? 这是由于在 Linux 中,为了更好地保护内核空间,将程序的运行空间分为内核空间和用户空间(即内核态和用户态),它们分别运行在不同的级别上,逻辑上是相互隔离的。因此,用户进程在通常情况下不允许访问内核数据,也无法使用内核函数,它们只能在用户空间操作用户数据,调用用户空间的函数。

但是,在有些情况下,用户空间的进程需要获得一定的系统服务(调用内核空间程序),这时操作系统就必须利用系统提供给用户的"特殊接口"——系统调用规定用户进程进入内核空间的具体位置。进行系统调用时,程序运行空间需要从用户空间进入内核空间,处理完后再返回用户空间。

Linux 系统调用非常精简,它继承了 UNIX 系统调用中最基本和最有用的部分。这些系统调用按照功能逻辑大致可分为进程控制、进程间通信、文件系统控制、存储管理、网络管理、套接字控制、用户管理等几类。

5.1.2 用户编程接口

前面讲到的系统调用并不直接与程序员进行交互，它仅仅是一个通过软中断机制向内核提交请求，以获取内核服务的接口。在实际使用中，程序员调用的通常是用户编程接口——API。

例如，创建进程的 API 函数 fork()对应于内核空间的 sys_fork()系统调用。但并不是所有的函数都对应一个系统调用，有时，一个 API 函数会需要几个系统调用来共同完成函数的功能，甚至还有一些 API 函数不需要调用相应的系统调用（它完成的不是内核提供的服务）。

在 Linux 中，用户编程接口（API）遵循了在 UNIX 中的应用编程界面标准——POSIX 标准。POSIX 标准是由 IEEE 和 ISO/IEC 共同开发的标准系统。该标准基于当时现有的 UNIX 实践和经验，描述了操作系统的系统调用编程接口（实际上就是 API），用于保证应用程序可以在源代码一级上在多种操作系统上移植运行。这些系统调用编程接口主要是通过 C 库（libc）实现的。

5.1.3 系统命令

系统命令相对 API 更高了一层，它实际上是一个可执行程序，它的内部引用了用户编程接口（API）来实现相应的功能。系统调用、API 及系统命令之间的关系如图 5.1 所示。

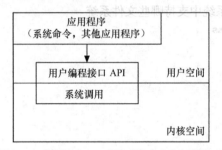

图 5.1 系统调用、API 及系统命令之间的关系

5.2 Linux 文件 I/O 系统概述

5.2.1 虚拟文件系统

Linux 系统成功的关键因素之一就是具有与其他操作系统和谐共存的能力。Linux 的文件系统由两层结构构建，第一层是虚拟文件系统（VFS），第二层是各种不同的具体的文件系统。

VFS 就是把各种具体的文件系统的公共部分抽取出来，形成一个抽象层，是系统内核的一部分。它位于用户程序和具体的文件系统之间，对用户程序提供了标准的文件系统调用接口。对于具体的文件系统（如 Ext2、FAT32 等），它通过一系列对不同文件系统公用的函数指针来实际调用具体的文件系统函数，完成实际的各有差异的操作。任何使用文件系统的程序都必须经过这层接口来使用它。通过这种方式，VFS 对用户屏蔽了底层文件系统的实现细节和差异。

VFS 不仅可以对具体文件系统的数据结构进行抽象，以一种统一的数据结构进行管理，还可以接受用户层的系统调用，如 open()、read()、write()、stat()、link()等。此外，它还支持多种具体文件系统之间的相互访问，接受内核其他子系统的操作请求，如内存管理和进程调度。VFS 在 Linux 系统中的位置如图 5.2 所示。

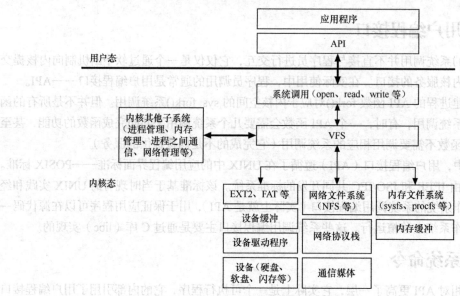

图 5.2 VFS 在 Linux 系统中的位置

通过以下命令可以查看系统中支持哪些文件系统。

```
$ cat /proc/filesystems
nodev    sysfs
nodev    rootfs
……
nodev    tmpfs
nodev    pipefs
……
         ext2
nodev    ramfs
nodev    hugetlbfs
         iso9660
nodev    mqueue
nodev    selinuxfs
         ext3
nodev    rpc_pipefs
……
```

5.2.2　通用文件模型

VFS 文件引入的主要思想是引入了一个通用的文件模型（common file model），这个模型的核心是 4 个对象类型，即超级块对象、索引节点对象、文件对象和目录项对象，它们都是内核空间中的数据结构，是 VFS 的核心，不管各种文件系统的具体格式是什么样的，它们的数据结构在内存中的映像都要和 VFS 的通用文件模型相交互。

通用文件模型由下列对象组成。

1. 超级块对象

超级块对象（superblock object）是用来描述整个文件系统的信息。VFS 超级块是由各种具体的文件系统在安装时建立的，只存在于内存中。对于磁盘的文件系统，这类对象对应于存放在磁盘上的文件系统控制块，也就是说，每个文件系统对应一个超级块对象。

2. 索引节点对象

索引节点对象（inode object）存放关于具体文件的一般信息。对于具体文件系统，这类对象对应于存放在磁盘上的文件控制块,也就是说,每个文件对应一个索引节点,每一个索引节点又有一个索引节点号,这个号唯一标识某个文件系统的指定文件。

当文件系统处理文件时所需的信息都放在索引节点的数据结构当中,文件名可以随时更改,但是索引节点是唯一的,一般索引节点有3种类型。

磁盘文件:狭义的磁盘上存储的文件、数据文件、进程文件。

设备文件:同样有组织管理的信息、目录项信息,不一定有数据块(文件内容),主要是文件操作。

特殊节点:一般和存储介质没有关系,它们可能是由 CPU 在内存中动态生成的。

索引节点对象由 inode 结构体表示,定义在<linux/fs.h>文件中。

3. 目录项对象

目录项对象(dentry object)存放目录项与对应文件链接的信息。

在 VFS 中,目录也都属于文件,所以在路径名 "/bin/vi" 中,bin 和 vi 都属于文件。bin 是特殊的目录文件,而 vi 是普通文件,路径中的每个组成部分都由一个索引节点对象表示。虽然它们可以统一由索引节点表示,但是 VFS 经常需要执行目录相关的操作,如查找路径名等。因此,为了方便查找操作,VFS 引入了目录项的概念。每个 dentry 代表路径中的一个特定部分。对于前一个例子来说,/、bin 和 vi 都属于目录项对象。前两个是目录,最后一个是普通文件。

每一个文件除了有一个索引节点对象外,还有一个目录项 dentry 结构。dentry 结构描述逻辑意义上的文件,描述文件在逻辑意义上的属性,因此目录项对象在磁盘上并没有对应的映像。

目录项对象由 dentry 结构体表示,定义在<linux/dcache.h>文件中。

4. 文件对象

VFS 中的最后一个主要对象是文件对象(file object),它用于表示一些进程已打开的文件。读者可以站在用户空间的角度来看待 VFS,首先会接触到文件对象。进程直接处理的是文件,而不是超级块、索引节点或目录项。因此,在文件对象中包含用户非常熟悉的信息(如访问模式、偏移等)。因为此类对象存放的是已打开的文件与进程之间进行交互的有关信息,所以可以说它是进程与文件系统之间的桥梁。图 5.3 是一个简单的例子,说明进程怎样与文件进行交互。

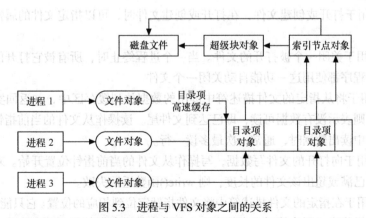

图 5.3 进程与 VFS 对象之间的关系

5.2.3 Linux 中文件及文件描述符

Linux 操作系统都是基于文件概念的。文件是以字符序列构成的信息载体。根据这一点,可以把 I/O 设备当作文件来处理。因此，与磁盘上的普通文件进行交互所用的同一系统调用可以直接用于 I/O 设备。这样大大简化了系统对不同设备的处理，提高了效率。Linux 中的文件主要分为 4 种：普通文件、目录文件、链接文件和设备文件。

那么，内核如何区分和引用特定的文件呢？这里用到了一个重要的概念——文件描述符。对于 Linux 而言，所有对设备和文件的操作都是使用文件描述符来进行的。文件描述符是一个非负的整数，它是一个索引值，并指向在内核中每个进程打开文件的记录表。当打开一个现存文件或创建一个新文件时，内核就向进程返回一个文件描述符；当需要读写文件时，也需要把文件描述符作为参数传递给相应的函数。

通常，一个进程启动时，都会打开 3 个文件：标准输入、标准输出和标准出错处理。这 3 个文件分别对应文件描述符为 0、1 和 2（也就是宏替换 STDIN_FILENO、STDOUT_FILENO 和 STDERR_FILENO，建议读者使用这些宏替换）。

基于文件描述符的 I/O 操作虽然不能直接移植到类 Linux 以外的系统上（如 Windows），但它往往是实现某些 I/O 操作的唯一途径，如 Linux 中底层文件操作函数、多路 I/O、TCP/IP 套接字编程接口等。同时，它们也很好地兼容 POSIX 标准，因此，可以很方便地移植到任何 POSIX 平台上。基于文件描述符的 I/O 操作是 Linux 中最常用的操作之一，希望读者能够熟练掌握。

5.3 底层文件 I/O 操作

本节主要介绍文件 I/O 操作的系统调用，主要用到 5 个函数：open()、read()、write()、lseek() 和 close()。这些函数的特点是不带缓存，直接对文件（包括设备）进行读写操作。这些函数虽然不是 ANSI C 的组成部分，但是是 POSIX 的组成部分。

5.3.1 基本文件操作

1. 函数说明

open()函数用于打开或创建文件，在打开或创建文件时，可以指定文件的属性及用户的权限等各种参数。

close()函数用于关闭一个被打开的文件。当一个进程终止时，所有被它打开的文件都由内核自动关闭，很多程序都使用这一功能自动关闭一个文件。

read()函数用于将从指定的文件描述符中读出的数据放到缓存区中，并返回实际读入的字节数。若返回 0，则表示没有数据可读，即已达到文件尾。读操作从文件的当前指针位置开始。当从终端设备文件中读出数据时，通常一次最多读一行。

write()函数用于向打开的文件写数据，写操作从文件的当前指针位置开始。对磁盘文件进行写操作，若磁盘已满或超出该文件的长度，则 write()函数返回失败。

lseek()函数用于在指定的文件描述符中将文件指针定位到相应的位置。它只能用在可定位（可随机访问）文件操作中。因为管道、套接字和大部分字符设备文件是不可定位的，所以在这些文件的操作中无法使用 lseek 调用。

2. 函数格式

open()函数的语法格式如表 5.1 所示。

表 5.1　　open() 函数语法格式

所需头文件	`#include <sys/types.h>` /* 提供类型 pid_t 的定义 */
	`#include <sys/stat.h>`
	`#include <fcntl.h>`	

函数原型	`int open(const char *pathname, int flags, int perms)`	
函数传入值	pathname	被打开的文件名（可包括路径名）
	flag:文件打开的方式	O_RDONLY：以只读方式打开文件
		O_WRONLY：以只写方式打开文件
		O_RDWR：以读写方式打开文件
		O_CREAT：如果该文件不存在，就创建一个新的文件，并用第三个参数为其设置权限
		O_EXCL：如果使用 O_CREAT 时，文件存在，则可返回错误消息。这一参数可测试文件是否存在。此时 open 是原子操作，防止多个进程同时创建同一个文件
		O_NOCTTY：使用本参数时，若文件为终端，那么该终端不会成为调用 open() 的那个进程的控制终端
		O_TRUNC：若文件已经存在，那么会删除文件中的全部原有数据，并且设置文件大小为 0
		O_APPEND：以添加方式打开文件，在打开文件的同时，文件指针指向文件的末尾，即将写入的数据添加到文件的末尾
	perms	被打开文件的存取权限。 可以用一组宏定义：S_I(R/W/X)(USR/GRP/OTH)。 其中 R/W/X 分别表示读/写/执行权限。 USR/GRP/OTH 分别表示文件所有者/文件所属组/其他用户。 例如，S_IRUSR | S_IWUSR 表示设置文件所有者的可读可写属性。八进制表示法中，0600 也表示同样的权限
函数返回值	成功：返回文件描述符 失败：−1	

在 open() 函数中，flag 参数可通过"|"组合构成，但前三个标志常量（O_RDONLY、O_WRONLY 以及 O_RDWR）不能相互组合。perms 是文件的存取权限，既可以用宏定义表示法，也可以用八进制表示法。

close() 函数的语法格式如表 5.2 所示。

表 5.2　　close() 函数语法格式

所需头文件	`#include <unistd.h>`
函数原型	`int close(int fd)`
函数输入值	fd：文件描述符
函数返回值	成功：0 出错：−1

read() 函数的语法格式如表 5.3 所示。

表 5.3　read()函数语法格式

所需头文件	#include <unistd.h>
函数原型	ssize_t read(int fd, void *buf, size_t count)
函数传入值	fd：文件描述符 buf：指定存储器读出数据的缓冲区 count：指定读出的字节数
函数返回值	成功：读到的字节数 已到达文件尾：0 出错：–1

在读普通文件时，若读到要求的字节数之前已到达文件的尾部，则返回的字节数会小于希望读出的字节数。

write()函数的语法格式如表 5.4 所示。

表 5.4　write()函数语法要点

所需头文件	#include <unistd.h>
函数原型	ssize_t write(int fd, void *buf, size_t count)
函数传入值	fd：文件描述符 buf：指定存储器写入数据的缓冲区 count：指定写入的字节数
函数返回值	成功：已写的字节数 出错：–1

在写普通文件时，写操作从文件的当前指针位置开始。

lseek()函数的语法格式如表 5.5 所示。

表 5.5　lseek()函数语法格式

所需头文件	#include <unistd.h> #include <sys/types.h>	
函数原型	off_t lseek(int fd, off_t offset, int whence)	
函数传入值	fd：文件描述符	
	offset：偏移量，每一读写操作需要移动的距离，单位是字节，可正可负（向前移，向后移）	
	whence： 当前位置的基点	SEEK_SET：当前位置为文件的开头，新位置为偏移量的大小
		SEEK_CUR：当前位置为文件指针的位置，新位置为当前位置加上偏移量
		SEEK_END：当前位置为文件的结尾，新位置为文件的大小加上偏移量的大小
函数返回值	成功：文件的当前位移 出错：–1	

5.3.2　文件锁

1．fcntl()函数说明

前面的这 5 个基本函数实现了文件的打开、读写等基本操作，这一节将讨论在文件已经共享的情况下如何操作,也就是多个用户共同使用、操作一个文件的情况,这时,Linux 通常采用的方法是给文件上锁来避免共享的资源产生竞争的状态。

文件锁包括建议性锁和强制性锁。建议性锁要求每个上锁文件的进程都要检查是否有锁存在,并且尊重已有的锁。在一般情况下,内核和系统都不使用建议性锁。强制性锁是由内核执行的锁,当一个文件被上锁进行写入操作时,内核将阻止其他任何文件对其进行读写操作。采用强制性锁对性能的影响很大,每次读写操作都必须检查是否有锁存在。

在 Linux 中,实现文件上锁的函数有 lockf()和 fcntl(),其中 lockf()用于对文件施加建议性锁,而 fcntl()不仅可以施加建议性锁,还可以施加强制锁。fcntl()还能对文件的某一记录上锁,也就是记录锁。

记录锁又可分为读取锁和写入锁,其中读取锁又称为共享锁,它能够使多个进程都能在文件的同一部分建立读取锁;写入锁又称为排斥锁,在任何时刻只能有一个进程在文件的某个部分上建立写入锁。当然,在文件的同一部分不能同时建立读取锁和写入锁。

fcntl()函数具有很丰富的功能,它可以对已打开的文件描述符进行各种操作,不仅包括管理文件锁,还包括获得设置文件描述符和文件描述符标志、文件描述符的复制等很多功能。在本节中,主要介绍它建立记录锁的方法,关于它的其他操作,感兴趣的读者可以参看 fcntl 手册。

2. fcntl()函数格式

用于建立记录锁的 fcntl()函数的语法格式如表 5.6 所示。

表 5.6   fcntl()函数语法格式

所需头文件	#include <sys/types.h> #include <unistd.h> #include <fcntl.h>	
函数原型	int fcntl(int fd, int cmd, struct flock *lock)	
函数传入值	fd:文件描述符	
	cmd	F_DUPFD:复制文件描述符
		F_GETFD:获得 fd 的 close-on-exec 标志,若标志未设置,则文件经过 exec()函数之后仍保持打开状态
		F_SETFD:设置 close-on-exec 标志,该标志由参数 arg 的 FD_CLOEXEC 位决定
		F_GETFL:得到 open 设置的标志
		F_SETFL:改变 open 设置的标志
		F_GETLK:根据 lock 描述,决定是否上文件锁
		F_SETLK:设置 lock 描述的文件锁
		F_SETLKW:这是 F_SETLK 的阻塞版本(命令名中的 W 表示等待(wait))。在无法获取锁时,会进入睡眠状态;如果可以获取锁或者捕捉到信号,则会返回
	lock:结构为 flock,设置记录锁的具体状态,后面会详细说明	
函数返回值	成功:0 出错:-1	

其中,第 3 个参数的类型 flock 结构的定义如下。

```
struct flock
{
    short l_type;
    off_t l_start;
```

```
    short l_whence;
    off_t l_len;
    pid_t l_pid;
}
```
flock 结构中每个成员的取值含义如表 5.7 所示。

表 5.7　　　　　　　　　　　　　lock 结构变量取值

l_type	F_RDLCK：读取锁（共享锁）
	F_WRLCK：写入锁（排斥锁）
	F_UNLCK：解锁
l_start	加锁区域在文件中的相对位移量（字节），与 l_whence 值一起决定加锁区域的起始位置
l_whence：相对位移量的起点（同 lseek 的 whence）	SEEK_SET：当前位置为文件的开头，新位置为偏移量的大小
	SEEK_CUR：当前位置为文件指针的位置，新位置为当前位置加上偏移量
	SEEK_END：当前位置为文件的结尾，新位置为文件的大小加上偏移量的大小
l_len	加锁区域的长度
l_pid	具有阻塞当前进程的锁，其持有进程的进程号存放在 l_pid 中，仅由 F_GETLK 返回

加锁整个文件通常的方法是将 l_start 设置为 0，l_whence 设置为 SEEK_SET，l_len 设置为 0。

3. fcntl()使用实例

下面给出了使用 fcntl()函数的文件记录锁功能的代码实现。在该代码中，首先给 flock 结构体的对应位赋予相应的值。

接着调用两次 fcntl()函数。用 F_GETLK 命令判断是否可以进行 flock 结构所描述的锁操作：若可以进行，则 flock 结构的 l_type 会被设置为 F_UNLCK，其他域不变；若不可行，则 l_pid 被设置为拥有文件锁的进程号，其他域不变。

用 F_SETLK 和 F_SETLKW 命令设置 flock 结构所描述的锁操作，后者是前者的阻塞版。

当第一次调用 fcntl()时，使用 F_GETLK 命令获得当前文件被上锁的情况，由此可以判断能不能进行上锁操作；当第二次调用 fcntl()时，使用 F_SETLKW 命令对指定文件进行上锁/解锁操作。因为 F_SETLKW 命令是阻塞式操作，因此当不能把上锁/解锁操作进行下去的时候，运行会被阻塞，直到能够进行操作为止。

文件记录锁的功能代码如下所示。

```
/* lock_set.c */
int lock_set(int fd, int type)
{
    struct flock old_lock, lock;
    lock.l_whence = SEEK_SET;
    lock.l_start = 0;
    lock.l_len = 0;
    lock.l_type = type;
    lock.l_pid = -1;

    /* 判断文件是否可以上锁 */
    fcntl(fd, F_GETLK, &lock);
    if (lock.l_type != F_UNLCK)
    {
        /* 判断文件不能上锁的原因 */
```

```c
        if (lock.l_type == F_RDLCK)      /* 该文件已有读取锁 */
        {
            printf("Read lock already set by %d\n", lock.l_pid);
        }
        else if (lock.l_type == F_WRLCK)  /* 该文件已有写入锁 */
        {
            printf("Write lock already set by %d\n", lock.l_pid);
        }
    }
    /* l_type 可能已被 F_GETLK 修改过 */
    lock.l_type = type;
    /* 根据不同的 type 值进行阻塞式上锁或解锁 */
    if ((fcntl(fd, F_SETLKW, &lock)) < 0)
    {
        printf("Lock failed:type = %d\n", lock.l_type);
        return 1;
    }

    switch(lock.l_type)
    {
        case F_RDLCK:
        {
            printf("Read lock set by %d\n", getpid());
        }
        break;
        case F_WRLCK:
        {
            printf("Write lock set by %d\n", getpid());
        }
        break;
        case F_UNLCK:
        {
            printf("Release lock by %d\n", getpid());
            return 1;
        }
        break;
        default:
        break;
    }/* end of switch */
    return 0;
```

5.3.3 多路复用

1. 函数说明

前面的 fcntl()函数解决了文件的共享问题,接下来处理 I/O 复用的情况。

I/O 处理的模型有以下 5 种。

(1)阻塞 I/O 模型:在这种模型下,若调用的 I/O 函数没有完成相关的功能,则会使进程挂起,直到相关数据到达才会返回。对管道设备、终端设备和网络设备进行读写时经常会出现这种情况。

(2)非阻塞模型:在这种模型下,当请求的 I/O 操作不能完成时,不让进程睡眠,而且立即返回。非阻塞 I/O 使用户可以调用不会阻塞的 I/O 操作,如 open()、write()和 read()。如果该操作不能完成,则会立即返回出错(如打不开文件)或者返回 0(如在缓冲区中没有数据可以读取或者没有足够的空间可以写入数据)。

（3）I/O 多路转接模型：在这种模型下，如果请求的 I/O 操作阻塞，且它不是真正阻塞 I/O，而是让其中的一个函数等待，在这期间，I/O 还能进行其他操作。如本小节要介绍的 select()和 poll()函数就是属于这种模型。

（4）信号驱动 I/O 模型：在这种模型下，通过安装一个信号处理程序，系统可以自动捕获特定信号，从而启动 I/O。这是由内核通知用户何时可以启动一个 I/O 操作决定的。

（5）异步 I/O 模型：在这种模型下，当一个描述符已准备好，可以启动 I/O 时，进程会通知内核。目前并不是所有的系统都支持这种模型。

可以看到，select()和 poll()的 I/O 多路转接模型是处理 I/O 复用的一个高效的方法。它可以具体设置程序中每一个关心的文件描述符的条件、希望等待的时间等，从 select()和 poll()函数返回时，内核会通知用户已准备好的文件描述符的数量、已准备好的条件（或事件）等。使用 select()和 poll()函数的返回结果（可能是检测到某个文件描述符的注册事件、超时或是调用出错），就可以调用相应的 I/O 处理函数。

2. 函数格式

select()函数的语法格式如表 5.8 所示。

表 5.8　　　　　　　　　　　　　　select()函数语法格式

所需头文件	#include <sys/types.h> #include <sys/time.h> #include <unistd.h>
函数原型	int select(int numfds, fd_set *readfds, fd_set *writefds, fd_set *exeptfds, struct timeval *timeout)
函数传入值	numfds：该参数值为需要监视的文件描述符的最大值加 1
	readfds：由 select()监视的读文件描述符集合
	writefds：由 select()监视的写文件描述符集合
	exeptfds：由 select()监视的异常处理文件描述符集合
	timeout：NULL：永远等待，直到捕捉到信号或文件描述符已准备好为止
	具体值：struct timeval 类型的指针，若等待了 timeout 时间还没有检测到任何文件描述符准备好，就立即返回
	0：从不等待，测试所有指定的描述符并立即返回
函数返回值	成功：准备好的文件描述符的个数 超时：0 出错：−1

可以看到，select()函数根据希望进行的文件操作对文件描述符进行了分类处理，这里，对文件描述符的处理主要涉及 4 个宏函数，如表 5.9 所示。

表 5.9　　　　　　　　　　　　　select()文件描述符处理函数

FD_ZERO(fd_set *set)	清除一个文件描述符集
FD_SET(int fd, fd_set *set)	将一个文件描述符加入文件描述符集中
FD_CLR(int fd, fd_set *set)	将一个文件描述符从文件描述符集中清除
FD_ISSET(int fd, fd_set *set)	如果文件描述符 fd 为 fd_set 集中的一个元素，则返回非零值，可以用于调用 select()之后测试文件描述符集中的某个文件描述符是否有变化

一般来说，在使用 select()函数之前，首先使用 FD_ZERO()和 FD_SET()来初始化文件描述符集，在使用 select()函数时，可循环使用 FD_ISSET()来测试描述符集，在执行完对相关文件描述符的操作之后，使用 FD_CLR()来清除描述符集。

另外，select()函数中的 timeout 是一个 struct timeval 类型的指针，该结构体如下。

```
struct timeval
{
    long tv_sec;                /* 秒 */
    long tv_unsec;              /* 微秒 */
}
```

可以看到，这个时间结构体的精确度可以设置到微秒级，这对于大多数的应用而言已经足够了。
poll()函数的语法格式如表 5.10 所示。

表 5.10   poll()函数语法格式

所需头文件	`#include <sys/types.h>` `#include <poll.h>`
函数原型	`int poll(struct pollfd *fds, int numfds, int timeout)`

函数传入值	fds：struct pollfd 结构的指针，用于描述需要监听哪些文件的哪种类型的操作。
	`struct pollfd`
	`{`
	`    int   fd;        /* 需要监听的文件描述符 */`
	`    short events;    /* 需要监听的事件 */`
	`    short revents;   /* 已发生的事件 */`
	`}`
	events 成员描述需要监听哪些类型的事件，可以用以下几种标志来描述。
	POLLIN：文件中有数据可读，下面实例中使用到了这个标志；
	POLLPRI：文件中有紧急数据可读；
	POLLOUT：可以向文件写入数据；
	POLLERR：文件中出现错误，只限于输出；
	POLLHUP：与文件的连接被断开，只限于输出；
	POLLNVAL：文件描述符是不合法的，即它并没有指向一个成功打开的文件
	numfds：需要监听的文件个数，即第一个参数指向的数组中的元素数目
	timeout：表示 poll 阻塞的超时时间（毫秒）。如果该值小于等于 0，则表示无限等待

函数返回值	成功：返回大于 0 的值，表示事件发生的 pollfd 结构的个数 超时：0 出错：–1

3. 使用实例

使用 select()函数时，会存在一系列的问题，例如，内核必须检查多余的文件描述符，每次调用 select()之后必须重置被监听的文件描述符集，而且可监听的文件个数受限制（使用 FD_SETSIZE 宏来表示 fd_set 结构能够容纳的文件描述符的最大数目）等。实际上，poll 机制相比 select 机制效率更高，使用范围更广。下面以 poll()函数为例实现某种功能。

本实例中主要实现通过调用 poll()函数来监听 3 个终端的输入（分别重定向到两个管道文件的虚拟终端以及主程序运行的虚拟终端）并分别进行相应的处理。在这里建立一个 poll()函数监视读文件描述符集，其中包含 3 个文件描述符，分别为标准输入文件描述符和两个管道文件描述符。通过监视主程序的虚拟终端标准输入来实现程序的控制（如程序结束）;以两个管道作为数据输入，主程序将从两个管道读取的输入字符串写入标准输出文件(屏幕)。

为了充分表现 poll()函数的功能,在运行主程序时,需要打开 3 个虚拟终端:首先用 mknod 命令创建两个管道 in1 和 in2。接下来,在两个虚拟终端上分别运行 cat>in1 和 cat>in2。同时在第 3 个虚拟终端上运行主程序。

在程序运行之后,如果在两个管道终端上输入字符串,则可以观察到同样的内容将在主程序的虚拟终端上逐行显示。

如果想结束主程序,只要在主程序的虚拟终端下输入以 q 或 Q 字符开头的字符串即可。如果 3 个文件一直在无输入状态中,则主程序一直处于阻塞状态。为了防止无限期的阻塞,在程序中设置超时值(本实例中设置为 60s),当无输入状态持续到超时值时,主程序主动结束运行并退出。该程序的流程图如图 5.4 所示。

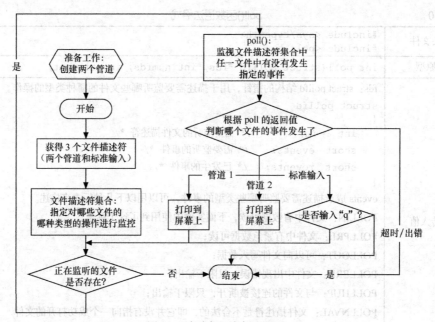

图 5.4 多路复用实例流程图

```c
/* multiplex_poll.c */
#include <fcntl.h>
#include <stdio.h>
#include <unistd.h>
#include <stdlib.h>
#include <string.h>
#include <time.h>
#include <errno.h>
#include <poll.h>
#define MAX_BUFFER_SIZE     1024        /*缓冲区大小*/
#define IN_FILES            3           /*多路复用输入文件数目*/
#define TIME_DELAY          60000       /* 超时时间秒数: 60s */
#define MAX(a, b)           ((a > b)?(a):(b))

int main(void)
{
    struct pollfd fds[IN_FILES];
    char buf[MAX_BUFFER_SIZE];
```

```c
    int i, res, real_read, maxfd;

    /*首先按一定的权限打开两个源文件*/
    fds[0].fd = 0;
    if((fds[1].fd = open ("in1", O_RDONLY|O_NONBLOCK)) < 0)
    {
        printf("Open in1 error\n");
        return 1;
    }
    if((fds[2].fd = open ("in2", O_RDONLY|O_NONBLOCK)) < 0)
    {
        printf("Open in2 error\n");
        return 1;
    }
    /*取出两个文件描述符中的较大者*/
    for (i = 0; i < IN_FILES; i++)
    {
        fds[i].events = POLLIN;
    }

    /* 循环测试是否存在正在监听的文件描述符 */
    while(fds[0].events || fds[1].events || fds[2].events)
    {
        if (poll(fds, IN_FILES, 0) < 0)
        {
            printf("Poll error or Time out\n");
            return 1;
        }
        for (i = 0; i< IN_FILES; i++)
        {
            if (fds[i].revents)           /* 判断在哪个文件上发生了事件*/
            {
                memset(buf, 0, MAX_BUFFER_SIZE);
                real_read = read(fds[i].fd, buf, MAX_BUFFER_SIZE);
                if (real_read < 0)
                {
                    if (errno != EAGAIN)
                    {
                        return 1;         /* 系统错误，结束运行*/
                    }
                }
                else if (!real_read)
                {
                    close(fds[i].fd);
                    fds[i].events = 0;    /* 取消对该文件的监听 */
                }
                else
                {
                    if (i == 0)           /* 在标准输入上有数据输入时 */
                    {
                        if ((buf[0] == 'q') || (buf[0] == 'Q'))
                        {
                            return 1;     /*输入"q"或"Q"则会退出*/
                        }
```

```
                    else
                    {                            /* 将读取的数据显示到终端上 */
                        buf[real_read] = '\0';
                        printf("%s", buf);
                    }
                } /* end of if real_read*/
            } /* end of if revents */
        } /* end of for */
    } /*end of while */
    exit(0);
}
```

读者可以将以上程序交叉编译,并下载到开发板上运行。运行结果如下。

```
$ mknod in1 p
$ mknod in2 p
$ cat > in1                      /* 在第一个虚拟终端 */
SELECT CALL
TEST PROGRAMME
END
$ cat > in2                      /* 在第二个虚拟终端 */
select call
test programme
end
$ ./multiplex_select             /* 在第三个虚拟终端 */
SELECT CALL                      /* 管道1的输入数据*/
select call                      /* 管道2的输入数据*/
TEST PROGRAMME                   /* 管道1的输入数据*/
test programme                   /* 管道2的输入数据*/
END                              /* 管道1的输入数据*/
end                              /* 管道2的输入数据*/
q                                /* 在第三个终端上输入"q"或"Q"则立刻结束程序运行 */
```

程序的超时结束结果如下。

```
$ ./multiplex_select
……(在60s之内没有任何监听文件的输入)
Poll error or Time out
```

5.4 标准 I/O 编程

标准 I/O 和文件 I/O 的区别

本章前面几节所述的文件及 I/O 读写都是基于文件描述符的。这些都是基本的 I/O 控制,是不带缓存的,而本节要讨论的 I/O 操作都是基于流缓冲的,它符合 ANSI C 的标准 I/O 处理。

前面讲述的系统调用是操作系统直接提供的函数接口。因为运行系统调用时,Linux 必须从用户态切换到内核态,执行相应的请求,然后再返回到用户态,所以应该尽量减少系统调用的次数,从而提高程序的效率。

标准 I/O 提供流缓冲的目的是尽可能减少使用 read()和 write()等系统调用的数量。标准 I/O 提供了 3 种类型的缓冲存储。

(1)全缓冲:在这种情况下,只有填满标准 I/O 缓存后,才进行实际 I/O 操作。对于存放在磁盘上的文件,通常是由标准 I/O 库实施全缓冲的。标准 I/O 尽量多读写文件到缓冲区,只有缓冲区已满或直接、间接地调用 fflush 时，才会进行磁盘操作。

（2）行缓冲：在这种情况下，当在输入和输出中遇到行结束符时，标准 I/O 库执行 I/O 操作。这允许一次输出一个字符（如 fputc()函数），但只有写了一行之后或者手动调用 fflush，才进行实际 I/O 操作。标准输入和标准输出就是使用行缓冲的典型例子。

（3）不带缓冲：标准 I/O 库不对字符进行缓冲。如果用标准 I/O 函数写若干字符到不带缓冲的流中，则相当于用系统调用 write()函数将这些字符全写到被打开的文件上。标准出错 stderr 通常是不带缓存的，这就使得出错信息可以尽快显示出来，而不管它们是否含有一个行结束符。

在下面讨论具体函数时，请读者注意区分以上 3 种缓冲存储。

5.4.1 基本操作

1. 打开文件

打开文件有 3 个标准函数，分别为：fopen()、fdopen()和 freopen()。它们可以以不同的模式打开，但都返回一个指向 FILE 的指针，该指针指向对应的 I/O 流。此后，对文件的读写都是通过这个 FILE 指针来进行。其中 fopen()可以指定打开文件的路径和模式，fdopen()可以指定打开的文件描述符和模式，而 freopen()除可指定打开的文件、模式外，还可指定特定的 I/O 流。

fopen()函数的语法格式如表 5.11 所示。

表 5.11　　　　　　　　　　　fopen()函数的语法格式

所需头文件	#include <stdio.h>
函数原型	FILE * fopen(const char * path, const char * mode)
函数传入值	path：包含要打开的文件路径及文件名
	mode：文件打开状态，详细信息参考表 5.12
函数返回值	成功：指向 FILE 的指针
	失败：NULL

其中，mode 类似于 open()函数中的 flag，可以定义打开文件的访问权限等，fopen()中 mode 的取值如表 5.12 所示。

表 5.12　　　　　　　　　　　mode 取值说明

r 或 rb	打开只读文件，该文件必须存在
r+ 或 r+b	打开可读写的文件，该文件必须存在
w 或 wb	打开只写文件，若文件存在，则文件长度清为 0，即会擦写文件以前的内容。若文件不存在，则建立该文件
w+或 w+b	打开可读写文件，若文件存在，则文件长度清为 0，即会擦写文件以前的内容。若文件不存在，则建立该文件
a 或 ab	以附加的方式打开只写文件。若文件不存在，则会建立该文件；如果文件存在，写入的数据会被加到文件尾，即文件原先的内容会被保留
a+或 a+b	以附加方式打开可读写的文件。若文件不存在，则会建立该文件；如果文件存在，写入的数据会被加到文件尾后，即文件原先的内容会被保留

注意在每个选项中加入 b 字符用来告诉函数库打开的文件为二进制文件，而非纯文本文件。不过在 Linux 系统中会自动识别不同类型的文件，可以忽略此符号。

fdopen()函数的语法格式如表 5.13 所示。

表 5.13　　　　　　　　　　　　fdopen()函数的语法格式

所需头文件	#include <stdio.h>
函数原型	FILE * fdopen(int fd, const char * mode)
函数传入值	fd：要打开的文件描述符
	mode：文件打开状态，详细信息参考表 5.12
函数返回值	成功：指向 FILE 的指针 失败：NULL

freopen()函数格式如表 5.14 所示。

表 5.14　　　　　　　　　　　　freopen()函数语法要点

所需头文件	#include <stdio.h>
函数原型	FILE * freopen(const char *path, const char * mode, FILE * stream)
函数传入值	path：包含要打开的文件路径及文件名
	mode：文件打开状态，详细信息参考表 5.12
函数传入值	stream：已打开的文件指针
函数返回值	成功：指向 FILE 的指针 失败：NULL

2. 关闭文件

关闭标准流文件的函数为 fclose()，该函数将缓冲区内的数据全部写入文件中，并释放系统提供的文件资源。

fclose()函数语法格式如表 5.15 所示。

表 5.15　　　　　　　　　　　　fclose()函数语法格式

所需头文件	#include <stdio.h>
函数原型	int fclose(FILE * stream)
函数传入值	stream：已打开的文件指针
函数返回值	成功：0 失败：EOF

3. 读文件

在文件流被打开之后，可对文件流进行读写等操作，其中读操作的函数为 fread()。

fread()函数的语法格式如表 5.16 所示。

表 5.16　　　　　　　　　　　　fread()函数语法格式

所需头文件	#include <stdio.h>
函数原型	size_t fread(void * ptr,size_t size,size_t nmemb,FILE * stream)
函数传入值	ptr：存放读入记录的缓冲区
	size：读取的记录大小
	nmemb：读取的记录数
	stream：要读取的文件流
函数返回值	成功：返回实际读取到的 nmemb 数目 失败：EOF

4. 写文件

fwrite()函数用于对指定的文件流进行写操作。fwrite()函数的语法格式如表 5.17 所示。

表 5.17　　　　　　　　　　　　　　fwrite()函数语法格式

所需头文件	`#include <stdio.h>`
函数原型	`size_t fwrite(const void * ptr,size_t size, size_t nmemb, FILE * stream)`
函数传入值	ptr：存放写入记录的缓冲区
	size：写入的记录大小
	nmemb：写入的记录数
	stream：要写入的文件流
函数返回值	成功：返回实际写入的 nmemb 数目
	失败：EOF

5.4.2 其他操作

文件打开之后，根据一次读写文件中字符的数目可分为字符输入/输出、行输入/输出和格式化输入/输出，下面分别讨论这 3 种方式。

1. 字符输入/输出

字符输入/输出函数一次仅读写一个字符。其中字符输入/输出函数的语法格式如表 5.18 和表 5.19 所示。

表 5.18　　　　　　　　　　　　　　字符输出函数语法格式

所需头文件	`#include <stdio.h>`

函数原型	`int getc(FILE * stream)`
	`int fgetc(FILE * stream)`
	`int getchar(void)`

函数传入值	stream：要输入的文件流
函数返回值	成功：下一个字符
	失败：EOF

表 5.19　　　　　　　　　　　　　　字符输入函数语法格式

所需头文件	`#include <stdio.h>`

函数原型	`int putc(int c, FILE * stream)`
	`int fputc(int c, FILE * stream)`
	`int putchar(int c)`

函数返回值	成功：字符 c
	失败：EOF

这几个函数功能类似，区别仅在于 getc()和 putc()通常被实现为宏，而 fgetc()和 fputc()不能实现为宏，因此，函数的实现时间会有所差别。

下面的实例结合 fputc()和 fgetc()，将标准输入复制到标准输出中。

```
/*fput.c*/
#include<stdio.h>
```

```
main()
{
    int c;
    /*把 fgetc()的结果作为 fputc()的输入*/
    fputc(fgetc(stdin), stdout);
}
```
运行结果如下。
```
$ ./fput
w（用户输入）
w（屏幕输出）
```

2. 行输入/输出

行输入/输出函数一次操作一行。其中行输入/输出函数的语法格式如表 5.20 和表 5.21 所示。

表 5.20　　　　　　　　　　　　行输出函数语法格式

所需头文件	#include <stdio.h>
函数原型	char * gets(char *s) char * fgets(char * s, int size, FILE * stream)
函数传入值	s：要输入的字符串 size：输入的字符串长度 stream：对应的文件流
函数返回值	成功：s 失败：NULL

表 5.21　　　　　　　　　　　　行输入函数语法格式

所需头文件	#include <stdio.h>
函数原型	int puts(const char *s) int fputs(const char * s, FILE * stream)
函数传入值	s：要输出的字符串 stream：对应的文件流
函数返回值	成功：s 失败：NULL

这里以 gets()和 puts()为例进行说明，本实例将标准输入复制到标准输出，代码如下。
```
/*gets.c*/
#include<stdio.h>
main()
{
    char s[80];
    fputs(fgets(s, 80, stdin), stdout);
}
```
运行该程序，结果如下。
```
$ ./gets
This is stdin（用户输入）
This is stdin（屏幕输出）
```

3. 格式化输入/输出

格式化输入/输出函数可以指定输入/输出的具体格式，各函数的语法格式如表 5.22～表 5.24 所示。

表 5.22　　　　　　　　　　　　格式化输出函数 1

所需头文件	#include <stdio.h>
函数原型	int printf(const char *format,…) int fprintf(FILE *fp, const char *format,…) int sprintf(char *buf, const char *format,…)
函数传入值	format：记录输出格式 fp：文件描述符 buf：记录输出缓冲区
函数返回值	成功：输出字符数（sprintf 返回存入数组中的字符数） 失败：NULL

表 5.23　　　　　　　　　　　　格式化输出函数 2

所需头文件	#include <stdarg.h> #include <stdio.h>
函数原型	int vprintf(const char *format, va_list arg) int vfprintf(FILE *fp, const char *format, va_list arg) int vsprintf(char *buf, const char *format, va_list arg)
函数传入值	format：记录输出格式 fp：文件描述符 arg：相关命令参数
函数返回值	成功：存入数组的字符数 失败：NULL

表 5.24　　　　　　　　　　　　格式化输入函数

所需头文件	#include <stdio.h>
函数原型	int scanf(const char *format,…) int fscanf(FILE *fp, const char *format,…) int sscanf(char *buf, const char *format,…)
函数传入值	format：记录输出格式 fp：文件描述符 buf：记录输入缓冲区
函数返回值	成功：输出字符数（sprintf 返回存入数组中的字符数） 失败：NULL

此外，还可以使用 stat、fstat 或 lstat 函数来获取目标文件的属性信息，将其存储到一个 struct stat 类型的结构体中，通过此结构体可以提取文件的各种属性信息。

fstat 函数的语法格式如表 5.25 所示。

feof 和 ferror 函数的作用

表 5.25　　　　　　　　　　　　fstat 函数的语法格式

所需头文件	#include <unistd.h> #include <sys/types.h> #include <sys/stat.h>
函数原型	int fstat(int fd, struct stat *buf)
函数传入值	fd：文件描述符

续表

	buf：指定存储获取到的文件属性的缓冲区
	struct stat {
	    dev_t st_dev; /* ID of device containing file */
	    ino_t st_ino; /* inode number */
	    mode_t st_mode; /* protection */
	    nlink_t st_nlink; /* number of hard links */
	    uid_t st_uid; /* user ID of owner */
	    gid_t st_gid; /* group ID of owner */
	    dev_t st_rdev; /* device ID (if special file) */
	    off_t st_size; /* total size, in bytes */
	    blksize_t st_blksize; /* blocksize for file system I/O */
	    blkcnt_t st_blocks; /* number of 512B blocks allocated */
	    time_t st_atime; /* time of last access */
	    time_t st_mtime; /* time of last modification */
	    time_t st_ctime; /* time of last status change */
	};

函数返回值	成功：0 出错：-1

stat 函数的语法格式如表 5.26 所示。

表 5.26　　　　　　　　　　　　stat 函数的语法格式

所需头文件	#include <unistd.h> #include <sys/types.h> #include <sys/stat.h>
函数原型	int stat(const char *path, struct stat *buf)
函数传入值	path：文件的路径名
	buf：指定存储获取到的文件属性的缓冲区
函数返回值	成功：0 出错：-1

lstat 函数类似于 stat，但是当命名的文件是一个符号连接时，lstat 返回该符号连接的有关信息，而不是由该符号连接引用的文件的信息。

5.4.3　目录操作

1. 创建目录

如同读者熟知的 mkdir 命令一样，标准 I/O 库同样提供了 mkdir 函数，该函数用来创建一个目录文件。mkdir 函数的语法格式如表 5.27 所示。

表 5.27　　　　　　　　　　　　mkdir 函数语法格式

所需头文件	#include <sys/stat.h>
函数原型	int mkdir(const char *path, mode_t mode)
函数传入值	path：创建的目录文件的路径名
	mode：设置目录文件的存取权限，为八进制表示法
函数返回值	成功：0 出错：-1

2. 打开目录

mkdir 函数仅仅用来创建一个目录文件，如果需要对一个目录进行操作，首先需要对这个目录文件执行打开操作。opendir 函数用来打开一个目录文件，并且返回一个 DIR 类型目录流，接着操作这个目录流就相当于操作其绑定的目录文件。opendir 函数的语法格式如表 5.28 所示。

表 5.28　　　　　　　　　　　　　opendir 函数语法格式

所需头文件	`#include <sys/stat.h>` `#include <dirent.h>`
函数原型	`DIR *opendir(const char *name);`
函数传入值	name：打开的目录文件的路径名
函数返回值	成功：返回一个有效的 DIR 类型的指针 出错：NULL

3. 读取目录

可以通过 readdir 读取目标目录的目录项，和读取普通文件的方式类似，读取目录项也是有偏移量的，这点需要注意。readdir 函数的语法格式如表 5.29 所示。

表 5.29　　　　　　　　　　　　　readdir 函数语法格式

所需头文件	`#include <dirent.h>`
函数原型	`struct dirent *readdir(DIR *dirp);`
函数传入值	dirp：读取的目录文件的路径名

函数返回值	成功：返回一个有效的 struct dirent 类型的指针
	　　　struct dirent 定义如下。
	　　　`struct dirent {`
	　　　　　`ino_t      d_ino;         /* 索引节点号*/`
	　　　　　`off_t      d_off;         /* 在目录文件中的偏移*/`
	　　　　　`unsigned short d_reclen;   /* 文件名长度*/`
	　　　　　`unsigned char  d_type;     /* 文件类型 */`
	　　　　　`char       d_name[256];   /* 文件名 */`
	　　　　　`};`
	出错：NULL

5.5　实验内容

1. 实验名称：文件读写及上锁

2. 实验目的

通过编写文件读写及上锁的程序，进一步熟悉 Linux 中文件 I/O 相关的应用开发，并且熟练掌握 open()、read()、write()、fcntl() 等函数的使用。

3. 实验内容

在 Linux 中 FIFO 是一种进程之间的管道通信机制。Linux 支持完整的 FIFO 通信机制。本实验通过使用文件操作、仿真 FIFO（先进先出）结构以及生产者—消费者运行模型。

本实验中需要打开两个虚拟终端，分别运行生产者程序（producer）和消费者程序（customer）。此时两个进程同时对同一个文件进行读写操作。因为这个文件是临界资源，所以可以使用文件锁机制来保证两个进程对文件的访问都是原子操作。

先启动生产者进程，它负责创建仿真 FIFO 结构的文件（其实是一个普通文件）并投入生产，即按照给定的时间间隔，向 FIFO 文件写入自动生成的字符（在程序中用宏定义选择使用数字还是使用英文字符），生产周期以及要生产的资源数通过参数传递给进程（默认生产周期为 1s，要生产的资源总数为 10 个字符，显然默认生产总时间为 10s）。

后启动的消费者进程按照给定的数目进行消费，首先从文件中读取相应数目的字符并在屏幕上显示，然后从文件中删除刚才消费过的数据。为了仿真 FIFO 结构，需要使用两次复制来实现文件内容的偏移。每次消费的资源数通过参数传递给进程，默认值为 10 个字符。

4．实验步骤

（1）画出实验流程图。

本实验的两个程序的流程图如图 5.5 所示。

（2）编写代码。

本实验中的生产者程序的源代码如下，其中用到的 lock_set() 函数可参见 5.3.2 小节。

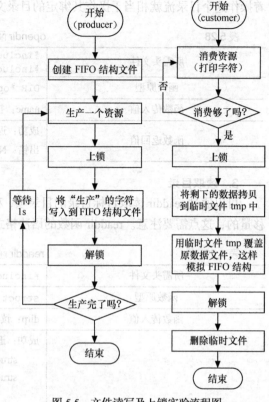

图 5.5　文件读写及上锁实验流程图

```c
/* producer.c */
#include <stdio.h>
#include <unistd.h>
#include <stdlib.h>
#include <string.h>
#include <fcntl.h>
#include "mylock.h"

#define MAXLEN              10          /* 缓冲区大小最大值 */

#define ALPHABET            1           /* 表示使用英文字符 */
#define ALPHABET_START      'a'         /* 头一个字符，可以用 'A'*/
#define COUNT_OF_ALPHABET   26          /* 字母字符的个数 */

#define DIGIT               2           /* 表示使用数字字符 */
#define DIGIT_START         '0'         /* 头一个字符 */
#define COUNT_OF_DIGIT      10          /* 数字字符的个数 */
#define SIGN_TYPE ALPHABET              /* 本实例选用英文字符 */
const char *fifo_file = "./myfifo";     /* 仿真 FIFO 文件名 */
char buff[MAXLEN];                      /* 缓冲区 */

/* 功能：生产一个字符并写入到仿真 FIFO 文件中 */
```

```c
int product(void)
{
    int fd;
    unsigned int sign_type, sign_start, sign_count, size;
    static unsigned int counter = 0;

    /* 打开仿真 FIFO 文件 */
    if ((fd = open(fifo_file, O_CREAT|O_RDWR|O_APPEND, 0644)) < 0)
    {
        printf("Open fifo file error\n");
        exit(1);
    }

    sign_type = SIGN_TYPE;
    switch(sign_type)
    {
        case ALPHABET:                          /* 英文字符 */
        {
            sign_start = ALPHABET_START;
            sign_count = COUNT_OF_ALPHABET;
        }
        break;

        case DIGIT:                             /* 数字字符 */
        {
            sign_start = DIGIT_START;
            sign_count = COUNT_OF_DIGIT;
        }
        break;

        default:
        {
            return -1;
        }
    }/*end of switch*/

    sprintf(buff, "%c", (sign_start + counter));
    counter = (counter + 1) % sign_count;

    lock_set(fd, F_WRLCK);                      /* 上写锁*/
    if ((size = write(fd, buff, strlen(buff))) < 0)
    {
        printf("Producer: write error\n");
        return -1;
    }
    lock_set(fd, F_UNLCK);                      /* 解锁 */

    close(fd);
    return 0;
}

int main(int argc, char *argv[])
{
    int time_step = 1;                          /* 生产周期 */
    int time_life = 10;                         /* 需要生产的资源总数 */
```

```c
    if (argc > 1)
    {/* 第一个参数表示生产周期 */
        sscanf(argv[1], "%d", &time_step);
    }

    if (argc > 2)
    {/* 第二个参数表示需要生产的资源数 */
        sscanf(argv[2], "%d", &time_life);
    }
    while (time_life--)
    {
        if (product() < 0)
        {
            break;
        }
        sleep(time_step);
    }

    exit(EXIT_SUCCESS);
}
```

本实验中的消费者程序的源代码如下。

```c
/* customer.c */
#include <stdio.h>
#include <unistd.h>
#include <stdlib.h>
#include <fcntl.h>

#define MAX_FILE_SIZE       100 * 1024 * 1024 /* 100M*/

const char *fifo_file = "./myfifo";         /* 仿真FIFO文件名 */
const char *tmp_file = "./tmp";             /* 临时文件名 */

/* 资源消费函数 */
int customing(const char *myfifo, int need)
{
    int fd;
    char buff;
    int counter = 0;

    if ((fd = open(myfifo, O_RDONLY)) < 0)
    {
        printf("Function customing error\n");
        return -1;
    }

    printf("Enjoy:");
    lseek(fd, SEEK_SET, 0);
    while (counter < need)
    {
        while ((read(fd, &buff, 1) == 1) && (counter < need))
        {
            fputc(buff, stdout);
            counter++;
        }
    }
    fputs("\n", stdout);
```

```c
    close(fd);
    return 0;
}

/* 功能:从 sour_file 文件的 offset 偏移处开始
   将 count 个字节数据拷贝到 dest_file 文件 */
int myfilecopy(const char *sour_file, const char *dest_file, int offset, int count, int copy_mode)
{
    int in_file, out_file;
    int counter = 0;
    char buff_unit;
    if ((in_file = open(sour_file, O_RDONLY|O_NONBLOCK)) < 0)
    {
        printf("Function myfilecopy error in source file\n");
        return -1;
    }

    if ((out_file = open(dest_file, O_CREAT|O_RDWR|O_TRUNC|O_NONBLOCK, 0644)) < 0)
    {
        printf("Function myfilecopy error in destination file:");
        return -1;
    }

    lseek(in_file, offset, SEEK_SET);
    while ((read(in_file, &buff_unit, 1) == 1) && (counter < count))
    {
        write(out_file, &buff_unit, 1);
        counter++;
    }

    close(in_file);
    close(out_file);
    return 0;
}

/* 功能:实现 FIFO 消费者 */
int custom(int need)
{
    int fd;

    /* 对资源进行消费,need 表示该消费的资源数目 */
    customing(fifo_file, need);

    if ((fd = open(fifo_file, O_RDWR)) < 0)
    {
        printf("Function myfilecopy error in source_file:");
        return -1;
    }

    /* 为了模拟 FIFO 结构,对整个文件内容进行平行移动 */
    lock_set(fd, F_WRLCK);
    myfilecopy(fifo_file, tmp_file, need, MAX_FILE_SIZE, 0);
    myfilecopy(tmp_file, fifo_file, 0, MAX_FILE_SIZE, 0);
    lock_set(fd, F_UNLCK);
    unlink(tmp_file);
```

```c
        close(fd);
        return 0;
    }

    int main(int argc ,char *argv[])
    {
        int customer_capacity = 10;

        if (argc > 1)  /* 第一个参数指定需要消费的资源数目,默认值为 10 */
        {
            sscanf(argv[1], "%d", &customer_capacity);
        }
        if (customer_capacity > 0)
        {
            custom(customer_capacity);
        }
        exit(EXIT_SUCCESS);
    }
```

(3)在宿主机上编译该程序,代码如下。

`$ make clean; make`

(4)在确保没有编译错误后,交叉编译该程序,此时需要修改 Makefile 中的变量,代码如下。

`CC = arm-linux-gcc  /* 修改 Makefile 中的编译器 */`
`$ make clean; make`

(5)将生成的可执行程序下载到目标板上运行。

5. 实验结果

此实验在目标板上的运行结果如下。实验结果会和这两个进程运行的具体过程相关,希望读者能具体分析每种情况。下面列出其中一种情况。

终端一:

```
$ ./producer 1 20           /* 生产周期为 1s,需要生产的资源总数为 20 */
Write lock set by 21867
Release lock by 21867
Write lock set by 21867
Release lock by 21867
……
```

终端二:

```
$ ./customer 5              /* 需要消费的资源数为 5 */
Enjoy:abcde                 /* 对资源进行消费,即打印到屏幕上 */
Write lock set by 21872     /* 为了仿真 FIFO 结构,进行两次复制 */
Release lock by 21872
```

在两个进程结束之后,仿真 FIFO 文件的内容如下。

```
$ cat myfifo
fghijklmnopqr               /* a 到 e 的 5 个字符已经被消费,就剩下后面 15 个字符 */
```

思考与练习

1. 简述虚拟文件系统在 Linux 系统中的重要地位和通用文件系统模型。
2. 底层文件操作和标准文件操作之间有哪些区别?
3. 比较 select()函数和 poll()函数。

第 6 章
嵌入式 Linux 多任务编程

多任务是指用户可以在同一时间内运行多个应用程序。Linux 就是一种支持多任务的操作系统。Linux 支持多进程、多线程等多任务处理和任务之间的多种通信机制。

本章主要内容：
- Linux 下多任务概述；
- 进程控制编程；
- 进程间通信；
- 多线程编程。

6.1　Linux 下多任务概述

多任务处理是指用户可以在同一时间内运行多个应用程序，每个应用程序被称作一个任务。Linux 就是一个支持多任务的操作系统，比起单任务系统，它的功能增强了许多。

当多任务操作系统使用某种任务调度策略允许两个或更多进程并发共享一个处理器时，事实上处理器在某一时刻只会给一件任务提供服务。因为任务调度机制保证不同任务之间的切换十分迅速，因此给人多个任务同时运行的错觉。多任务系统中有 3 个功能单位：任务、进程和线程。

6.1.1　任务

任务是一个逻辑概念，是指由一个软件完成的活动，或者是一系列共同达到某一目的的操作。通常一个任务是一个程序的一次运行，一个任务包含一个或多个完成独立功能的子任务，这个独立的子任务是进程或者线程。例如，一个杀毒软件的一次运行是一个任务，目的是从各种病毒的侵害中保护计算机系统，这个任务包含多个独立功能的子任务（进程或线程），包括实时监控、定时查杀、防火墙以及用户交互等功能。任务、进程和线程之间的关系如图 6.1 所示。

6.1.2　进程

1．进程的基本概念

进程是指一个具有独立功能的程序在某个数据集合上的一次动态执行过程，它是系统进行资源分配和调度的基本单元。一次任务的运行可以并发激活多个进程，这些进程相互合作来完成该任务的最终目标。

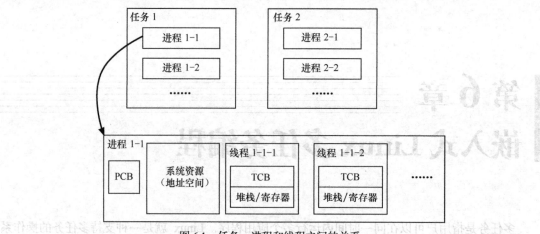

图 6.1 任务、进程和线程之间的关系

进程具有并发性、动态性、交互性、独立性和异步性等主要特性。

(1)并发性：是指系统中多个进程可以同时并发执行，相互之间不受干扰。

(2)动态性：是指进程都有完整的生命周期，而且在进程的生命周期内，进程的状态是不断变化的，另外进程具有动态的地址空间（包括代码、数据和进程控制块等）。

(3)交互性：是指进程在执行过程中可能会与其他进程发生直接和间接的交互操作，如进程同步和进程互斥等，需要为此添加一定的进程处理机制。

(4)独立性：是指进程是一个相对完整的资源分配和调度的基本单位，各个进程的地址空间是相互独立的，只有采用某些特定的通信机制才能实现进程之间的通信。

(5)异步性：是指每个进程都按照各自独立的、不可预知的速度向前执行。

进程和程序是有本质区别的：程序是静态的一段代码，是一些保存在非易失性存储器的指令的有序集合，没有任何执行的概念；而进程是一个动态的概念，它是程序执行的过程，包括动态创建、调度和消亡的整个过程，它是程序执行和资源管理的最小单位。

Linux 系统中包括下面几种类型的进程。

(1)交互式进程：这类进程经常与用户进行交互，因此要花很多时间等待用户的交互操作(键盘和鼠标操作等)。当接收到用户的交互操作之后，这类进程应该很快被运行，而且响应时间的变化也应该要小，否则用户觉得系统反应迟钝或者不太稳定。典型的交互式进程有 shell 命令进程、文本编辑器和图形应用程序运行等。

(2)批处理进程：这类进程不必与用户进行交互，因此经常在后台运行。因为这类进程通常不必很快响应，因此往往受到调度器的怠慢。典型的批处理进程是编译器的编译操作、数据库搜索引擎等。

(3)实时进程：这类进程通常对调度响应时间有很高的要求，一般不会被低优先级的进程阻塞。它们不仅要求很短的响应时间，而且更重要的是响应时间的变化应该很小。典型的实施程序有视频和音频应用程序、实时数据采集系统程序等。

2. Linux 下进程结构

进程不但包括程序的指令和数据，而且包括程序计数器和处理器的所有寄存器以及存储临时数据的进程堆栈，正在执行的进程包括处理器当前的一切活动。

因为 Linux 是一个多进程的操作系统，所以其他的进程必须等到系统将处理器使用权分配给自己之后才能运行。当正在运行的进程等待其他的系统资源时，Linux 内核将取得处理器的控制权,并将处理器分配给其他正在等待的进程,按照内核中的调度算法决定将处理器分配给哪一个进程。

内核将所有进程存放在的双向循环链表(进程链表)中,其中链表的头是 init_task 描述符,链表的每一项都是类型为 task_struct、称为进程描述符的结构,该结构包含了与一个进程相关的所有信息,定义在<include/linux/sched.h>文件中。task_struct 内核结构比较大,它能完整地描述一个进程,如进程的状态、进程的基本信息、进程标识符、内存相关信息、父进程相关信息、与进程相关的终端信息、当前工作目录、打开的文件信息、所接收的信号信息等。

下面详细讲解 task_struct 结构中最为重要的两个域:state(进程状态)和 pid(进程标识符)。

(1)进程状态。Linux 中的进程有以下几种状态。

① 运行状态(TASK_RUNNING):进程当前正在运行,或者正在运行队列中等待调度。

② 可中断的阻塞状态(TASK_INTERRUPTIBLE):进程处于阻塞(睡眠)状态,正在等待某些事件发生或能够占用某些资源。处在这种状态下的进程可以被信号中断。接收到信号或被显式的唤醒呼叫(如调用 wake_up 系列宏:wake_up、wake_up_interruptible 等)唤醒之后,进程将转变为 TASK_RUNNING 状态。

③ 不可中断的阻塞状态(TASK_UNINTERRUPTIBLE):此进程状态类似于可中断的阻塞状态(TASK_INTERRUPTIBLE),只是它不会处理信号,把信号传递到这种状态下的进程不能改变它的状态。在一些特定的情况下(进程必须等待,直到某些不能被中断的事件发生),这种状态很有用。只有在它等待的事件发生时,进程才被显式的唤醒呼叫唤醒。

④ 可终止的阻塞状态(TASK_KILLABLE):Linux 内核 2.6.25 引入了一种新的进程状态,名为 TASK_KILLABLE。该状态的运行机制类似于 TASK_UNINTERRUPTIBLE,只不过处在该状态下的进程可以响应致命信号。它可以替代有效但可能无法终止的不可中断的阻塞状态(TASK_UNINTERRUPTIBLE),以及易于唤醒但安全性欠佳的可中断的阻塞状态(TASK_INTERRUPTIBLE)。

⑤ 暂停状态(TASK_STOPPED):进程的执行被暂停,当进程收到 SIGSTOP、SIGTSTP、SIGTTIN、SIGTTOU 等信号,就会进入暂停状态。

⑥ 跟踪状态(TASK_TRACED):进程的执行被调试器暂停。当一个进程被另一个进程监控时(如调试器使用 ptrace()系统调用监控测试程序),任何信号都可以把这个进程置于跟踪状态。

⑦ 僵尸状态(EXIT_ZOMBIE):进程运行结束,父进程尚未使用 wait 函数族(如使用 waitpid() 函数)等系统调用来"收尸",即等待父进程销毁它。处在该状态下的进程尸体已经放弃了几乎所有的内存空间,没有任何可执行代码,也不能被调度,仅仅在进程列表中保留一个位置,记载该进程的退出状态等信息供其他进程收集。

⑧ 僵尸撤销状态(EXIT_DEAD):这是最终状态,父进程调用 wait 函数族"收尸"之后,进程彻底由系统删除。

进程各种状态之间的转换关系如图 6.2 所示。

内核可以使用 set_task_state 和 set_current_state 宏来改变指定进程的状态和当前执行进程的状态。

(2)进程标识符。

Linux 内核通过唯一的进程标识符 PID 来标识每个进程。PID 存放在进程描述符的 pid 字段中,新创建的 PID 通常是前一个进程的 PID 加一,不过 PID 的值有上限(最大值 = PID_MAX_DEFAULT − 1,通常为 32 767),读者可以查看/proc/sys/kernel/pid_max 来确定该系统的进程数上限。

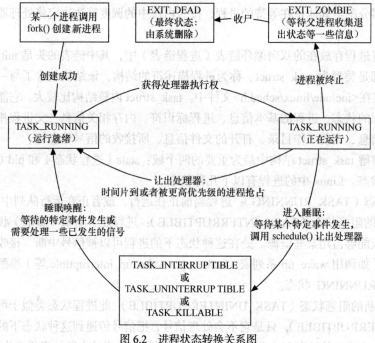

图 6.2 进程状态转换关系图

当系统启动后,内核通常作为某一个进程的代表。一个指向 task_struct 的宏 current 用来记录正在运行的进程。current 经常以进程描述符结构指针的形式出现在内核代码中,例如,current->pid 表示处理器正在执行的进程的 PID。当系统需要查看所有进程时,调用 for_each_process()宏,这将比系统搜索数组的速度要快得多。

在 Linux 中获得当前进程的进程号(PID)和父进程号(PPID)的系统调用函数分别为 getpid() 和 getppid()。

3. 进程的创建、执行和终止

(1) 进程的创建和执行

许多操作系统提供的是产生进程的机制,也就是首先在新的地址空间里创建进程、读入可执行文件,最后再开始执行。Linux 中进程的创建很特别,它把上述步骤分解到两个单独的函数中执行:fork()和 exec 函数族。首先,fork()通过复制当前进程创建一个子进程,子进程与父进程的区别仅仅在于不同的 PID、PPID 和某些资源及统计量。exec 函数族负责读取可执行文件并将其载入地址空间开始运行。

要注意的是,Linux 中的 fork()使用的是写时复制页的技术,也就是内核在创建进程时,其资源并没有被复制过来,资源的赋值只有在需要写入数据时才发生,在此之前只是以只读的方式共享数据。写时复制技术可以使 Linux 拥有快速执行的能力,因此这个优化是非常重要的。

(2) 进程的终止

进程终结也需要做很多繁琐的收尾工作,系统必须保证进程占用的资源回收,并通知父进程。Linux 首先把终止的进程设置为僵尸状态时,进程无法投入运行,它的存在只为父进程提供信息,申请死亡。父进程得到信息后,开始调用 wait 函数族,最终杀死子进程,子进程占用的所有资源被全部释放。

4. 进程的内存结构

Linux 操作系统采用虚拟内存管理技术,使得每个进程都有各自互不干涉的进程地址空间。

该地址空间是大小为 4GB 的线性虚拟空间，用户看到和接触到的都是虚拟地址，无法看到实际的物理内存地址。利用这种虚拟地址不但能起到保护操作系统的效果（用户不能直接访问物理内存），更重要的是，用户程序可以使用比实际物理内存更大的地址空间。

4GB 的进程地址空间会被分成两个部分——用户空间与内核空间。用户地址空间是 0～3GB（0xC0000000），内核地址空间占据 3GB～4GB。用户进程在通常情况下只能访问用户空间的虚拟地址，不能访问内核空间虚拟地址。只有用户进程使用系统调用（代表用户进程在内核态执行）等时刻可以访问到内核空间。每当进程切换，用户空间就会跟着变化；而内核空间是由内核负责映射，它并不会跟着进程改变，是固定的。内核空间地址有自己对应的页表，用户进程各自有不同的页表。每个进程的用户空间都是完全独立、互不相干的。进程的虚拟内存地址空间如图 6.3 所示，其中用户空间包括以下几个功能区域。

（1）只读段：包含程序代码（.init 和 .text）和只读数据（.rodata）。

图 6.3　进程地址空间的分布

（2）数据段：存放全局变量和静态变量。其中可读可写数据段（.data）存放已初始化的全局变量和静态变量，BSS 数据段（.bss）存放未初始化的全局变量和静态变量。

（3）栈：由系统自动分配释放，存放函数的参数值、局部变量的值、返回地址等。

（4）堆栈：存放动态分配的数据，一般由程序员动态分配和释放，若程序员不释放，程序结束时可能由操作系统回收。

（5）共享库的内存映射区域：这是 Linux 动态链接器和其他共享库代码的映射区域。

因为在 Linux 系统中每一个进程都会有 /proc 文件系统下的与之对应的一个目录（例如，将 init 进程的相关信息在 /proc/1 目录下的文件中描述），因此通过 proc 文件系统可以查看某个进程的地址空间的映射情况。例如，运行一个应用程序（示例中的可运行程序是在 /home/david/project/ 目录下的 test 文件），如果它的进程号为 13703，输入 "cat /proc/13703/maps" 命令，可以查看该进程的内存映射情况，其结果如下。

```
$ cat /proc/13703/maps
/* 只读段：代码段、只读数据段 */
08048000-08049000 r-xp 00000000 08:01 876817     /home/david/project/test
08049000-0804a000 r--p 00000000 08:01 876817     /home/david/project/test
/* 可读写数据段 */
0804a000-0804b000 rw-p 00001000 08:01 876817     /home/david/project/test
0804b000-0804c000 rw-p 0804b000 00:00 0
08502000-08523000 rw-p 08502000 00:00 0          [heap]  /* 堆 */
b7dec000-b7ded000 rw-p b7dec000 00:00 0
/* 动态共享库 */
b7ded000-b7f45000 r-xp 00000000 08:01 541691
                                                 /lib/tls/i686/cmov/libc-2.8.90.so
b7f45000-b7f47000 r--p 00158000 08:01 541691
                                                 /lib/tls/i686/cmov/libc-2.8.90.so
b7f47000-b7f48000 rw-p 0015a000 08:01 541691
                                                 /lib/tls/i686/cmov/libc-2.8.90.so
b7f48000-b7f4b000 rw-p b7f48000 00:00 0
b7f57000-b7f5a000 rw-p b7f57000 00:00 0
```

```
/* 动态链接器 */
b7f5a000-b7f74000 r-xp 00000000 08:01 524307    /lib/ld-2.8.90.so
b7f74000-b7f75000 r-xp b7f74000 00:00 0         [vdso]
b7f75000-b7f76000 r--p 0001a000 08:01 524307    /lib/ld-2.8.90.so
b7f76000-b7f77000 rw-p 0001b000 08:01 524307    /lib/ld-2.8.90.so
bff61000-bff76000 rw-p bffeb000 00:00 0         [stack]  /* 堆栈 */
```

6.1.3 线程

前面已经提到,进程是系统中程序执行和资源分配的基本单位。每个进程都拥有自己的数据段、代码段和堆栈段,这就造成了进程在进行切换等操作时都需要有比较复杂的上下文切换动作。为了进一步减少处理机的空转时间,支持多处理器以及减少上下文切换开销,进程在演化中出现了另一个概念——线程。它是进程内独立的一条运行路线,处理器调度的最小单元,也可以称为轻量级进程。线程可以对进程的内存空间和资源进行访问,并与同一进程中的其他线程共享。因此,线程的上下文切换的开销比创建进程小得多。

一个进程可以拥有多个线程,每个线程必须有一个父进程。线程不拥有系统资源,它只具有运行所必须的一些数据结构,如堆栈、寄存器与线程控制块(TCB),线程与其父进程的其他线程共享该进程拥有的全部资源。要注意的是,由于线程共享了进程的资源和地址空间,因此,任何线程对系统资源的操作都会给其他线程带来影响。由此可知,多线程中的同步是非常重要的。在多线程系统中,进程与进程的关系如图 6.4 所示。

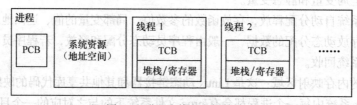

图 6.4 进程和线程之间的关系

在 Linux 系统中,线程可以分为以下三种。

(1)用户级线程

用户级线程主要解决上下文切换的问题,它的调度算法和调度过程全部由用户自行选择决定,在运行时不需要特定的内核支持。在这里,操作系统往往会提供一个用户空间的线程库,该线程库提供了线程的创建、调度和撤销等功能,而内核仍然仅对进程进行管理。如果一个进程中的某一个线程调用了一个阻塞的系统调用函数,那么该进程包括该进程中的其他所有线程也同时被阻塞。这种用户级线程的主要缺点是,在一个进程中的多个线程的调度中无法发挥多处理器的优势。

(2)轻量级进程

轻量级进程是内核支持的用户线程,是内核线程的一种抽象对象。每个线程拥有一个或多个轻量级线程,而每个轻量级线程分别被绑定在一个内核线程上。

(3)内核线程

内核线程允许不同进程中的线程按照同一相对优先调度方法进行调度,这样就可以发挥多处理器的并发优势。

现在大多数系统都采用用户级线程与核心级线程并存的方法。一个用户级线程可以对应一个或几个核心级线程,也就是"一对一"或"多对一"模型。这样既可满足多处理机系统的需要,又可以最大限度减少调度开销。

使用线程机制可大大加快上下文切换速度，而且节省很多资源。但是因为在用户态和内核态均要实现调度管理，所以会增加实现的复杂度，引起优先级翻转的可能性。一个多线程程序的同步设计与调试也会增加程序实现的难度。

6.2 进程控制编程

6.2.1 进程编程基础

1. fork()

在 Linux 中创建一个新进程的唯一方法是使用 fork()函数。fork()函数是 Linux 中一个非常重要的函数，和读者以往遇到的函数有一些区别，因为它看起来执行一次却返回两个值。

（1）fork()函数说明

fork()函数用于从已存在的进程中创建一个新进程。新进程称为子进程，而原进程称为父进程。使用 fork()函数得到的子进程是父进程的一个复制品，它从父进程处继承了整个进程的地址空间，包括进程上下文、代码段、进程堆栈、内存信息、打开的文件描述符、信号控制设定、进程优先级、进程组号、当前工作目录、根目录、资源限制和控制终端等，而子进程独有的只有它的进程号、资源使用和计时器等。

因为子进程几乎是父进程的完全复制，所以父子两个进程会运行同一个程序。因此需要用一种方式来区分它们，并使它们照此运行，否则这两个进程不可能做不同的事。

实际上是在父进程中执行 fork()函数时，父进程会复制出一个子进程，而且父子进程的代码从 fork()函数的返回开始分别在两个地址空间中同时运行，从而两个进程分别获得其所属 fork()的返回值，其中在父进程中的返回值是子进程的进程号，而在子进程中返回 0。因此，可以通过返回值来判定该进程是父进程还是子进程。

同时可以看出，使用 fork()函数的代价是很大的，它复制了父进程中的代码段、数据段和堆栈段里的大部分内容，这使得 fork()函数的系统开销比较大，而且执行速度也不是很快。

（2）fork()函数语法

fork()函数的语法要点如表 6.1 所示。

表 6.1　　　　　　　　　　　　　fork()函数语法要点

所需头文件	`#include <sys/types.h>` /* 提供类型 pid_t 的定义 */ `#include <unistd.h>`
函数原型	pid_t fork(void)
函数返回值	0：子进程
	子进程 ID（大于 0 的整数）：父进程
	−1：出错

fork()函数简单的实例程序如下。

```
int main(void)
{
    pid_t result;
```

```
    /*调用fork()函数*/
    result = fork();
    /*通过result的值来判断fork()函数的返回情况,首先进行出错处理*/
    if(result ==  -1)
    {
        printf("Fork error\n");
    }
    else if (result == 0)   /*返回值为0代表子进程*/
    {
        printf("The returned value is %d\n In child process!!\nMy PID is
%d\n",result,getpid());
    }
    else                    /*返回值大于0代表父进程*/
    {
        printf("The returned value is %d\n In father process!!\nMy PID is
%d\n",result,getpid());
    }
    return result;
}
```

将可执行程序下载到目标板上,运行结果如下。

```
$ arm-linux-gcc fork.c -o fork  （或者修改 Makefile）
$ ./fork
The returned value is 76   /* 在父进程中打印的信息 */
In father process!!
My PID is 75
The returned value is :0   /* 在子进程中打印的信息 */
In child process!!
My PID is 76
```

从该实例中可以看出,使用 fork()函数新建了一个子进程,其中的父进程返回子进程的进程号,而子进程的返回值为0。

由于之前的fork()完整地复制了父进程的整个地址空间,因此执行速度比较慢。为了加快fork()的执行速度,很多 UNIX 系统设计者创建了现代 UNIX 版的 fork。现代 UNIX 版的 fork 也能创建新进程,但它不产生父进程的副本。它允许父子进程可访问相同物理内存伪装了对进程地址空间的真实复制,只有子进程需要改变内存中的数据时,才复制父进程。这就是著名的"写时复制"（copy-on-write）技术。

2. exec 函数族

（1）exec 函数族说明

fork()函数用于创建一个子进程,该子进程几乎复制了父进程的全部内容,exec 函数族提供了在进程中启动另一个程序执行的方法。它可以根据指定的文件名或目录名找到可执行文件,并用它来取代原调用进程的数据段、代码段和堆栈段,在执行完之后,原调用进程的内容除了进程号外,其他全部被新的进程替换了。另外,这里的可执行文件既可以是二进制文件,也可以是 Linux 下任何可执行的脚本文件。

在 Linux 中使用 exec 函数族主要有下述两种情况。

① 当进程认为自己不能再为系统和用户做出任何贡献时,就可以调用 exec 函数族中的任意一个函数让自己重生。

② 如果一个进程想执行另一个程序,它就可以调用 fork()函数新建一个进程,然后调用 exec 函数族中的任意一个函数,这样看起来就像通过执行应用程序而产生了一个新进程（这种情况非常普遍）。

（2）exec 函数族语法

实际上，在 Linux 中并没有 exec() 函数，而是有 6 个以 exec 开头的函数，它们之间的语法有细微差别，详细讲解如下。

exec 函数族的 6 个成员函数的语法如表 6.2 所示。

表 6.2　　　　　　　　　　　　　exec 函数族成员函数语法

所需头文件	#include <unistd.h>
函数原型	int execl(const char *path, const char *arg, ...)
	int execv(const char *path, char *const argv[])
	int execle(const char *path, const char *arg, ..., char *const envp[])
	int execve(const char *path, char *const argv[], char *const envp[])
	int execlp(const char *file, const char *arg, ...)
	int execvp(const char *file, char *const argv[])
函数返回值	−1：出错

这 6 个函数在函数名和使用语法的规则上都有细微的区别，下面从可执行文件查找方式、参数表传递方式及环境变量这几个方面进行比较。

① 查找方式

读者可以注意到，表 6.3 中的前 4 个函数的查找方式都是完整的文件目录路径，而最后两个函数（也就是以 p 结尾的两个函数）可以只给出文件名，系统会自动按照环境变量"$PATH"指定的路径查找。

② 参数传递方式

exec 函数族的参数传递有两种方式：一种是逐个列举的方式，另一种是将所有参数整体构造指针数组传递。在这里是以函数名的第 5 位字母来区分的，字母为 l（list）的表示逐个列举参数的方式，其语法为 const char *arg；字母为 v（vertor）的表示将所有参数整体构造指针数组传递，其语法为 char *const argv[]。读者可以观察 execl()、execle()、execlp() 的语法与 execv()、execve()、execvp() 的区别。它们的具体用法会在后面的实例讲解中具体说明。

这里的参数实际上是用户在使用这个可执行文件时所需的全部命令选项字符串（包括该可执行程序命令本身）。要注意的是，这些参数必须以 NULL 表示结束。

③ 环境变量

exec 函数族可以默认系统的环境变量，也可以传入指定的环境变量。这里以 e（environment）结尾的两个函数 execle() 和 execve() 就可以在 envp[] 中指定当前进程使用的环境变量。

这 4 个函数的函数名和对应语法如表 6.3 所示，主要指出了函数名中每一位的含义，希望读者结合表 6.3 加以记忆。

表 6.3　　　　　　　　　　　　　exec 函数名和对应语法

前 4 位	统一为：exec	
第 5 位	L：参数传递为逐个列举方式	execl、execle、execlp
	V：参数传递为构造指针数组方式	execv、execve、execvp
第 6 位	E：可传递新进程环境变量	execle、execve
	P：可执行文件查找方式为文件名	execlp、execvp

事实上，这 6 个函数中真正的系统调用只有 execve()，其他 5 个都是库函数，它们最终都会

调用 execve()这个系统调用。在使用 exec 函数族时，一定要加上错误判断语句。exec 很容易执行失败，其中最常见的原因有以下几种。

① 找不到文件或路径，此时 errno 被设置为 ENOENT。
② 数组 argv 和 envp 忘记用 NULL 结束，此时 errno 被设置为 EFAULT。
③ 没有对应可执行文件的运行权限，此时 errno 被设置为 EACCES。

3. exit()和_exit()

（1）exit()和_exit()函数说明

exit()和_exit()函数都是用来终止进程的。当程序执行到 exit()或_exit()时，进程会无条件地停止剩下的所有操作，清除各种数据结构，并终止本进程的运行。但是，这两个函数还是有区别的，这两个函数的调用过程如图 6.5 所示。

从图 6.5 中可以看出，_exit()函数的作用是：直接使进程停止运行，清除其使用的内存空间，并清除其在内核中的各种数据结构；exit()函数则在这些基础上做了一些包装，在执行退出之前加了若干道工序。exit()函数与_exit()函数最大的区别就在于 exit()函数在终止当前进程之前要检查该进程打开过哪些文件，把文件缓冲区中的内容写回文件，就是图 6.5 中的"清理 I/O 缓冲"一项。

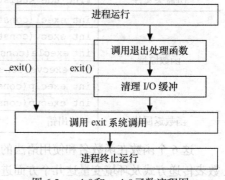

图 6.5 exit()和_exit()函数流程图

由于在 Linux 的标准函数库中，有一种被称作"缓冲 I/O（buffered I/O）"的操作，其特征就是对应每一个打开的文件，在内存中都有一片缓冲区。

每次读文件时，会连续读出若干条记录，这样在下次读文件时就可以直接从内存的缓冲区中读取；同样，每次写文件时，也仅仅是写入内存中的缓冲区，等满足了一定的条件（如达到一定数量或遇到特定字符等），再将缓冲区中的内容一次性写入文件。

这种技术大大增加了文件读写的速度，但也为编程带来了一些麻烦。比如有些数据认为已经被写入文件中，实际上因为没有满足特定的条件，它们还只是被保存在缓冲区内，这时用_exit()函数直接将进程关闭掉，缓冲区中的数据就会丢失。因此，若想保证数据的完整性，最好使用 exit()函数。

（2）exit()和_exit()函数语法

exit()和_exit()函数的语法规范如表 6.4 所示。

表 6.4　　　　　　　　　　　　exit()和_exit()函数族语法

所需头文件	exit: #include <stdlib.h>
	_exit: #include <unistd.h>
函数原型	exit: void exit(int status)
	_exit: void _exit(int status)
函数传入值	status 是一个整型的参数，可以利用这个参数传递进程结束时的状态。一般来说，0 表示正常结束；其他的数值表示出现了错误，进程非正常结束。 在实际编程时，可以用 wait()系统调用接收子进程的返回值，从而针对不同的情况进行不同的处理

4. wait()和 waitpid()

（1）wait()和 waitpid()函数说明

wait()函数是用于使父进程（也就是调用 wait()的进程）阻塞，直到一个子进程结束或者该进程接到了一个指定的信号为止。如果该父进程没有子进程或者他的子进程已经结束，则 wait() 就会立即返回。

waitpid() 的作用和 wait() 一样，但它并不一定要等待第一个终止的子进程，它还有若干选项，如可提供一个非阻塞版本的 wait() 功能，也支持作业控制。实际上，wait() 函数只是 waitpid() 函数的一个特例，在 Linux 内部实现 wait() 函数时，直接调用的就是 waitpid() 函数。

wait 和 exit 的联系

（2）wait() 和 waitpid() 函数格式说明

wait() 函数的语法规范如表 6.5 所示。

表 6.5　　　　　　　　　　　　　wait() 函数语法

所需头文件	`#include <sys/types.h>` `#include <sys/wait.h>`
函数原型	`pid_t wait(int *status)`
函数传入值	这里的 status 是一个整型指针，是该子进程退出时的状态。若 status 不为空，则通过它可以获得子进程的结束状态。另外，子进程的结束状态可由 Linux 中一些特定的宏测定
函数返回值	成功：已结束运行的子进程的进程号； 失败：−1

waitpid() 函数的语法规范如表 6.6 所示。

表 6.6　　　　　　　　　　　　　waitpid() 函数语法

所需头文件		`#include <sys/types.h>` `#include <sys/wait.h>`
函数原型		`pid_t waitpid(pid_t pid, int *status, int options)`
函数传入值	pid	pid>0：只等待进程 ID 等于 pid 的子进程，不管是否已经有其他子进程运行结束退出了，只要指定的子进程还没有结束，waitpid() 就会一直等下去
		pid=−1：等待任何一个子进程退出，此时和 wait() 作用一样
		pid=0：等待其组 ID 等于调用进程的组 ID 的任一子进程
		pid<−1：等待其组 ID 等于 pid 的绝对值的任一子进程
	status	同 wait()
函数传入值	options	WNOHANG：若由 pid 指定的子进程没有结束，则 waitpid() 不阻塞而立即返回，此时返回值为 0
		WUNTRACED：为了实现某种操作，由 pid 指定的任一子进程已被暂停，且其状态自暂停以来还未报告过，则返回其状态
		0：同 wait()，阻塞父进程，等待子进程退出
函数返回值		正常：已经结束运行的子进程的进程号 使用选项 WNOHANG 且没有子进程退出：0 调用出错：−1

6.2.2　Linux 守护进程

1. 守护进程概述

守护进程也就是通常所说的 Daemon 进程，是 Linux 中的后台服务进程。它是一个生存期较长的进程，通常独立于控制终端并且周期性地执行某种任务或等待处理某些发生的事件。守护进程常常在系统引导载入时启动，在系统关闭时终止。Linux 有很多系统服务，大多数服务都是通过守护进程实现的。同时,守护进程还能完成许多系统任务,如作业规划进程 crond、打印进程 lqd 等(这里的结尾字母 d 表示 Daemon)。

在 Linux 中,系统与用户进行交流的界面称为终端,每一个从此终端开始运行的进程都会依附于这个终端,这个终端就称为这些进程的控制终端,当控制终端被关闭时,相应的进程都会自动关闭。但是守护进程却能够突破这种限制,它从被执行时开始运转,直到接收到某种信号或者整个系统关闭时才会退出。如果想让某个进程不因为用户、终端或者其他的变化而受到影响,就必须把这个进程变成一个守护进程。可见,守护进程是非常重要的。

2. 编写守护进程

编写守护进程看似复杂,但实际上也是遵循特定的流程。只要将此流程掌握了,就能很方便地编写出用户自己的守护进程。下面就分 4 个步骤来讲解怎样创建一个简单的守护进程。在讲解的同时,会配合介绍与创建守护进程相关的几个系统函数,希望读者能够熟练掌握。

(1) 创建子进程,父进程退出

这是编写守护进程的第一步。由于守护进程是脱离控制终端的,所以,完成第一步后,会在 shell 终端里造成一种程序已经运行完毕的假象。之后的所有工作都在子进程中完成,而用户在 shell 终端里可以执行其他的命令,从而在形式上做到了与控制终端的脱离。

守护进程中会出现这样一种现象,由于父进程已经先于子进程退出,所以会造成子进程没有父进程,从而变成一个孤儿进程。在 Linux 中,每当系统发现一个孤儿进程,就会自动由 1 号进程(也就是 init 进程)收养它,这样,原子进程就会变成 init 进程的子进程。其关键代码如下。

```
pid = fork();
if (pid > 0)
{
    exit(0);                    /*父进程退出*/
}
```

(2) 在子进程中创建新会话

这个步骤是创建守护进程中最重要的一步,虽然它的实现非常简单,但意义重大。在这里使用的是系统函数 setsid(),在具体介绍 setsid() 之前,首先要了解两个概念:进程组和会话期。

① 进程组。进程组是一个或多个进程的集合。进程组由进程组 ID 来唯一标识。除了进程号 (PID) 之外,进程组 ID 也是进程的必备属性。

每个进程组都有一个组长进程,其组长进程的进程号等于进程组 ID。且该进程 ID 不会因组长进程的退出而受到影响。

② 会话期。会话期是一个或多个进程组的集合。通常,一个会话开始于用户登录,终止于用户退出,在此期间,该用户运行的所有进程都属于这个会话期,它们之间的关系如图 6.6 所示。

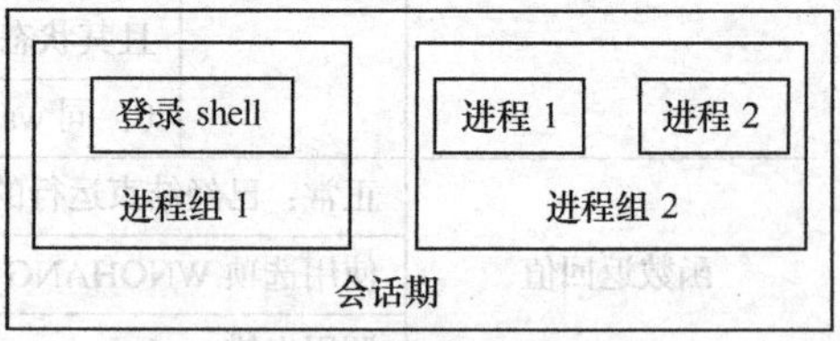

接下来具体介绍 setsid() 函数。

① setsid() 函数的作用

setsid() 函数用于创建一个新的会话,并担任该会话组的组长。调用 setsid() 有下面的 3 个作用。

a. 让进程摆脱原会话的控制。
b. 让进程摆脱原进程组的控制。
c. 让进程摆脱原控制终端的控制。

那么,在创建守护进程时为什么要调用 setsid() 函数呢?读者可以回忆一下创建守护进程的第

图 6.6 进程组和会话期之间的关系图

一步,在那里调用了fork()函数来创建子进程再令父进程退出。由于在调用fork()函数时,子进程全盘复制了父进程的会话期、进程组和控制终端等,虽然父进程退出了,但原先的会话期、进程组和控制终端等并没有改变,因此,还不是真正意义上的独立,而setsid()函数能够使进程完全独立出来,从而脱离所有其他进程的控制。

② setsid()函数格式

setsid()函数的语法规范如表6.7所示。

表6.7　　　　　　　　　　　　　　setsid()函数语法

所需头文件	`#include <sys/types.h>` `#include <unistd.h>`
函数原型	`pid_t setsid(void)`
函数返回值	成功:该进程组ID 出错:-1

(3) 改变当前目录为根目录

这一步也是必要的步骤。使用fork()创建的子进程继承了父进程的当前工作目录。由于在进程运行过程中,当前目录所在的文件系统(如"/mnt/usb"等)是不能卸载的,这对以后的使用会造成诸多的麻烦(比如系统由于某种原因要进入单用户模式)。因此,通常的做法是让"/"作为守护进程的当前工作目录,这样就可以避免上述的问题。当然,如有特殊需要,也可以把当前工作目录换成其他的路径,如/tmp。改变工作目录的常用函数是chdir()。

(4) 重设文件权限掩码

文件权限掩码是指屏蔽掉文件权限中的对应位。比如,有一个文件权限掩码是050,它屏蔽了文件组拥有者的可读与可执行权限。由于使用fork()函数新建的子进程继承了父进程的文件权限掩码,这就给该子进程使用文件带来了诸多的麻烦。因此,把文件权限掩码设置为0,可以大大增强该守护进程的灵活性。设置文件权限掩码的函数是umask()。在这里,通常使用的方法为umask(0)。

(5) 关闭文件描述符

同文件权限掩码一样,用fork()函数新建的子进程会从父进程那里继承一些已经打开了的文件。这些被打开的文件可能永远不会被守护进程读或写,但它们一样消耗系统资源,而且可能导致所在的文件系统无法被卸载。

在上面的第二步之后,守护进程已经与所属的控制终端失去了联系。因此从终端输入的字符不可能达到守护进程,守护进程中用常规方法(如printf())输出的字符也不可能在终端上显示出来。文件描述符为0、1和2的3个文件(即输入、输出和报错这3个文件)已经失去了存在的价值,也应被关闭。通常按如下方式关闭文件描述符。

```
for(i = 0; i < MAXFILE; i++)
{
    close(i);
}
```

这样,一个简单的守护进程就建立起来了,创建守护进程的流程图如图6.7所示。

3. 守护进程的出错处理

读者在前面编写守护进程的具体调试过程中会发现,由于守护进程完全脱离了控制终端,因此,不能像其他普通进程一样将错误信息输出到控制终端来通知程序员,即使使用gdb也无法正常调试。一种调试守护进程的通用方法是使用syslog服务,将程序中的出错信息输入系统日志文件中（如"/var/log/messages"），从而可以直观地看到程序的问题所在。（"/var/log/message"系统日志文件只能由拥有 root 权限的超级用户查看。在不同的 Linux 发行版本中，系统日志文件路径全名可能有所不同，例如，可能是"/var/log/syslog"。）

syslog 是 Linux 中的系统日志管理服务，通过守护进程 syslogd 来维护。该守护进程在启动时会读一个配置文件"/etc/syslog.conf"。该文件决定了不同种类的消息会发送向何处。例如，紧急消息可被送向系统管理员并在控制台上显示，而警告消息则可被记录到一个文件中。

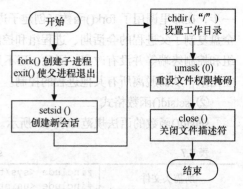

图 6.7 创建守护进程流程图

该机制提供了 3 个 syslog 相关函数，分别为 openlog()、syslog()和 closelog()。下面分别介绍这 3 个函数。

（1）syslog 相关函数说明

通常，openlog()函数用于打开系统日志服务的一个连接；syslog()函数用于向日志文件中写入消息，在这里可以规定消息的优先级、消息输出格式等；closelog()函数是用于关闭系统日志服务的连接。

（2）syslog 相关函数格式

openlog()函数的语法规范如表 6.8 所示。

表 6.8　　　　　　　　　　　　　　openlog()函数语法

所需头文件		#include <syslog.h>
函数原型		void openlog (char *ident, int option, int facility)
函数传入值	ident	要向每个消息加入的字符串，通常为程序的名称
	option	LOG_CONS：如果消息无法送到系统日志服务，则直接输出到系统控制终端
		LOG_NDELAY：立即打开系统日志服务的连接。在正常情况下，直接发送到第一条消息时才打开连接
		LOG_PERROR：将消息也同时送到 stderr 上
		LOG_PID：在每条消息中包含进程的 PID
函数传入值	facility：指定程序发送的消息类型	LOG_AUTHPRIV：安全/授权讯息
		LOG_CRON：时间守护进程（cron 及 at）
		LOG_DAEMON：其他系统守护进程
		LOG_KERN：内核信息
		LOG_LOCAL[0～7]：保留
		LOG_LPR：行打印机子系统
		LOG_MAIL：邮件子系统
		LOG_NEWS：新闻子系统
		LOG_SYSLOG：syslogd 内部产生的信息
		LOG_USER：一般使用者等级信息
		LOG_UUCP：UUCP 子系统

syslog()函数的语法规范如表 6.9 所示。

表 6.9　　　　　　　　　　　syslog()函数语法

所需头文件	`#include <syslog.h>`
函数原型	`void syslog(int priority, char *format, …)`
函数传入值	priority：指定消息的重要性
	LOG_EMERG：系统无法使用
	LOG_ALERT：需要立即采取措施
	LOG_CRIT：有重要情况发生
	LOG_ERR：有错误发生
	LOG_WARNING：有警告发生
	LOG_NOTICE：正常情况，但也是重要情况
	LOG_INFO：信息消息
	LOG_DEBUG：调试信息
format	以字符串指针的形式表示输出的格式，类似于 printf 中的格式

closelog()函数的语法规范如表 6.10 所示。

表 6.10　　　　　　　　　　　closelog 函数语法

所需头文件	`#include <syslog.h>`
函数原型	`void closelog(void)`

在"6.5.2 编写守护进程"中，会列出守护进程的应用实例。

6.3 进程间通信

6.3.1 Linux 下进程间通信概述

进程是一个程序的一次执行，是系统资源分配的最小单元。这里所说的进程一般是指运行在用户态的进程，但由于处于用户态的不同进程之间是彼此隔离的，就像处于不同城市的人们，必须通过某种方式来进行通信，如人们现在广泛使用的手机等方式。本节介绍如何建立这些不同的通话方式，就像人们有多种通信方式一样。

Linux 下的进程通信手段基本上是从 UNIX 平台上的进程通信方式继承而来的。而对 UNIX 发展做出重大贡献的两大主力 AT&T 的贝尔实验室及 BSD（加州大学伯克利分校的伯克利软件发布中心）在进程间通信方面的侧重点有所不同。前者是对 UNIX 早期的进程间通信手段进行了系统的改进和扩充，形成了"system V IPC"，其通信进程主要局限在单个计算机内；后者则跳过了该限制，形成了基于套接口（socket）的进程间通信机制。Linux 则把两者的优势都继承了下来，如图 6.8 所示。

UNIX 进程间通信（IPC）方式包括管道、FIFO 以及信号。

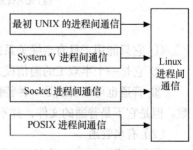

图 6.8　进程间通信发展历程

System V 进程间通信（IPC）包括 System V 消息队列、System V 信号量以及 System V 共享内存区。

POSIX 进程间通信（IPC）包括 POSIX 消息队列、POSIX 信号量以及 POSIX 共享内存区。

目前，Linux 中使用较多的进程间通信方式主要有以下几种。

（1）管道（pipe）及有名管道（named pipe）：管道可用于具有亲缘关系进程间的通信，有名管道除具有管道具有的功能外，还允许无亲缘关系进程间的通信。

（2）信号（signal）：信号是在软件层次上对中断机制的一种模拟，它是比较复杂的通信方式，用于通知进程有某事件发生，一个进程收到一个信号与处理器收到一个中断请求效果上可以说是一样的。

（3）消息队列（message queue）：消息队列是消息的链接表，包括 POSIX 消息队列，SystemV 消息队列。它克服了前两种通信方式中信息量有限的缺点，具有写权限的进程可以按照一定的规则向消息队列中添加新消息；对消息队列有读权限的进程则可以从消息队列中读取消息。

（4）共享内存（shared memory）：可以说这是最有效的进程间通信方式。它使得多个进程可以访问同一块内存空间，不同进程可以及时看到对方进程中对共享内存中数据的更新。这种通信方式需要依靠某种同步机制，如互斥锁和信号量等。

（5）信号量（semaphore）：主要作为进程之间以及同一进程的不同线程之间的同步和互斥手段。

（6）套接字（socket）：这是一种更为一般的进程间通信机制，它可用于网络中不同机器之间的进程间通信，应用非常广泛。

本节详细介绍前 5 种进程通信方式，第 6 种通信方式将会在第 7 章中单独介绍。

6.3.2 管道通信

1. 管道简介

管道是 Linux 中进程间通信的一种方式，它把一个程序的输出直接连接到另一个程序的输入。Linux 的管道主要包括两种：无名管道和有名管道。

（1）无名管道

无名管道是 Linux 中管道通信的一种原始方法，如图 6.9（a）所示，它具有如下特点。

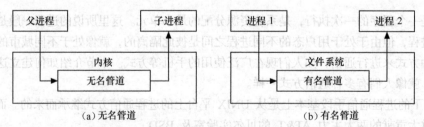

图 6.9 无名管道和有名管道

① 它只能用于具有亲缘关系的进程之间的通信（也就是父子进程或者兄弟进程之间）。
② 它是一个半双工的通信模式，具有固定的读端和写端。
③ 管道也可以看成是一种特殊的文件，对于它的读写也可以使用普通的 read()、write()等函数。但是它不是普通的文件，并不属于其他任何文件系统，并且只存在于内存中。

（2）有名管道

有名管道（FIFO）是对无名管道的一种改进，如图 6.9（b）所示，它具有如下特点。

① 它可以使互不相关的两个进程实现彼此通信。

② 该管道可以通过路径名来指出，并且在文件系统中是可见的。建立管道之后，两个进程就可以把它当作普通文件一样进行读写操作，使用非常方便。

③ FIFO 严格遵循先进先出规则，对管道及 FIFO 的读操作总是从开始处返回数据，对它们的写操作则把数据添加到末尾，它们不支持如 lseek()等文件定位操作。

2. 无名管道系统调用

（1）管道创建与关闭说明

管道是基于文件描述符的通信方式，当一个管道建立时，它会创建两个文件描述符 fds[0]和 fds[1]，其中 fds[0]固定用于读管道，fd[1]固定用于写管道，如图 6.10 所示，这样就构成了一个半双工的通道。

管道关闭时，只需将这两个文件描述符关闭即可，可使用普通的 close()函数逐个关闭各个文件描述符。

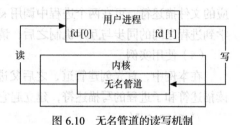

图 6.10　无名管道的读写机制

（2）管道创建函数

创建管道可以调用 pipe()来实现，pipe()函数的语法要点如表 6.11 所示。

表 6.11　　　　　　　　　　　　pipe()函数语法要点

所需头文件	#include <unistd.h>
函数原型	int pipe(int fd[2])
函数传入值	fd[2]：管道的两个文件描述符，之后就可以直接操作这两个文件描述符
函数返回值	成功：0
	出错：−1

（3）管道读写说明

用 pipe()函数创建的管道两端处于一个进程中，由于管道主要用于在不同进程间通信，因此这在实际应用中没有太大意义。实际上，通常先是创建一个管道，再调用 fork()函数创建一子进程，该子进程会继承父进程创建的管道，这时，父子进程管道的文件描述符对应关系如图 6.11 所示。

此时的关系看似非常复杂，但实际上已经给不同进程之间的读写创造了很好的条件。父子进程分别拥有自己的读写通道，为了实现父子进程之间的读写，只需关闭无关的读端或写端的文件描述符即可。例如在图 6.12 中，将父进程的写端 fd[1]和子进程的读端 fd[0]关闭。此时，父子进程之间就建立起了一条"子进程写入父进程读取"的通道。

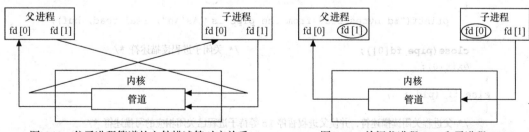

图 6.11　父子进程管道的文件描述符对应关系　　　图 6.12　关闭父进程 fd[1]和子进程 fd[0]

同样，也可以关闭父进程的 fd[0]和子进程的 fd[1]，这样就可以建立一条"父进程写入子进程读取"的通道。另外，父进程还可以创建多个子进程，各个子进程都继承了相应的 fd[0]和 fd[1]，

145

这时，只需要关闭相应端口，就可以建立其各子进程之间的通道。

（4）管道读写注意事项

① 只有在管道的读端存在时，向管道写入数据才有意义，否则向管道写入数据的进程将收到内核传来的 SIGPIPE 信号（通常为 Broken pipe 错误）。

② 向管道写入数据时，Linux 将不保证写入的原子性，管道缓冲区一有空闲区域，写进程就会试图向管道写入数据。如果读进程不读取管道缓冲区中的数据，写操作就会一直阻塞。

③ 父子进程在运行时，它们的先后次序并不能保证，因此，为了保证父子进程已经关闭了相应的文件描述符，可在两个进程中调用 sleep()函数，当然这种调用不是很好的解决方法，在后面学到进程之间的同步与互斥机制之后，请读者自行修改本小节的实例程序。

（5）使用实例

在本例中，首先创建管道，之后父进程使用 fork()函数创建子进程，然后通过关闭父进程的读描述符和子进程的写描述符，建立起它们之间的管道通信。

```c
/* pipe.c */
#define MAX_DATA_LEN   256
#define DELAY_TIME     1

int main()
{
    pid_t pid;
    int pipe_fd[2];
    char buf[MAX_DATA_LEN];
    const char data[] = "Pipe Test Program";
    int real_read, real_write;

    memset((void*)buf, 0, sizeof(buf));
    if (pipe(pipe_fd) < 0)                    /* 创建管道 */
    {
        printf("pipe create error\n");
        exit(1);
    }
    if ((pid = fork()) == 0)                  /* 创建一个子进程 */
    {
        /* 子进程关闭写描述符，并使子进程暂停1s等待父进程已关闭相应的读描述符 */
        close(pipe_fd[1]);
        sleep(DELAY_TIME * 3);
        /* 子进程读取管道内容 */
        if ((real_read = read(pipe_fd[0], buf, MAX_DATA_LEN)) > 0)
        {
            printf("%d bytes read from the pipe is '%s'\n", real_read, buf);
        }
        close(pipe_fd[0]);                    /* 关闭子进程读描述符 */
        exit(0);
    }
    else if (pid > 0)
    {
        /* 父进程关闭读描述符，并使父进程暂停1s等待子进程已关闭相应的写描述符 */
        close(pipe_fd[0]);
        sleep(DELAY_TIME);
        if((real_write = write(pipe_fd[1], data, strlen(data))) != -1)
        {
```

```
                printf("Parent wrote %d bytes : '%s'\n", real_write, data);
        }
        close(pipe_fd[1]);                    /*关闭父进程写描述符*/
        waitpid(pid, NULL, 0);                /*收集子进程退出信息*/
        exit(0);
    }
}
```
将该程序交叉编译，下载到开发板上的运行结果如下。
```
$ ./pipe
Parent wrote 17 bytes : 'Pipe Test Program'
17 bytes read from the pipe is 'Pipe Test Program
```

3. 有名管道

有名管道（FIFO）的创建可以使用函数 mkfifo()，该函数类似文件中的 open()操作，可以指定管道的路径和打开的模式（用户还可以在命令行使用"mknod 管道名 p"来创建有名管道）。

创建管道成功之后，就可以使用 open()、read()和 write()这些函数了。与普通文件的开发设置一样，对于为读操作而打开的管道可在 open()中设置 O_RDONLY，对于为写操作而打开的管道可在 open()中设置 O_WRONLY，与普通文件不同的是阻塞问题。由于读写普通文件时不会出现阻塞问题，而在管道的读写中却有阻塞的可能，这里的非阻塞标志可以在 open()函数中设定为 O_NONBLOCK。下面分别讨论阻塞打开和非阻塞打开的读写。

对于读进程：

（1）若该管道是阻塞打开，且当前 FIFO 内没有数据，则对读进程而言将一直阻塞到有数据写入。

（2）若该管道是非阻塞打开，则不论 FIFO 内是否有数据，读进程都会立即执行读操作，即如果 FIFO 内没有数据，则读函数立刻返回 0。

对于写进程：

（1）若该管道是阻塞打开，则写操作将一直阻塞到数据可以被写入。

（2）若该管道是非阻塞打开而不能写入全部数据，则读操作进行部分写入或者调用失败。

mkfifo()函数的语法要点如表 6.12 所示。

表 6.12　　　　　　　　　　　　　mkfifo()函数语法要点

所需头文件	#include <sys/types.h> #include <sys/state.h>	
函数原型	int mkfifo(const char *filename,mode_t mode)	
函数传入值	filename：要创建的管道	
函数传入值	mode：	O_RDONLY：读管道
		O_WRONLY：写管道
		O_RDWR：读写管道
		O_NONBLOCK：非阻塞
		O_CREAT：如果该文件不存在，就创建一个新的文件，并用第三个参数为其设置权限
		O_EXCL：如果使用 O_CREAT 时文件存在，那么可返回错误消息。这一参数可测试文件是否存在
函数返回值	成功：0	
	出错：−1	

FIFO 相关的出错信息如表 6.13 所示。

表 6.13　　　　　　　　　　　　　FIFO 相关的出错信息

EACCESS	参数 filename 指定的目录路径无可执行的权限
EEXIST	参数 filename 指定的文件已存在
ENAMETOOLONG	参数 filename 的路径名称太长
ENOENT	参数 filename 包含的目录不存在
ENOSPC	文件系统的剩余空间不足
ENOTDIR	参数 filename 路径中的目录存在但非真正的目录
EROFS	参数 filename 指定的文件存在于只读文件系统内

在 6.5.3 节 "有名管道通信实验"中，会列出有名管道的应用实例。

6.3.3　信号通信

1. 信号概述

信号是在软件层次上对中断机制的一种模拟。在原理上，一个进程收到一个信号与处理器收到一个中断请求可以说是一样的。信号是异步的，一个进程不必通过任何操作来等待信号到达，事实上，进程也不知道信号到底什么时候到达。信号可以直接进行用户空间进程和内核进程之间的交互，内核进程也可以利用它来通知用户空间进程发生了哪些系统事件。它可以在任何时候发给某一进程，而无需知道该进程的状态。如果该进程当前并未处于执行态，则该信号就由内核保存起来，直到该进程恢复执行再传递给它为止；如果一个信号被进程设置为阻塞，则该信号的传递被延迟，直到其阻塞被取消时，才被传递给进程。

信号是进程间通信机制中唯一的异步通信机制，可以看作是异步通知，通知接收信号的进程有哪些事情发生了。信号机制经过 POSIX 实时扩展后，功能更加强大，除了基本通知功能外，还可以传递附加信息。

信号事件的发生有两个来源：硬件来源（如用户按下了键盘或者其他硬件故障）；软件来源，最常用发送信号的系统函数有 kill()、raise()、alarm()、setitimer()和 sigqueue()等，软件来源还包括一些非法运算等操作。

进程可以通过下述 3 种方式来响应一个信号。

（1）忽略信号。即对信号不做任何处理，其中，有两个信号不能忽略：SIGKILL 及 SIGSTOP。

（2）捕捉信号。定义信号处理函数，当信号发生时，执行相应的处理函数。

（3）执行默认操作。Linux 对每种信号都规定了默认操作，如表 6.14 所示。

表 6.14　　　　　　　　　　　常见信号的含义及其默认操作

信号名	含义	默认操作
SIGHUP	该信号在用户终端连接（正常或非正常）结束时发出，通常是在终端的控制进程结束时，通知同一会话内的各个进程与控制终端不再关联	终止
SIGINT	该信号在用户键入 INTR 字符（通常是 "Ctrl" + "C"）时发出，终端驱动程序发送此信号并送到前台进程中的每一个进程	终止
SIGQUIT	该信号和 SIGINT 类似，但由 QUIT 字符（通常是 "Ctrl" + "\"）来控制	终止
SIGILL	该信号在一个进程企图执行一条非法指令时（可执行文件本身出现错误，或者试图执行数据段、堆栈溢出时）发出	终止

续表

信号名	含义	默认操作
SIGFPE	该信号在发生致命的算术运算错误时发出。这里不仅包括浮点运算错误，还包括溢出及除数为0等其他所有的算术错误	终止
SIGKILL	该信号用来立即结束程序的运行，并且不能被阻塞、处理和忽略	终止
SIGALRM	该信号当一个定时器到时时发出	终止
SIGSTOP	该信号用于暂停一个进程，且不能被阻塞、处理或忽略	暂停进程
SIGTSTP	该信号用于交互停止进程，用户键入 SUSP 字符（通常是"Ctrl" + "Z"）时发出这个信号	停止进程
SIGCHLD	子进程改变状态时，父进程会收到这个信号	忽略

一个完整的信号生命周期可以分为 3 个重要阶段，这 3 个阶段由 4 个重要事件来刻画：信号产生、信号在进程中注册、信号在进程中注销、执行信号处理函数。这里信号的产生、注册、注销等是指信号的内部实现机制，而不是信号的函数实现。因此，信号注册与否与本节后面讲到的发送信号函数（如 kill()等）以及信号安装函数（如 signal()等）无关，只与信号值有关。

相邻两个事件的时间间隔构成信号生命周期的一个阶段。要注意这里的信号处理有多种方式，一般是由内核完成的，当然也可以由用户进程来完成，故在此没有明确画出。

信号的处理包括信号的发送、捕获以及信号的处理，它们各自相对应的常见函数如下。

发送信号的函数：kill()、raise()。

捕获信号的函数：alarm()、pause()。

处理信号的函数：signal()、sigaction()。

2．信号发送与捕捉

（1）信号发送：kill()函数和 raise()函数

kill()函数同读者熟知的 kill 系统命令一样，可以发送信号给进程或进程组（实际上，kill 系统命令只是 kill()函数的一个用户接口）。这里需要注意的是，它不仅可以中止进程（实际上发出 SIGKILL 信号），也可以向进程发送其他信号。

与 kill()函数不同的是，raise()函数允许进程向自身发送信号。

kill()函数的语法要点如表 6.15 所示。

表 6.15　　　　　　　　　　　　　kill()函数语法要点

所需头文件	#include <signal.h> #include <sys/types.h>	
函数原型	int kill(pid_t pid, int sig)	
函数传入值	pid:	正数：要发送信号的进程号
		0：信号被发送到所有和当前进程在同一个进程组的进程
		-1：信号发给所有进程表中的进程（除了进程号最大的进程外）
		<-1：信号发送给进程组号为-pid 的每一个进程
	sig：信号	
函数返回值	成功：0	
	出错：-1	

raise()函数的语法要点如表 6.16 所示。

表 6.16　　　　　　　　　　　　raise()函数语法要点

所需头文件	#include <signal.h> #include <sys/types.h>
函数原型	int raise(int sig)
函数传入值	sig：信号
函数返回值	成功：0
	出错：-1

（2）信号捕捉：alarm()和 pause()

alarm()也称为闹钟函数，它可以在进程中设置一个定时器，当定时器指定的时间到时，它就向进程发送 SIGALARM 信号。要注意的是，一个进程只能有一个闹钟时间，如果在调用 alarm()之前已设置过闹钟时间，则任何以前的闹钟时间都被新值代替。

pause()函数用于将调用进程挂起直至捕捉到信号为止。这个函数很常用，通常可以用于判断信号是否已到达。

alarm()函数的语法要点如表 6.17 所示。

表 6.17　　　　　　　　　　　　alarm()函数语法要点

所需头文件	#include <unistd.h>
函数原型	unsigned int alarm(unsigned int seconds)
函数传入值	seconds：指定秒数，系统经过 seconds 秒之后向该进程发送 SIGALRM 信号
函数返回值	成功：如果调用此 alarm()前，进程中已经设置了闹钟时间，则返回上一个闹钟时间的剩余时间，否则返回 0
	出错：-1

pause()函数的语法要点如表 6.18 所示。

表 6.18　　　　　　　　　　　　pause()函数语法要点

所需头文件	#include <unistd.h>
函数原型	int pause(void)
函数返回值	-1，并且把 error 值设为 EINTR

（3）信号的处理

信号处理的主要方法有两种，一种是使用简单的 signal()函数，另一种是使用信号集函数组。下面分别介绍这两种处理方式。

① 信号处理函数

使用 signal()函数处理时，只需指出要处理的信号和处理函数即可。它主要是用于前 32 种非实时信号的处理，不支持信号传递信息，但是由于使用简单、易于理解，因此也受到很多程序员的欢迎。Linux 还支持一个更健壮、更新的信号处理函数 sigaction()，推荐使用该函数。

signal()函数的语法要点如表 6.19 所示。

表 6.19　signal()函数语法要点

所需头文件	#include <signal.h>	
函数原型	typedef void (*sighandler_t)(int); sighandler_t signal(int signum, sighandler_t handler);	
函数传入值	signum：指定信号代码	
	handler：	SIG_IGN：忽略该信号
		SIG_DFL：采用系统默认方式处理信号
		自定义的信号处理函数指针
函数返回值	成功：以前的信号处理配置	
	出错：−1	

这里需要对这个函数原型进行说明。这个函数原型稍复杂。首先该函数原型整体指向一个无返回值并且带一个整型参数的函数的指针，也就是信号的原始配置函数；其次该原型又带有两个参数，其中的第二个参数可以是用户自定义的信号处理函数的函数指针。

sigaction()的语法要点如表 6.20 所示。

表 6.20　sigaction()函数语法要点

所需头文件	#include <signal.h>
函数原型	int sigaction(int signum, const struct sigaction *act, struct sigaction *oldact)
函数传入值	signum：信号代码，可以为除 SIGKILL 及 SIGSTOP 外的任何一个特定有效的信号
	act：指向结构 sigaction 的一个实例的指针，指定对特定信号的处理
	oldact：保存原来对相应信号的处理
函数返回值	成功：0
	出错：−1

这里要说明的是 sigaction()函数中第 2 个和第 3 个参数用到的 sigaction 结构。
首先给出 sigaction 的定义如下。

```
struct sigaction
{
    void (*sa_handler)(int signo);
    sigset_t sa_mask;
    int sa_flags;
    void (*sa_restore)(void);
}
```

sa_handler 是一个函数指针，指定信号处理函数，除可以是用户自定义的处理函数外，还可以是 SIG_DFL（采用默认的处理方式）或 SIG_IGN（忽略信号）。它的处理函数只有一个参数，即信号值。

sa_mask 是一个信号集，它可以指定在信号处理程序执行过程中哪些信号应当被屏蔽，在调用信号捕获函数之前，该信号集要加入信号的信号屏蔽字中。

sa_flags 中包含了许多标志位，是处理信号的各个选择项。它的常见可选值如表 6.21 所示。

表 6.21　常见信号的含义及其默认操作

选项	含义
SA_NODEFER / SA_NOMASK	当捕捉到此信号，在执行其信号捕捉函数时，系统不会自动屏蔽此信号
SA_NOCLDSTOP	进程忽略子进程产生的任何 SIGSTOP、SIGTSTP、SIGTTIN 和 SIGTTOU 信号

续表

选项	含义
SA_RESTART	令重启的系统调用起作用
SA_ONESHOT / SA_RESETHAND	自定义信号只执行一次，在执行完毕后恢复信号的系统默认动作

② 信号集函数组

使用信号集函数组处理信号时涉及一系列的函数，这些函数按照调用的先后次序可分为以下几大功能模块：创建信号集合、注册信号处理函数以及检测信号。

其中，创建信号集合主要用于处理用户感兴趣的一些信号，其包括以下几个函数。

sigemptyset()：将信号集合初始化为空。

sigfillset()：将信号集合初始化为包含所有已定义的信号的集合。

sigaddset()：将指定信号加入信号集合中。

sigdelset()：将指定信号从信号集合中删除。

sigismember()：查询指定信号是否在信号集合中。

注册信号处理函数主要用于决定进程如何处理信号。这里要注意的是，信号集里的信号并不是真正可以处理的信号，只有当信号的状态处于非阻塞状态时才会真正起作用。因此，首先使用 sigprocmask()函数检测并更改信号屏蔽字（信号屏蔽字是用来指定当前被阻塞的一组信号，它们不会被进程接收），然后使用 sigaction()函数定义进程接收到特定信号之后的行为。检测信号是信号处理的后续步骤，因为被阻塞的信号不会传递给进程，所以这些信号就处于"未处理"状态（也就是进程不清楚它的存在）。sigpending()函数允许进程检测"未处理"信号，并进一步决定对它们做何处理。

首先介绍创建信号集合的函数格式，这一组函数的语法要点如表 6.22 所示。

表 6.22　　　　　　　　　　　创建信号集合函数语法要点

所需头文件	#include <signal.h>
函数原型	int sigemptyset(sigset_t *set)
	int sigfillset(sigset_t *set)
	int sigaddset(sigset_t *set, int signum)
	int sigdelset(sigset_t *set, int signum)
	int sigismember(sigset_t *set, int signum)
函数传入值	set：信号集
	signum：指定信号代码
函数返回值	成功：0（sigismember 成功返回 1，失败返回 0）
	出错：−1

sigprocmask 的语法要点如表 6.23 所示。

表 6.23　　　　　　　　　　　sigprocmask 函数语法要点

所需头文件	#include <signal.h>	
函数原型	int sigprocmask(int how, const sigset_t *set, sigset_t *oset)	
函数传入值	how：决定函数的操作方式	SIG_BLOCK：增加一个信号集合到当前进程的阻塞集合中
		SIG_UNBLOCK：从当前的阻塞集合中删除一个信号集合
		SIG_SETMASK：将当前的信号集合设置为信号阻塞集合

续表

函数传入值	set：指定信号集
	oset：信号屏蔽字
函数返回值	成功：0
	出错：−1

此处，若 set 是一个非空指针，则参数 how 表示函数的操作方式；若 how 为空，则表示忽略此操作。

sigpending 函数的语法要点如表 6.24 所示。

表 6.24　　　　　　　　　　　sigpending 函数语法要点

所需头文件	#include <signal.h>
函数原型	int sigpending(sigset_t *set)
函数传入值	set：要检测的信号集
函数返回值	成功：0
	出错：−1

总之，在处理信号时，一般遵循如图 6.13 所示的操作流程。

图 6.13　一般的信号操作处理流程

（4）简单实例

该实例表明如何使用 signal()函数捕捉相应信号，并做出给定的处理。这里，my_func()就是信号处理的函数指针。读者还可以将其改为 SIG_IGN 或 SIG_DFL 查看运行结果。

```c
/* signal.c */
#include <signal.h>
#include <stdio.h>
#include <stdlib.h>
void my_func(int sign_no) /*自定义信号处理函数*/
{
    if (sign_no == SIGINT)
    {
        printf("I have get SIGINT\n");
    }
    else if (sign_no == SIGQUIT)
    {
        printf("I have get SIGQUIT\n");
    }
}
int main()
{
    printf("Waiting for signal SIGINT or SIGQUIT...\n");
    /* 如果收到相应的信号，则跳转到信号处理函数处 */
    signal(SIGINT, my_func);
    signal(SIGQUIT, my_func);
    pause();
```

```
        exit(0);
}
```
运行结果如下。

```
$ ./signal
Waiting for signal SIGINT or SIGQUIT...
I have get SIGINT（按"ctrl"+"c"组合键）
$ ./signal
Waiting for signal SIGINT or SIGQUIT...
I have get SIGQUIT（按"ctrl"+"\"组合键）
```

6.3.4 信号量

1. 信号量概述

在多任务操作系统环境下，多个进程会同时运行，并且一些进程之间可能存在一定的关联。多个进程可能为了完成同一个任务会相互协作，这样形成进程之间的同步关系，而且在不同进程之间，为了争夺有限的系统资源（硬件或软件资源）会进入竞争状态，这就是进程之间的互斥关系。

进程之间的互斥与同步关系存在的根源在于临界资源。临界资源是指在同一个时刻，只允许有限个（通常只有一个）进程可以访问（读）或修改（写）的资源，通常包括硬件资源（处理器、内存、存储器以及其他外围设备等）和软件资源（共享代码段、共享结构和变量等）。访问临界资源的代码叫作临界区，临界区本身也会成为临界资源。

信号量是用来解决进程之间的同步与互斥问题的一种进程之间通信机制，包括一个称为信号量的变量和在该信号量下等待资源的进程等待队列，以及对信号量进行的两个原子操作（PV 操作）。其中信号量对应于某一种资源，取一个非负的整型值。信号量值是指当前可用的该资源的数量，若它等于 0，则意味着目前没有可用的资源。

PV 原子操作的具体定义如下。

P 操作：如果有可用的资源（信号量值大于 0），则占用一个资源（将信号量值减去 1，进入临界区代码）；如果没有可用的资源（信号量值等于 0），则被阻塞到，直到系统将资源分配给该进程（进入等待队列，一直等到资源轮到该进程）。

V 操作：如果在该信号量的等待队列中有进程在等待资源，则唤醒一个阻塞进程。如果没有进程等待它，则释放一个资源（将信号量值加 1）。

常见的使用信号量访问临界区的伪代码所下。

```
{
    /* 设R为某种资源，S为资源R的信号量*/
    INIT_VAL(S);              /* 对信号量S进行初始化 */
    非临界区；
    P(S);                     /* 进行P操作 */
    临界区（使用资源R）；      /* 只有有限个（通常只有一个）进程被允许进入该区*/
    V(S);                     /* 进行V操作 */
    非临界区；
}
```

最简单的信号量只能取 0 和 1 两种值，这种信号量叫作二维信号量。在本小节中，主要讨论二维信号量。二维信号量的应用可以比较容易地扩展到使用多维信号量的情况。

2. 信号量编程

（1）函数说明

在 Linux 系统中，使用信号量通常分为以下 4 个步骤。

① 创建信号量或获得在系统已存在的信号量，此时需要调用 semget()函数。不同进程通过使用同一个信号量键值来获得同一个信号量。

② 初始化信号量，此时使用 semctl()函数的 SETVAL 操作。当使用二维信号量时，通常将信号量初始化为 1。

③ 进行信号量的 PV 操作，此时调用 semop()函数。这一步是实现进程之间的同步和互斥的核心工作部分。

④ 如果不需要信号量，则从系统中删除它，此时使用 semctl()函数的 IPC_RMID 操作。此时需要注意，在程序中不应该出现对已经被删除的信号量的操作。

（2）函数格式

semget()函数的语法要点如表 6.25 所示。

表 6.25　　　　　　　　　　　　semget()函数语法要点

所需头文件	`#include <sys/types.h>`
	`#include <sys/ipc.h>`
	`#include <sys/sem.h>`

函数原型	`int semget(key_t key, int nsems, int semflg)`
函数传入值	key：信号量的键值，多个进程可以通过它访问同一个信号量，其中有个特殊值 IPC_PRIVATE。它用于创建当前进程的私有信号量
函数传入值	nsems：需要创建的信号量数目，通常取值为 1
函数传入值	semflg：同 open()函数的权限位，也可以用八进制表示法，其中使用 IPC_CREAT 标志创建新的信号量，即使该信号量已经存在（具有同一个键值的信号量已在系统中存在），也不会出错。如果同时使用 IPC_EXCL 标志可以创建一个新的唯一的信号量，且此时该信号量已经存在，则该函数会返回出错
函数返回值	成功：信号量标识符，在信号量的其他函数中都会使用该值
	出错：-1

semctl()函数的语法要点如表 6.26 所示。

表 6.26　　　　　　　　　　　　semctl()函数语法要点

所需头文件	`#include <sys/types.h>`
	`#include <sys/ipc.h>`
	`#include <sys/sem.h>`

函数原型	`int semctl(int semid, int semnum, int cmd, union semun arg)`
函数传入值	semid：semget()函数返回的信号量标识符
函数传入值	semnum：信号量编号，只有使用信号量集时才会被用到。通常取值为 0，就是使用单个信号量（也是第一个信号量）
函数传入值	cmd：指定对信号量的各种操作，当使用单个信号量（而不是信号量集）时，常用的操作有以下几种。 IPC_STAT：获得该信号量（或者信号量集合）的 semid_ds 结构，并存放在由第 4 个参数 arg 结构变量的 buf 域指向的 semid_ds 结构中。semid_ds 是在系统中描述信号量的数据结构。 SETVAL：将信号量值设置为 arg 的 val 值。 GETVAL：返回信号量的当前值。 IPC_RMID：从系统中删除信号量（或者信号量集）

| 函数传入值 | arg：是 union semnn 结构，可能在某些系统中不给出该结构的定义，此时必须由程序员自己定义<br>```
union semun
{
    int val;
    struct semid_ds *buf;
    unsigned short *array;
}
``` |
|---|---|
| 函数返回值 | 成功：根据 cmd 值的不同返回不同的值；
IPC_STAT、SETVAL、IPC_RMID：返回 0；
GETVAL：返回信号量的当前值 |
| | 出错：-1 |

semop()函数的语法要点如表 6.27 所示。

表 6.27　　　　　　　　　　　　semop()函数语法要点

所需头文件	`#include <sys/types.h>`
	`#include <sys/ipc.h>`
	`#include <sys/sem.h>`

函数原型	`int semop(int semid, struct sembuf *sops, size_t nsops)`
	semid：semget()函数返回的信号量标识符
| 函数传入值 | sops：指向信号量操作数组，一个数组包括以下成员：<br>```
struct sembuf
{
    short sem_num;  /* 信号量编号，使用单个信号量时，通常取值为 0 */
    short sem_op;
    /* 信号量操作：取值为-1 表示 P 操作，取值为+1 表示 V 操作*/
    short sem_flg;
    /* 通常设置为 SEM_UNDO。这样在进程没释放信号量而退出时，系统自动
       释放该进程中未释放的信号量 */
}
``` |
	nsops：操作数组 sops 中的操作个数（元素数目），通常取值为 1（一个操作）
函数返回值	成功：信号量标识符，在信号量的其他函数中都会使用该值
	出错：-1

因为信号量相关的函数调用接口比较复杂，可以将它们封装成二维单个信号量的几个基本函数。它们分别为信号量初始化函数（或者信号量赋值函数）init_sem()、P 操作函数 sem_p()、V 操作函数 sem_v()以及删除信号量的函数 del_sem()等，具体实现如下。

```
/* sem_com.c */
#include "sem_com.h"
/* 信号量初始化（赋值）函数*/
int init_sem(int sem_id, int init_value)
{
    union semun sem_union;
    sem_union.val = init_value;        /* init_value 为初始值 */
    if (semctl(sem_id, 0, SETVAL, sem_union) == -1)
    {
```

```c
        perror("Initialize semaphore");
        return -1;
    }
    return 0;
}
/* 从系统中删除信号量的函数 */
int del_sem(int sem_id)
{
    union semun sem_union;
    if (semctl(sem_id, 0, IPC_RMID, sem_union) == -1)
    {
        perror("Delete semaphore");
        return -1;
    }
}
/* P 操作函数 */
int sem_p(int sem_id)
{
    struct sembuf sem_b;
    sem_b.sem_num = 0;              /* 单个信号量的编号应该为 0 */
    sem_b.sem_op = -1;              /* 表示 P 操作 */
    sem_b.sem_flg = SEM_UNDO;       /* 系统自动释放将会在系统中残留的信号量*/
    if (semop(sem_id, &sem_b, 1) == -1)
    {
        perror("P operation");
        return -1;
    }
    return 0;
}
/* V 操作函数*/
int sem_v(int sem_id)
{
    struct sembuf sem_b;
    sem_b.sem_num = 0;              /* 单个信号量的编号应该为 0 */
    sem_b.sem_op = 1;               /* 表示 V 操作 */
    sem_b.sem_flg = SEM_UNDO;       /* 系统自动释放将会在系统中残留的信号量*/
    if (semop(sem_id, &sem_b, 1) == -1)
    {
        perror("V operation");
        return -1;
    }
    return 0;
}
```

在 6.5.4 节 "共享内存实验" 中会使用到这些函数，详细的内容请参考实验代码。

6.3.5 共享内存

可以说，共享内存是一种最为高效的进程间通信方式。因为进程可以直接读写内存，不需要复制任何数据。为了在多个进程间交换信息，内核专门留出了一块内存区。这段内存区可以由需要访问的进程将其映射到自己的私有地址空间。因此，进程可以直接读写这一内存区而不需要复制数据，大大提高效率。当然，由于多个进程共享一段内存，也需要依靠某种同步机制，如互斥锁和信号量等（参考本章的共享内存实验）。共享内存原理示意图如图 6.14 所示。

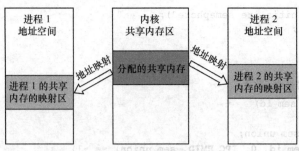

图 6.14 共享内存原理示意图

共享内存的实现分为两个步骤:第一步是创建共享内存,这里用到的函数是 shmget(),也就是从内存中获得一段共享内存区域;第二步映射共享内存,也就是把这段创建的共享内存映射到具体的进程空间中,这里使用的函数是 shmat()。至此就可以使用这段共享内存了,也就是可以使用不带缓冲的 I/O 读写命令对其进行操作。除此之外,当然还有撤销映射的操作,其函数为 shmdt()。这里主要介绍这 3 个函数。

shmget()函数的语法要点如表 6.28 所示。

表 6.28　　　　　　　　　　　shmget()函数语法要点

所需头文件	#include <sys/types.h> #include <sys/ipc.h> #include <sys/shm.h>
函数原型	int shmget(key_t key, int size, int shmflg)
函数传入值	key:共享内存的键值,多个进程可以通过它访问同一个共享内存,其中有个特殊值 IPC_PRIVATE。它用于创建当前进程的私有共享内存
	size:共享内存区大小
	shmflg:同 open()函数的权限位,也可以用八进制表示法
函数返回值	成功:共享内存段标识符
	出错:−1

shmat()函数的语法要点如表 6.29 所示。

表 6.29　　　　　　　　　　　shmat()函数语法要点

所需头文件	#include <sys/types.h> #include <sys/ipc.h> #include <sys/shm.h>	
函数原型	char *shmat(int shmid, const void *shmaddr, int shmflg)	
函数传入值	shmid:要映射的共享内存区标识符	
	shmaddr:将共享内存映射到指定地址(为 0 表示系统自动分配地址并把该段共享内存映射到调用进程的地址空间)	
	shmflg	SHM_RDONLY:共享内存只读
		默认 0:共享内存可读写
函数返回值	成功:被映射的段地址	
	出错:−1	

shmdt()函数的语法要点如表 6.30 所示。

表 6.30　　　　　　　　　　　　　shmdt()函数语法要点

所需头文件	#include <sys/types.h> #include <sys/ipc.h> #include <sys/shm.h>
函数原型	int shmdt(const void *shmaddr)
函数传入值	shmaddr: 被映射的共享内存段地址
函数返回值	成功: 0 出错: −1

在 6.5.4 节"共享内存实验"中，会给出共享内存和信号量的应用实例。

6.3.6　消息队列

消息队列就是一些消息的列表。用户可以在消息队列中添加消息和读取消息等。从这点上看，消息队列具有一定的 FIFO 特性，但是它可以实现消息的随机查询，比 FIFO 具有更大的优势。同时，这些消息又是存在于内核中的，由"队列 ID"标识。

消息队列的实现包括创建或打开消息队列、添加消息、读取消息和控制消息队列这 4 种操作。其中创建或打开消息队列使用 msgget()函数，这里创建的消息队列的数量会受到系统消息队列数量的限制；添加消息使用 msgsnd()函数，它把消息添加到已打开的消息队列末尾；读取消息使用 msgrcv()函数，它把消息从消息队列中取走，与 FIFO 不同的是，这里可以取走指定的某一条消息；最后控制消息队列使用 msgctl()函数，它可以完成多项功能。

msgget()函数的语法要点如表 6.31 所示。

表 6.31　　　　　　　　　　　　　msgget()函数语法要点

所需头文件	#include <sys/types.h> #include <sys/ipc.h> #include <sys/shm.h>
函数原型	int msgget(key_t key, int msgflg)
函数传入值	key: 消息队列的键值，多个进程可以通过它访问同一个消息队列，其中有个特殊值 IPC_PRIVATE。它用于创建当前进程的私有消息队列
	msgflg: 权限标志位
函数返回值	成功: 消息队列 ID
	出错: −1

msgsnd()函数的语法要点如表 6.32 所示。

表 6.32　　　　　　　　　　　　　msgsnd()函数语法要点

所需头文件	#include <sys/types.h> #include <sys/ipc.h> #include <sys/shm.h>
函数原型	int msgsnd(int msqid, const void *msgp, size_t msgsz, int msgflg)
函数传入值	msqid: 消息队列的队列 ID

	msgp: 指向消息结构的指针。该消息结构 msgbuf 通常为:
	struct msgbuf
	{
	　　long mtype;　　/* 消息类型，该结构必须从这个域开始 */
	　　char mtext[1];　/* 消息正文 */
	}

续表

函数传入值	msgsz: 消息正文的字节数（不包括消息类型指针变量）		
	msgflg:	IPC_NOWAIT 若消息无法立即发送（如当前消息队列已满），函数会立即返回	
		0: msgsnd 调用阻塞直到发送成功为止	
函数返回值	成功：0		
	出错：-1		

msgrcv()函数的语法要点如表 6.33 所示。

表 6.33　　　　　　　　　　　　msgrcv()函数语法要点

所需头文件	#include <sys/types.h> #include <sys/ipc.h> #include <sys/shm.h>	
函数原型	int msgrcv(int msqid, void *msgp, size_t msgsz, long int msgtyp, int msgflg)	
函数传入值	msqid: 消息队列的队列 ID	
	msgp: 消息缓冲区，与 msgsnd()函数的 msgp 相同	
	msgsz: 消息正文的字节数（不包括消息类型指针变量）	
	msgtyp:	0：接收消息队列中的第一个消息
		大于 0：接收消息队列中第一个类型为 msgtyp 的消息
		小于 0：接收消息队列中第一个类型值不小于 msgtyp 绝对值且类型值又最小的消息
	msgflg:	MSG_NOERROR：若返回的消息比 msgsz 字节多，消息就会截短到 msgsz 字节，且不通知消息发送进程
		IPC_NOWAIT：若在消息队列中没有相应类型的消息可以接收，则函数立即返回
		0: msgsnd()调用阻塞直到接收一条相应类型的消息为止
函数返回值	成功：0	
	出错：-1	

msgctl()函数的语法要点如表 6.34 所示。

表 6.34　　　　　　　　　　　　msgctl()函数语法要点

所需头文件	#include <sys/types.h> #include <sys/ipc.h> #include <sys/shm.h>	
函数原型	int msgctl (int msqid, int cmd, struct msqid_ds *buf)	
函数传入值	msqid: 消息队列的队列 ID	
	cmd: 命令参数	IPC_STAT：读取消息队列的数据结构 msqid_ds，并将其存储在 buf 指定的地址中
		IPC_SET：设置消息队列的数据结构 msqid_ds 中的 ipc_perm 域（IPC 操作权限描述结构）值。这个值取自 buf 参数
		IPC_RMID：从系统内核中删除消息队列
	buf: 描述消息队列的 msqid_ds 结构类型变量	
函数返回值	成功：0	
	出错：-1	

下面的实例体现了如何使用消息队列进行两个进程（发送端和接收端）之间的通信，包括消息队列的创建、消息发送与读取、消息队列的撤销和删除等多种操作。

消息发送端进程和消息接收端进程之间不需要额外实现进程之间的同步。在该实例中，发送端发送的消息类型设置为该进程的进程号（可以取其他值），因此接收端根据消息类型确定消息发送者的进程号。注意这里使用了函数 ftok()，它可以根据不同的路径和关键字产生标准的 key。以下是消息队列发送端的代码。

```c
/* msgsnd.c */
#define BUFFER_SIZE     512

struct message
{
    long msg_type;
    char msg_text[BUFFER_SIZE];
};
int main()
{
    int qid;
    key_t key;
    struct message msg;

    /*根据不同的路径和关键字产生标准的 key*/
    if ((key = ftok(".", 'a')) == -1)
    {
        perror("ftok");
        exit(1);
    }
    /*创建消息队列*/
    if ((qid = msgget(key, IPC_CREAT|0666)) == -1)
    {
        perror("msgget");
        exit(1);
    }
    printf("Open queue %d\n",qid);
    while(1)
    {
        printf("Enter some message to the queue:");
        if ((fgets(msg.msg_text, BUFFER_SIZE, stdin)) == NULL)
        {
            puts("no message");
            exit(1);
        }

        msg.msg_type = getpid();
        /*添加消息到消息队列*/
        if ((msgsnd(qid, &msg, strlen(msg.msg_text), 0)) < 0)
        {
            perror("message posted");
            exit(1);
        }
        if (strncmp(msg.msg_text, "quit", 4) == 0)
        {
            break;
        }
    }
    exit(0);
}
```

以下是消息队列接收端的代码。

```c
/* msgrcv.c */
#define BUFFER_SIZE     512
struct message
{
    long msg_type;
    char msg_text[BUFFER_SIZE];
};
int main()
{
    int qid;
    key_t key;
    struct message msg;

    /*根据不同的路径和关键字产生标准的 key*/
    if ((key = ftok(".", 'a')) == -1)
    {
        perror("ftok");
        exit(1);
    }
    /*创建消息队列*/
    if ((qid = msgget(key, IPC_CREAT|0666)) == -1)
    {
        perror("msgget");
        exit(1);
    }
    printf("Open queue %d\n", qid);
    do
    {
        /*读取消息队列*/
        memset(msg.msg_text, 0, BUFFER_SIZE);
        if (msgrcv(qid, (void*)&msg, BUFFER_SIZE, 0, 0) < 0)
        {
            perror("msgrcv");
            exit(1);
        }
        printf("The message from process %d : %s",
                            msg.msg_type, msg.msg_text);

    } while(strncmp(msg.msg_text, "quit", 4));
/*从系统内核中移走消息队列 */
    if ((msgctl(qid, IPC_RMID, NULL)) < 0)
    {
        perror("msgctl");
        exit(1);
    }
    exit(0);
}
```

以下是程序的运行结果。输入 "quit" 则两个进程都将结束。

```
$ ./msgsnd
Open queue 327680
Enter some message to the queue:first message
Enter some message to the queue:second message
Enter some message to the queue:quit
$ ./msgrcv
Open queue 327680
```

```
The message from process 6072 : first message
The message from process 6072 : second message
The message from process 6072 : quit
```

6.4 多线程编程

6.4.1 线程基本编程

这里要讲的线程相关操作都是用户空间中的线程的操作。在 Linux 中,一般 pthread 线程库是一套通用的线程库,是由 POSIX 提出的,因此具有很好的可移植性。

设置线程属性

创建线程实际上就是确定调用该线程函数的入口点,通常使用的函数是 pthread_create()。在线程创建之后,就开始运行相关的线程函数,在该函数运行完之后,该线程也就退出了,这也是线程退出的一种方法。另一种退出线程的方法是使用函数 pthread_exit(),这是线程的主动行为。这里要注意的是,在使用线程函数时,不能随意使用 exit() 退出函数进行出错处理,由于 exit() 的作用是使调用进程终止,往往一个进程包含多个线程,因此,在使用 exit() 之后,该进程中的所有线程都终止了。因此,在线程中就可以使用 pthread_exit() 来代替进程中的 exit()。

由于一个进程中的多个线程是共享数据段的,因此通常在线程退出之后,退出线程占用的资源并不会随着线程的终止而得到释放。正如进程之间可以用 wait() 系统调用来同步终止并释放资源一样,线程之间也有类似机制,那就是 pthread_join() 函数。pthread_join() 函数可以用于将当前线程挂起来等待线程结束。这个函数是一个线程阻塞的函数,调用它的函数将一直等待到被等待的线程结束为止,当函数返回时,被等待线程的资源就被收回。

前面已提到线程调用 pthread_exit() 函数主动终止自身线程。但是在很多线程应用中,经常会遇到在别的线程中要终止另一个线程的问题。此时调用 pthread_cancel() 函数实现这种功能,但在被取消线程的内部需要调用 pthread_setcancel() 函数和 pthread_setcanceltype() 函数设置自己的取消状态。例如,被取消的线程接收到另一个线程的取消请求之后,是接受还是忽略这个请求;如果是接受,则再判断立刻采取终止操作还是等待某个函数的调用等。

pthread_create() 函数的语法要点如表 6.35 所示。

表 6.35　　　　　　　　　　pthread_create() 函数语法要点

所需头文件	#include <pthread.h>
函数原型	int pthread_create ((pthread_t *thread, pthread_attr_t *attr, void *(*start_routine)(void *), void *arg))
函数传入值	thread:线程标识符
	attr:线程属性设置,通常取为 NULL
	start_routine:线程函数的起始地址,是一个以指向 void 的指针作为参数和返回值的函数指针
	arg:传递给 start_routine 的参数
函数返回值	成功:0
	出错:返回错误码

pthread_exit()函数的语法要点如表 6.36 所示。

表 6.36　　　　　　　　　　　pthread_exit()函数语法要点

所需头文件	#include <pthread.h>
函数原型	void pthread_exit(void *retval)
函数传入值	retval：线程结束时的返回值，可由其他函数如 pthread_join()来获取

pthread_join()函数的语法要点如表 6.37 所示。

表 6.37　　　　　　　　　　　pthread_join()函数语法要点

所需头文件	#include <pthread.h>	
函数原型	int pthread_join ((pthread_t th, void **thread_return))	
函数传入值	th：等待线程的标识符	
	thread_return：用户定义的指针，用来存储被等待线程结束时的返回值（不为 NULL 时）	
函数返回值	成功：0	
	出错：返回错误码	

pthread_cancel()函数的语法要点如表 6.38 所示。

表 6.38　　　　　　　　　　　pthread_cancel()函数语法要点

所需头文件	#include <pthread.h>
函数原型	int pthread_cancel((pthread_t th)
函数传入值	th：要取消的线程的标识符
函数返回值	成功：0
	出错：返回错误码

以下实例创建了 3 个线程，为了更好地描述线程之间的并行执行，让 3 个线程重用同一个执行函数。每个线程都有 5 次循环（可以看成 5 个小任务），每次循环之间会随机等待 1s 到 10s 的时间，意义在于模拟每个任务的到达时间是随机的，并没有任何特定规律。

```
/* thread.c */
#include <stdio.h>
#include <stdlib.h>
#include <pthread.h>
#define THREAD_NUMBER       3           /*线程数*/
#define REPEAT_NUMBER       5           /*每个线程中的小任务数*/
#define DELAY_TIME_LEVELS   10.0        /*小任务之间的最大时间间隔*/

void *thrd_func(void *arg)
{                                        /* 线程函数例程 */
    int thrd_num = (int)arg;
    int delay_time = 0;
    int count = 0;

    printf("Thread %d is starting\n", thrd_num);
    for (count = 0; count < REPEAT_NUMBER; count++)
    {
```

```
            delay_time = (int)(rand() * DELAY_TIME_LEVELS/(RAND_MAX)) + 1;
            sleep(delay_time);
            printf("\tThread %d: job %d delay = %d\n",
                   thrd_num, count, delay_time);
        }
        printf("Thread %d finished\n", thrd_num);
        pthread_exit(NULL);
    }
    int main(void)
    {
        pthread_t thread[THREAD_NUMBER];
        int no = 0, res;
        void * thrd_ret;

        srand(time(NULL));

        for (no = 0; no < THREAD_NUMBER; no++)
        {
            /* 创建多线程 */
            res = pthread_create(&thread[no], NULL, thrd_func, (void*)no);
            if (res != 0)
            {
                printf("Create thread %d failed\n", no);
                exit(res);
            }
        }
        printf("Create treads success\n Waiting for threads to finish...\n");
        for (no = 0; no < THREAD_NUMBER; no++)
        {
            /* 等待线程结束 */
            res = pthread_join(thread[no], &thrd_ret);
            if (!res)
            {
                printf("Thread %d joined\n", no);
            }
            else
            {
                printf("Thread %d join failed\n", no);
            }
        }
        return 0;
    }
```

以下是程序运行结果。可以看出每个线程的运行和结束是无序、独立与并行的。

```
$ ./thread
Create treads success
Waiting for threads to finish...
Thread 0 is starting
Thread 1 is starting
Thread 2 is starting
        Thread 1: job 0 delay = 6
        Thread 2: job 0 delay = 6
        Thread 0: job 0 delay = 9
        Thread 1: job 1 delay = 6
        Thread 2: job 1 delay = 8
        Thread 0: job 1 delay = 8
        Thread 2: job 2 delay = 3
        Thread 0: job 2 delay = 3
        Thread 2: job 3 delay = 3
        Thread 2: job 4 delay = 1
```

```
Thread 2 finished
        Thread 1: job 2 delay = 10
        Thread 1: job 3 delay = 4
        Thread 1: job 4 delay = 1
Thread 1 finished
        Thread 0: job 3 delay = 9
        Thread 0: job 4 delay = 2
Thread 0 finished
Thread 0 joined
Thread 1 joined
Thread 2 joined
```

6.4.2 线程之间的同步与互斥

由于线程共享进程的资源和地址空间，因此在对这些资源进行操作时，必须考虑线程间资源访问的同步与互斥问题。这里主要介绍 POSIX 中两种线程同步机制：互斥锁和信号量。这两个同步机制可以互相通过调用对方来实现，但互斥锁更适合用于同时可用的资源是唯一的情况；信号量更适合用于同时可用的资源为多个的情况。

1．互斥锁线程控制

互斥锁是用一种简单的加锁方法来控制对共享资源的原子操作。这个互斥锁只有上锁和解锁两种状态，可以把互斥锁看作某种意义上的全局变量。在同一时刻只能有一个线程掌握某个互斥锁，拥有上锁状态的线程能够对共享资源进行操作。若其他线程希望上锁一个已经被上锁的互斥锁，该线程就会挂起，直到上锁的线程释放掉互斥锁为止。可以说，这把互斥锁保证让每个线程对共享资源按顺序进行原子操作。

线程间同步与互斥

互斥锁机制主要包括如下基本函数。

（1）互斥锁初始化：pthread_mutex_init()。

（2）互斥锁上锁：pthread_mutex_lock()。

（3）互斥锁判断上锁：pthread_mutex_trylock()。

（4）互斥锁接锁：pthread_mutex_unlock()。

（5）消除互斥锁：pthread_mutex_destroy()。

其中，互斥锁可以分为快速互斥锁、递归互斥锁和检错互斥锁。这 3 种锁的区别主要在于其他未占有互斥锁的线程在希望得到互斥锁时是否需要阻塞等待。快速锁是指调用线程会阻塞，直至拥有互斥锁的线程解锁为止。递归互斥锁能够成功地返回，并且增加调用线程在互斥上加锁的次数，而检错互斥锁为快速互斥锁的非阻塞版本，它会立即返回并返回一个错误信息。默认属性为快速互斥锁。

pthread_mutex_init()函数的语法要点如表 6.39 所示。

表 6.39   pthread_mutex_init()函数语法要点

所需头文件	#include <pthread.h>		
函数原型	int pthread_mutex_init(pthread_mutex_t *mutex, const pthread_mutexattr_t *mutexattr)		
函数传入值	mutex：互斥锁		
	Mutexattr	PTHREAD_MUTEX_INITIALIZER：创建快速互斥锁	
		PTHREAD_RECURSIVE_MUTEX_INITIALIZER_NP：创建递归互斥锁	
		PTHREAD_ERRORCHECK_MUTEX_INITIALIZER_NP：创建检错互斥锁	
函数返回值	成功：0		
	出错：返回错误码		

pthread_mutex_lock()等函数的语法要点如表 6.40 所示。

表 6.40　　　　　　　　　　pthread_mutex_lock()等函数语法要点

所需头文件	#include <pthread.h>
函数原型	int pthread_mutex_lock(pthread_mutex_t *mutex,) int pthread_mutex_trylock(pthread_mutex_t *mutex,) int pthread_mutex_unlock(pthread_mutex_t *mutex,) int pthread_mutex_destroy(pthread_mutex_t *mutex,)
函数传入值	mutex：互斥锁
函数返回值	成功：0
	出错：−1

可使用条件变量和互斥锁组合来形成线程的一种同步机制。条件变量给多个线程提供了一个会合的场所，允许线程以无竞争的方式等待特定的条件发生，通俗地说就是只有处在条件等待态的线程收到了条件变量通知时，才会被唤醒，然后再获取互斥量，否则即使互斥量在不被其他线程获取的状态下，条件等待的线程也不会主动获取互斥量。

条件变量主要包括如下基本函数。

（1）条件变量初始化：pthread_cond_init()。
（2）条件等待：pthread_cond_wait()。
（3）发送条件：pthread_cond_signal()。
（4）广播条件：pthread_cond_broadcast()。
（5）消除条件变量：pthread_cond_destroy()。

pthread_cond_init 函数的语法要点如表 6.41 所示。

表 6.41　　　　　　　　　　pthread_cond_init 函数的语法要点

所需头文件	#include <pthread.h>
函数原型	int pthread_cond_init(pthread_cond_t *restrict cond,const pthread_condattr_t *restrict attr);
函数传入值	cond：条件变量 attr：条件变量的属性，目前定义了进程共享和时钟两个属性
函数返回值	成功：0
	出错：−1

pthread_cond_wait 函数的语法格式要点如表 6.42 所示。

表 6.42　　　　　　　　　　pthread_cond_wait 函数的语法要点

所需头文件	#include <pthread.h>
函数原型	int pthread_cond_wait(pthread_cond_t *restrict cond, pthread_mutex_t *restrict mutex);
函数传入值	cond：条件变量 mutex：互斥量
函数返回值	成功：0
	出错：−1

可通过 pthread_cond_signal 或者 pthread_cond_broadcast 函数发送条件变量，pthread_cond_signal

发送的条件只会唤醒一个正在等待的线程接，而 pthread_cond_broadcast 是以"广播"的形式发送条件，会唤醒所有正在等待该条件的线程。

pthread_cond_signal 等函数的语法格式要点如表 6.43 所示。

表 6.43　　　　　　　　pthread_cond_signal 等函数的语法要点

所需头文件	#include <pthread.h>

函数原型	int pthread_cond_broadcast(pthread_cond_t *cond);
	int pthread_cond_signal(pthread_cond_t *cond);
	int pthread_cond_destroy(pthread_cond_t *cond);

函数传入值	cond：条件变量
函数返回值	成功：0 出错：−1

2. 信号量线程控制

在前面已经讲到，信号量也就是操作系统中用到的 PV 原子操作，它广泛用于进程或线程间的同步与互斥。信号量本质上是一个非负的整数计数器，它被用来控制对公共资源的访问。下面先简单复习 PV 原子操作的工作原理。

PV 原子操作是对整数计数器信号量 sem 的操作。一次 P 操作使 sem 减 1，而一次 V 操作使 sem 加 1。进程（或线程）根据信号量的值来判断是否对公共资源具有访问权限。当信号量 sem 的值大于等于 0 时，该进程（或线程）具有公共资源的访问权限；相反，当信号量 sem 的值小于 0 时，该进程（或线程）就将阻塞，直到信号量 sem 的值大于等于 0 为止。

PV 原子操作主要用于进程或线程间的同步和互斥这两种典型情况。若用于互斥，几个进程（或线程）往往只设置一个信号量 sem，其操作流程如图 6.15 所示。

当信号量用于同步操作时，往往会设置多个信号量，并安排不同的初始值来实现它们之间的顺序执行，其操作流程如图 6.16 所示。

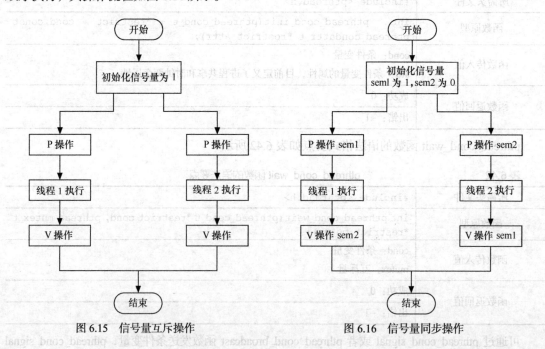

图 6.15　信号量互斥操作　　　　　　图 6.16　信号量同步操作

Linux 实现了 POSIX 的无名信号量，主要用于线程间的互斥与同步。这里主要介绍几个常见函数。

（1）sem_init()用于创建一个信号量，并初始化它的值。

（2）sem_wait()和 sem_trywait()都相当于 P 操作，在信号量大于 0 时，它们都能将信号量的值减 1，两者的区别在于若信号量小于 0，sem_wait()将会阻塞进程，sem_trywait()则会立即返回。

（3）sem_post()相当于 V 操作，它将信号量的值加 1 同时发出信号来唤醒等待的进程。

（4）sem_getvalue()用于得到信号量的值。

（5）sem_destroy()用于删除信号量。

sem_init()函数的语法要点如表 6.44 所示。

表 6.44　　　　　　　　　　　　　sem_init()函数语法要点

所需头文件	#include <semaphore.h>
函数原型	int sem_init(sem_t *sem,int pshared,unsigned int value)
函数传入值	sem：信号量指针
	pshared：决定信号量能否在几个进程间共享。由于目前 Linux 还没有实现进程间共享信号量，所以这个值只能够取 0，表示这个信号量是当前进程的局部信号量
	value：信号量初始化值
函数返回值	成功：0
	出错：−1

sem_wait()等函数的语法要点如表 6.45 所示。

表 6.45　　　　　　　　　　　　　sem_wait()等函数语法要点

所需头文件	#include <pthread.h>
函数原型	int sem_wait(sem_t *sem) int sem_trywait(sem_t *sem) int sem_post(sem_t *sem) int sem_getvalue(sem_t *sem) int sem_destroy(sem_t *sem)
函数传入值	sem：信号量指针
函数返回值	成功：0
	出错：−1

6.4.3　线程属性

pthread_create()函数的第二个参数（pthread_attr_t *attr）表示线程的属性，在上一个实例中，将该值设为 NULL，也就是采用默认属性，线程的多项属性都是可以更改的。这些属性主要包括绑定属性、分离属性、堆栈地址、堆栈大小以及优先级。其中系统默认的属性为非绑定、非分离、默认 1MB 的堆栈以及与父进程同样级别的优先级。下面首先讲解绑定属性和分离属性的基本概念。

1．绑定属性

前面已经提到，Linux 中采用"一对一"的线程机制，也就是一个用户线程对应一个内核线程。绑定属性就是指一个用户线程固定地分配给一个内核线程，因为 CPU 时间片的调度是面向内核线程（也就是轻量级进程）的，因此具有绑定属性的线程可以保证在需要时总有一个内核线程与之对应。非绑定属性就是指用户线程和内核线程的关系不是始终固定的，而是由系统控制分配的。

2. 分离属性

分离属性是用来决定一个线程以什么样的方式来终止自己。在非分离情况下，当一个线程结束时，它所占用的系统资源并没有被释放，也就是没有真正地终止。只有当 pthread_join() 函数返回时，创建的线程才能释放自己占用的系统资源。而在分离属性情况下，一个线程结束时，立即释放它占有的系统资源。这里要注意的一点是，如果设置一个线程的分离属性，而这个线程运行又非常快，那么它很可能在 pthread_create() 函数返回之前就终止了，它终止以后就可能将线程号和系统资源移交给其他的线程使用，这时调用 pthread_create() 的线程就得到了错误的线程号。

这些属性的设置都是通过特定的函数来完成的，通常首先调用 pthread_attr_init() 函数进行初始化，之后再调用相应的属性设置函数，最后调用 pthread_attr_destroy() 函数对分配的属性结构指针进行清理和回收。设置绑定属性的函数为 pthread_attr_setscope()，设置线程分离属性的函数为 pthread_attr_setdetachstate()，设置线程优先级的相关函数为 pthread_attr_getschedparam()（获取线程优先级）和 pthread_attr_setschedparam()（设置线程优先级）。设置完这些属性后，就可以调用 pthread_create() 函数来创建线程了。

设置线程属性

6.4.4 线程私有数据

1. 线程私有数据概述

线程的私有数据（thread-specific data，TSD）是指除局部数据和全局数据外的第三类数据，这个概念是随着线程的诞生而提出来的。假设一个线程中嵌套调用了很多函数，而又需要在这些函数之间使用一个公共的变量，如果在单线程环境中，我们是不是声明一个全局变量就解决问题了呢？但是因为想使这个"公共变量"只属于当前这个实例线程，其他线程访问不到，所以引入了线程私有数据。

2. 创建键值

系统为每一个进程维护一个 key 结构的结构数组（每一个系统支持的 TSD 限制都不同，POSIX 要求系统至少支持 128 个 TSD），每一个数组成员由一个标志位和一个析构函数指针组成。系统还在进程内维护了关于多个线程的多条信息。这些特定于线程的信息称为 Pthread 结构。其中部分内容是我们称之为 pkey 数组的一个 128 个元素的指针数组。这些 128 个指针是和进程内 128 个可能的键（key 结构数组的索引值）逐一关联的值。也就是说，当线程需要声明一个私有数据时，只需要创建这个数据对应的键值（即系统首先会返回一个 Key 结构数组中第一个"未被使用"的键），然后每个线程都可以通过该键找到自己 Pthread 结构中对应的位置，并为这个位置存储一个值（指针）。一般来说，这个指针通常是每个线程通过调用 malloc 来获得的。

由 pthread_key_create 函数创建线程私有数据的键值。

pthread_key_create() 函数的语法要点如表 6.46 所示。

表 6.46   pthread_key_create() 函数语法要点

所需头文件	#include <pthread.h>
函数原型	int pthread_key_create(pthread_key_t *key, void (*destructor)(void*));
函数传入值	key：创建的新键值
	destructor：键值析构函数，如果不为 NULL，则线程退出时将以 key 关联的数据为参数调用 desstructor()，一般函数内部用来释放分配的缓冲区
函数返回值	成功：0 并且将新键值装载进 key 指针中
	出错：返回错误码

为了避免创建键值函数被多次调用从而在同一个键值里装载不同的索引值，可以使用 pthread_once 函数来确保 pthread_key_create 不被重复调用（也就是说一个键值只被初始化一次）。pthread_once()函数的语法要点如表 6.47 所示。

表 6.47　　　　　　　　　　　　　pthread_once()函数语法要点

所需头文件	`#include <pthread.h>`
函数原型	`int pthread_once(pthread_once_t *once_control,void (*init_routine)(void));`
函数传入值	once_control：一个静态或者全局变量，初始化为 PTHREAD_ONCE_INIT（默认为 0）
	init_routine：初始化函数的函数指针
函数返回值	成功：0 并且将新键值装载进 key 指针中
	出错：返回错误码

3.查询/绑定私有数据

线程可以通过键值查询自己的 Pthread 结构中对应的位置是否存放一个有效的指针，如果存放的指针有效，那么指针被返回直接使用即可；如果存放的指针为空，说明线程并没有绑定过这个私有数据，那么需要创建私有数据和对应的键值绑定。这里使用 pthread_getspecific 函数来获取键值是否对应私有数据的结果，pthread_setspecific 函数用来绑定键值与私有数据。

pthread_getspecific()函数的语法要点如表 6.48 所示。

表 6.48　　　　　　　　　　　　pthread_getspecific()函数语法要点

所需头文件	`#include <pthread.h>`
函数原型	`void *pthread_getspecific(pthread_key_t key);`
函数传入值	key：键值
函数返回值	成功：返回键值对应有效的指针
	失败：NULL

pthread_setspecific()函数的语法要点如表 6.49 所示。

表 6.49　　　　　　　　　　　　pthread_setspecific()函数语法要点

所需头文件	`#include <pthread.h>`
函数原型	`int pthread_setspecific(pthread_key_t key, const void *value);`
函数传入值	key：键值
	value：与键值绑定的指针
函数返回值	成功：0
	出错：返回错误码

6.5　实验内容

6.5.1　编写多进程程序

1. 实验目的

通过编写多进程程序，读者可熟练掌握 fork()、exec()、wait()和 waitpid()等函数的使用，进一步理解在 Linux 中多进程编程的步骤。

2. 实验内容

该实验有 3 个进程，其中一个为父进程，其余两个是该父进程创建的子进程，其中一个子进程运行"ls -l"指令，另一个子进程在暂停 5s 之后异常退出，父进程先用阻塞方式等待第一个子进程结束，然后用非阻塞方式等待另一个子进程退出，待收集到第二个子进程结束的信息，父进程就返回。

3. 实验步骤

（1）画出该实验流程图。

该实验流程图如图 6.17 所示。

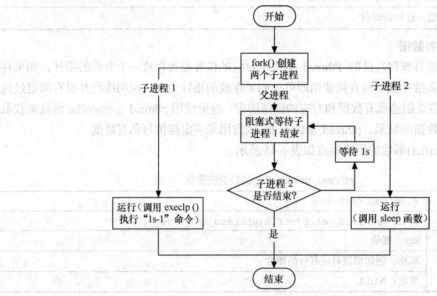

图 6.17 实验流程图

（2）实验源代码。

判断以下程序能否得到希望的结果，它的运行会产生几个进程？请读者回忆一下 fork()调用的具体过程。

```
/* multi_proc_wrong.c */
#include <stdio.h>
#include <stdlib.h>
#include <sys/types.h>
#include <unistd.h>
#include <sys/wait.h>

int main(void)
{
    pid_t child1, child2, child;
    /*创建两个子进程*/
    child1 = fork();
    child2 = fork();
    /*子进程1的出错处理*/
    if (child1 == -1)
    {
```

```c
        printf("Child1 fork error\n");
        exit(1);
    }
    else if (child1 == 0)                    /*在子进程1中调用execlp()函数*/
    {
         printf("In child1: execute 'ls -l'\n");
        if (execlp("ls", "ls", "-l", NULL) < 0)
        {
            printf("Child1 execlp error\n");
        }
      }

    if (child2 == -1)                        /*子进程2的出错处理*/
    {
        printf("Child2 fork error\n");
         exit(1);
    }
    else if( child2 == 0 )                   /*在子进程2中使其暂停5s*/
    {
        printf("In child2: sleep for 5 seconds and then exit\n");
        sleep(5);
        exit(0);
    }
    else
    {                                        /*在父进程中等待两个子进程退出*/
        printf("In father process:\n");
        child = waitpid(child1, NULL, 0);    /* 阻塞式等待 */
        if (child == child1)
        {
            printf("Get child1 exit code\n");
        }
        else
        {
            printf("Error occured!\n");
        }

        do
        {
            child = waitpid(child2, NULL, WNOHANG);   /* 非阻塞式等待 */
            if (child == 0)
            {
                printf("The child2 process has not exited!\n");
                sleep(1);
            }
        } while (child == 0);

        if (child == child2)
        {
            printf("Get child2 exit code\n");
        }
        else
        {
            printf("Error occured!\n");
        }
    }
    exit(0);
}
```

编译和运行以上代码,并观察其运行结果。

看完前面的代码之后，再观察下面的代码，它们之间有什么区别？解决了哪些问题？

```c
/* multi_proc.c */
#include <stdio.h>
#include <stdlib.h>
#include <sys/types.h>
#include <unistd.h>
#include <sys/wait.h>

int main(void)
{
    pid_t child1, child2, child;

    /*创建两个子进程*/
    child1 = fork();
    /*子进程1的出错处理*/
    if (child1 == -1)
    {
        printf("Child1 fork error\n");
        exit(1);
    }
    else if (child1 == 0)                   /*在子进程1中调用execlp()函数*/
    {
        printf("In child1: execute 'ls -l'\n");
        if (execlp("ls", "ls", "-l", NULL) < 0)
        {
            printf("Child1 execlp error\n");
        }
    }
    else                                    /*在父进程中再创建进程2，然后等待两个子进程退出*/
    {
        child2 = fork();
        if (child2 == -1)                   /*子进程2的出错处理*/
        {
            printf("Child2 fork error\n");
            exit(1);
        }
        else if(child2 == 0)                /*在子进程2中使其暂停5s*/
        {
            printf("In child2: sleep for 5 seconds and then exit\n");
            sleep(5);
            exit(0);
        }

        printf("In father process:\n");
        ……（以下部分跟前面程序的父进程执行部分相同）
    }
    exit(0);
}
```

（3）在宿主机上编译调试该程序。

$ gcc multi_proc.c -o multi_proc（或者使用 Makefile）

（4）确保没有编译错误后，使用交叉编译该程序。

$ arm-linux-gcc multi_proc.c -o multi_proc（或者使用 Makefile）

（5）将生成的可执行程序下载到目标板上运行。

4. 实验结果

在目标板上运行的结果如下（具体内容与各自的系统有关）。

```
$ ./multi_proc
In child1: execute 'ls -l'                    /* 子进程1的显示，以下是"ls -l"的运行结果 */
total 28
-rwxr-xr-x 1 david root  232 2008-07-18 04:18 Makefile
-rwxr-xr-x 1 david root 8768 2008-07-20 19:51 multi_proc
-rw-r--r-- 1 david root 1479 2008-07-20 19:51 multi_proc.c
-rw-r--r-- 1 david root 3428 2008-07-20 19:51 multi_proc.o
-rw-r--r-- 1 david root 1463 2008-07-20 18:55 multi_proc_wrong.c
In child2: sleep for 5 seconds and then exit  /* 子进程2的显示 */
In father process:                            /* 以下是父进程显示 */
Get child1 exit code                          /* 表示子进程1结束（阻塞等待）*/
The child2 process has not exited!            /* 等待子进程2结束（非阻塞等待）*/
The child2 process has not exited!
The child2 process has not exited!
The child2 process has not exited!
The child2 process has not exited!
Get child2 exit code                          /* 表示子进程2终于结束了*/
```

6.5.2 编写守护进程

1. 实验目的

通过编写一个完整的守护进程，读者可掌握守护进程编写和调试的方法，并且进一步熟悉如何编写多进程程序。

2. 实验内容

在该实验中，首先创建一个子进程1（守护进程），然后在该子进程中新建一个子进程2，该子进程2暂停10s，然后自动退出，并由子进程1收集子线程退出的消息。在这里，子进程1和子进程2的消息都在系统日志文件（如 "/var/log/messages"，日志文件的全路径名因版本不同可能会有所不同）中输出。在向日志文件写入消息之后，守护进程（子进程1）循环暂停，其间隔时间为10s。

3. 实验步骤

（1）画出该实验流程图。

该程序流程图如图6.18所示。

（2）实验源代码。

具体代码设置如下。

```
/* daemon_proc.c */
#include <stdio.h>
#include <stdlib.h>
#include <sys/types.h>
#include <unistd.h>
#include <sys/wait.h>
#include <syslog.h>

int main(void)
{
    pid_t child1,child2;
    int i;

    /*创建子进程1*/
    child1 = fork();
    if (child1 ==  1)
```

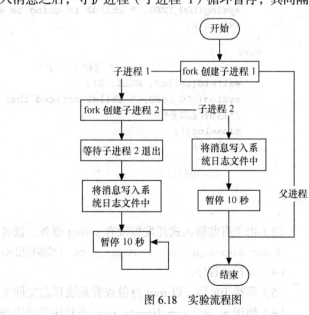

图6.18 实验流程图

```c
        {
            perror("child1 fork");
            exit(1);
        }
        else if (child1 > 0)
        {
            exit(0);                    /* 父进程退出*/
        }
        /*打开日志服务*/
        openlog("daemon_proc_info", LOG_PID, LOG_DAEMON);

        /*以下几步是编写守护进程的常规步骤*/
        setsid();
        chdir("/");
        umask(0);
        for(i = 0; i < getdtablesize(); i++)
        {
            close(i);
        }

        /*创建子进程 2*/
        child2 = fork();
        if (child2 ==  1)
        {
            perror("child2 fork");
            exit(1);
        }
        else if (child2 == 0)
        {                               /* 进程 child2 */
            /*在日志中写入字符串*/
            syslog(LOG_INFO, " child2 will sleep for 10s ");
            sleep(10);
            syslog(LOG_INFO, " child2 is going to exit! ");
            exit(0);
        }
        else
        {                               /* 进程 child1*/
            waitpid(child2, NULL, 0);
            syslog(LOG_INFO, " child1 noticed that child2 has exited ");
            /*关闭日志服务*/
            closelog();
            while(1)
            {
                sleep(10);
            }
        }
}
```

（3）由于有些嵌入式开发板没有 syslog 服务，读者可以在宿主机上编译运行。

```
$ gcc daemon_proc.c -o daemon_proc （或者使用Makefile）
```

（4）运行该程序。

（5）等待 10s 后，以 root 身份查看系统日志文件（如 "/var/log/messages"）。

（6）使用 ps –ef | grep daemon_proc 查看该守护进程是否在运行。

4. 实验结果

（1）在系统日志文件中有类似如下的信息显示。

```
Jul 20 21:15:08 localhost daemon_proc_info[4940]:  child2 will sleep for 10s
Jul 20 21:15:18 localhost daemon_proc_info[4940]:  child2 is going to exit!
Jul 20 21:15:18 localhost daemon_proc_info[4939]:  child1 noticed that child2 has exited
```
读者可以从时间戳里清楚地看到 child2 确实暂停了 10s。

（2）使用命令 ps –ef | grep daemon_proc 可看到如下结果。
```
david     4939     1  0 21:15 ?        00:00:00 ./daemon_proc
```
可见，daemon_proc 确实一直在运行。

6.5.3 有名管道通信实验

1. 实验目的
通过编写有名管道多路通信实验，读者可进一步掌握管道的创建、读写等操作，同时复习使用 select() 函数实现管道的通信。

2. 实验内容
在第 5 章多路复用小节的使用实例中，已经用到有名管道（使用 mknod 命令创建）和多路复用（使用 poll() 函数）。以下实验在功能上跟这个实验完全相同，只是这里用管道函数创建有名管道（并不是在控制台下输入命令），而且使用 select() 函数替代 poll() 函数实现多路复用（使用 select() 函数是出于演示的目的）。

3. 实验步骤
（1）画出流程图。

该实验流程图如图 6.19 所示。

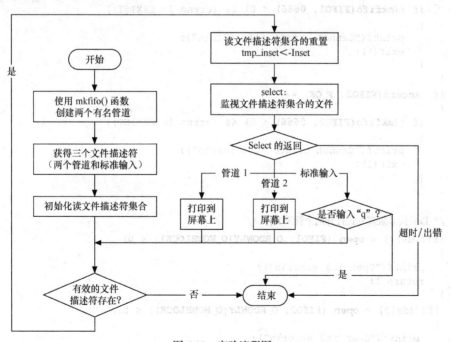

图 6.19　实验流程图

（2）编写代码。

该实验源代码如下。
```
/* pipe_select.c*/
#include <fcntl.h>
```

```c
#include <stdio.h>
#include <unistd.h>
#include <stdlib.h>
#include <string.h>
#include <time.h>
#include <errno.h>

#define FIFO1                    "in1"
#define FIFO2                    "in2"
#define MAX_BUFFER_SIZE          1024          /* 缓冲区大小*/
#define IN_FILES                 3             /* 多路复用输入文件数目*/
#define TIME_DELAY               60            /* 超时值秒数 */
#define MAX(a, b)                ((a > b)?(a):(b))
int main(void)
{
    int fds[IN_FILES];
    char buf[MAX_BUFFER_SIZE];
    int i, res, real_read, maxfd;
    struct timeval tv;
    fd_set inset,tmp_inset;

    fds[0] = 0;

    /* 创建两个有名管道 */
    if (access(FIFO1, F_OK) == -1)
    {
        if ((mkfifo(FIFO1, 0666) < 0) && (errno != EEXIST))
        {
            printf("Cannot create fifo file\n");
            exit(1);
        }
    }
    if (access(FIFO2, F_OK) == -1)
    {
        if ((mkfifo(FIFO2, 0666) < 0) && (errno != EEXIST))
        {
            printf("Cannot create fifo file\n");
            exit(1);
        }
    }

    /* 以只读非阻塞方式打开两个管道文件 */
    if((fds[1] = open (FIFO1, O_RDONLY|O_NONBLOCK)) < 0)
    {
        printf("Open in1 error\n");
        return 1;
    }
    if((fds[2] = open (FIFO2, O_RDONLY|O_NONBLOCK)) < 0)
    {
         printf("Open in2 error\n");
        return 1;
    }

    /*取出两个文件描述符中的较大者*/
    maxfd = MAX(MAX(fds[0], fds[1]), fds[2]);
    /*初始化读集合 inset,并在读文件描述符集合中加入相应的描述集*/
```

```c
FD_ZERO(&inset);
for (i = 0; i < IN_FILES; i++)
{
    FD_SET(fds[i], &inset);
}
FD_SET(0, &inset);
tv.tv_sec = TIME_DELAY;
tv.tv_usec = 0;
/*循环测试该文件描述符是否准备就绪并调用 select()函数对相关文件描述符做相应操作*/
while(FD_ISSET(fds[0],&inset)
      || FD_ISSET(fds[1],&inset) || FD_ISSET(fds[2], &inset))
{
    /* 文件描述符集合的备份,以免每次都进行初始化 */
    tmp_inset = inset;
    res = select(maxfd + 1, &tmp_inset, NULL, NULL, &tv);
    switch(res)
    {
        case -1:
        {
            printf("Select error\n");
            return 1;
        }
        break;
        case 0:                     /* Timeout */
        {
            printf("Time out\n");
            return 1;
        }
        break;
        default:
        {
            for (i = 0; i < IN_FILES; i++)
            {
                if (FD_ISSET(fds[i], &tmp_inset))
                {
                    memset(buf, 0, MAX_BUFFER_SIZE);
                    real_read = read(fds[i], buf, MAX_BUFFER_SIZE);
                    if (real_read < 0)
                    {
                        if (errno != EAGAIN)
                        {
                            return 1;
                        }
                    }
                    else if (!real_read)
                    {
                        close(fds[i]);
                        FD_CLR(fds[i], &inset);
                    }
                    else
                    {
                        if (i == 0)
                        {            /* 主程序终端控制 */
                            if ((buf[0] == 'q') || (buf[0] == 'Q'))
                            {
                                return 1;
                            }
```

```
                    }
                else
                {                    /* 显示管道输入字符串 */
                    buf[real_read] = '\0';
                    printf("%s", buf);
                }
            }                        /* end of if */
        }                            /* end of for */
        break;
    }                                /* end of switch */
}                                    /*end of while */
return 0;
}
```

（3）编译并运行该程序。

（4）另外打开两个虚拟终端，分别键入"cat > in1"和"cat > in2"，接着在该管道中键入相关内容，并观察实验结果。

4. 实验结果

实验运行结果如下。

```
$ ./pipe_select  （必须先运行主程序）
SELECT CALL
select call
TEST PROGRAMME
test programme
END
end
q  /* 在终端上输入"q"或"Q"立刻结束程序运行 */

$ cat > in1
SELECT CALL
TEST PROGRAMME
END

$ cat > in2
select call
test programme
end
```

6.5.4 共享内存实验

1. 实验目的

通过编写共享内存实验，读者可以进一步了解使用共享内存的具体步骤，也进一步加深对共享内存的理解。本实验采用信号量作为同步机制完善两个进程（"生产者"和"消费者"）之间的通信。其功能类似于 6.3.6 节"消息队列"中的实例。

2. 实验内容

该实验要求利用共享内存实现文件的打开和读写操作。

3. 实验步骤

（1）画出流程图。

该实验流程图如图 6.20 所示。

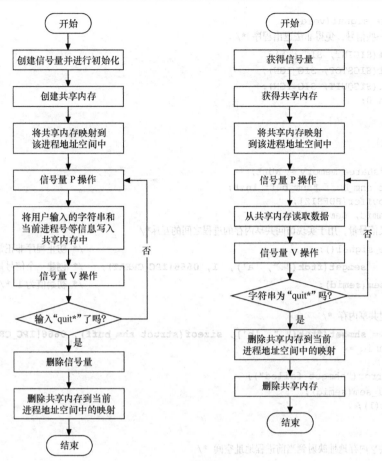

图 6.20　实验流程图

（2）编写代码。

下面是共享内存缓冲区的数据结构的定义。

```
/* shm_com.h */
#include <unistd.h>
#include <stdlib.h>
#include <stdio.h>
#include <string.h>
#include <sys/types.h>
#include <sys/ipc.h>
#include <sys/shm.h>
#define SHM_BUFF_SZ 2048
struct shm_buff
{
    int pid;
    char buffer[SHM_BUFF_SZ];
};
```

以下是"生产者"程序部分。

```
/* sem_com.h 和 sem_com.c 与 "6.3.4 信号量" 示例中的同名程序相同 */
/* producer.c */
#include "shm_com.h"
#include "sem_com.h"
#include <signal.h>
```

```c
int ignore_signal(void)
{  /* 忽略一些信号, 免得非法退出程序 */
    signal(SIGINT, SIG_IGN);
    signal(SIGSTOP, SIG_IGN);
    signal(SIGQUIT, SIG_IGN);
    return 0;
}

int main()
{
    void *shared_memory = NULL;
    struct shm_buff *shm_buff_inst;
    char buffer[BUFSIZ];
    int shmid, semid;
    /* 定义信号量, 用于实现访问共享内存的进程之间的互斥*/
    ignore_signal();                                                    /* 防止程序非正常退出 */
    semid = semget(ftok(".", 'a'), 1, 0666|IPC_CREAT);    /* 创建一个信号量*/
    init_sem(semid);                                                    /* 初始值为 1 */

    /* 创建共享内存 */
    shmid = shmget(ftok(".", 'b'), sizeof(struct shm_buff), 0666|IPC_CREAT);
    if (shmid == -1)
    {
        perror("shmget failed");
        del_sem(semid);
       exit(1);
    }

    /* 将共享内存地址映射到当前进程地址空间 */
    shared_memory = shmat(shmid, (void*)0, 0);
    if (shared_memory == (void*)-1)
    {
        perror("shmat");
        del_sem(semid);
        exit(1);
    }
    printf("Memory attached at %X\n", (int)shared_memory);
    /* 获得共享内存的映射地址 */
    shm_buff_inst = (struct shared_use_st *)shared_memory;
    do
    {
        sem_p(semid);
        printf("Enter some text to the shared memory(enter 'quit' to exit):");
        /* 向共享内存写入数据 */
        if (fgets(shm_buff_inst->buffer, SHM_BUFF_SZ, stdin) == NULL)
        {
            perror("fgets");
            sem_v(semid);
            break;
        }
        shm_buff_inst->pid = getpid();
        sem_v(semid);
    } while(strncmp(shm_buff_inst->buffer, "quit", 4) != 0);
```

```c
    /* 删除信号量 */
    del_sem(semid);
    /* 删除共享内存到当前进程地址空间中的映射 */
    if (shmdt(shared_memory) == 1)
    {
        perror("shmdt");
        exit(1);
    }
    exit(0);
}
```

以下是"消费者"程序部分。

```c
/* customer.c */
#include "shm_com.h"
#include "sem_com.h"
int main()
{
    void *shared_memory = NULL;
    struct shm_buff *shm_buff_inst;
    int shmid, semid;
    /* 获得信号量 */
    semid = semget(ftok(".", 'a'), 1, 0666);
    if (semid == -1)
    {
        perror("Producer is'nt exist");
        exit(1);
    }
    /* 获得共享内存 */
    shmid = shmget(ftok(".", 'b'), sizeof(struct shm_buff), 0666|IPC_CREAT);
    if (shmid == -1)
    {
        perror("shmget");
        exit(1);
    }
    /* 将共享内存地址映射到当前进程地址空间 */
    shared_memory = shmat(shmid, (void*)0, 0);
    if (shared_memory == (void*)-1)
    {
        perror("shmat");
        exit(1);
    }
    printf("Memory attached at %X\n", (int)shared_memory);
    /* 获得共享内存的映射地址 */
    shm_buff_inst = (struct shm_buff *)shared_memory;
    do
    {
        sem_p(semid);
        printf("Shared memory was written by process %d :%s"
                , shm_buff_inst->pid, shm_buff_inst->buffer);
        if (strncmp(shm_buff_inst->buffer, "quit", 4) == 0)
        {
            break;
        }
        shm_buff_inst->pid = 0;
        memset(shm_buff_inst->buffer, 0, SHM_BUFF_SZ);
        sem_v(semid);
```

```
    } while(1);

    /* 删除共享内存到当前进程地址空间中的映射 */
    if (shmdt(shared_memory) == -1)
    {
        perror("shmdt");
        exit(1);
    }
    /* 删除共享内存 */
    if (shmctl(shmid, IPC_RMID, NULL) == -1)
    {
        perror("shmctl(IPC_RMID)");
        exit(1);
    }
    exit(0);
}
```

4. 实验结果

```
$./producer
Memory attached at B7F90000
Enter some text to the shared memory(enter 'quit' to exit):First message
Enter some text to the shared memory(enter 'quit' to exit):Second message
Enter some text to the shared memory(enter 'quit' to exit):quit
$./customer
Memory attached at B7FAF000
Shared memory was written by process 3815 :First message
Shared memory was written by process 3815 :Second message
Shared memory was written by process 3815 :quit
```

6.5.5 线程池实验

1. 实验目的

通过编写线程池实验，加深对线程操作以及同步和互斥机制的理解。

2. 实验内容

该实验将多个线程封装成了一个线程池对象，创建一个线程池即同时创建了多个线程，这些线程会检测同一个任务队列的状态，如果为空，那么它们处于条件等待状态，不会消耗 CPU；如果不为空，那么这些线程依次取任务队列中的任务执行，执行完毕之后，再次判断任务队列的状态循环如此。线程池解决了短时间内，同时创建大量线程时，耗尽进程内存空间的问题。

3. 实验步骤

（1）同步与互斥的考虑。

这里需要考虑对临界资源，也就是操作任务队列的同步与互斥。因为多个线程都会操作任务队列，包括查询和删除任务节点，而添加任务时也需要操作任务队列。这里选择条件变量和互斥锁实现同步与互斥。

（2）画出流程图。

本实验流程图如图 6.21 所示。

（3）编写代码。

```
#include<stdio.h>
#include<pthread.h>
#include<stdlib.h>
#include<unistd.h>
```

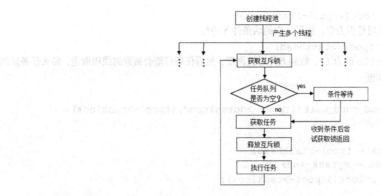

图 6.21 实验流程图

```
/*执行任务的数据结构*/
typedef struct ttask{
    void* (*func)(void *);
    void* arg;
    struct ttask *next;
}ttask_t;

/*线程池数据结构*/
typedef struct tpool{
    ttask_t *taskhead;
    pthread_mutex_t tasklock;
    pthread_t *tids;
    pthread_cond_t dotaskcond;
}tpool_t;

void *dotask(void* arg);//线程的主体函数
tpool_t *tpool_create(int nthread);//创建线程池
int tpool_add_task(tpool_t *tpool,void *(*taskfunc)(void *),void *taskarg);//添加任务
void *show_int(void *arg);//添加的任务函数

int main(int argc, const char *argv[])
{
    //create tpool
    tpool_t *mypool = tpool_create(100);
    //add n task
    int n = 1000;
    /*添加任务*/
    while(n--)
    {
        tpool_add_task(mypool,show_int,(void *)n);
    }

    pause();//防止主线程提前退出导致线程池被结束
    return 0;
}

void *dotask(void* arg)
{
    tpool_t *tpool = (tpool_t *)arg;
    while(1)
    {
```

```c
                pthread_mutex_lock(&tpool->tasklock);
                /*判断当前任务队列是否为空，如果为空的话条件等待*/
                while(NULL == tpool->taskhead)
                        //如果将while改为if,收到条件时被调度，然后任务可能会被别的线程取走，那么任务队列
//依然为NULL,所以用while再次判断
                        {
                                pthread_cond_wait(&tpool->dotaskcond,&tpool->tasklock);
                        }

                ttask_t *mytask = tpool->taskhead;
                tpool->taskhead = mytask->next;
                pthread_mutex_unlock(&tpool->tasklock);
                /*do task*/
                mytask->func(mytask->arg);

                free(mytask);

                //pthread_mutex_unlock();放在此处不合适，若执行任务耗时长，则其他线程不能立即取任务
        //cut task to do
        }
};

tpool_t *tpool_create(int nthread)
{
        /*因为一个线程可能创建多个tpool,所以在堆区创建,静态和全局有且只有一次*/
        tpool_t *tpool = malloc(sizeof(tpool_t));

        /*初始化*/
        tpool->taskhead = NULL;
        pthread_mutex_init(&tpool->tasklock,NULL);
        tpool->tids = malloc(nthread*sizeof(pthread_t));
        pthread_cond_init(&tpool->dotaskcond,NULL);
        while(nthread--)
        {
                pthread_create(&tpool->tids[nthread],NULL,dotask,tpool);
        }
        return tpool;
};

int tpool_add_task(tpool_t *tpool,void*(*taskfunc)(void *),void *taskarg)
{
        ttask_t *mytask = malloc(sizeof(ttask_t));//tpool_t ?
        /*获取任务信息*/
        mytask->func = taskfunc;
        mytask->arg = taskarg;
        mytask->next = NULL;

        /*操作任务队列，将任务添加至任务队列*/
        pthread_mutex_lock(&tpool->tasklock);
        mytask->next = tpool->taskhead;
        tpool->taskhead = mytask;
        pthread_mutex_unlock(&tpool->tasklock);
        /*发送cond通知等待中的线程*/
        pthread_cond_signal(&tpool->dotaskcond);

};
void *show_int(void *arg)
```

```
{
/*线程 ID 和接收到的 arg 的值*/
    printf("[%lu]%d\n",pthread_self(),(int)arg);
    sleep(1);
}
```

本实验的代码中使用了互斥量和条件变量实现了线程间同步与互斥的机制。在运行过程中，一个线程池对象被创建之后，会生成 100 个线程同时等待任务队列状态的改变，当任务队列被插进任务时会向条件等待中的线程发送条件，被条件激活的线程在获取互斥量之后，判断任务队列、取任务执行，或者继续等待。

4. 实验结果

运行该程序，得到如下结果。

```
$ ./tpool
[3025464128]993
[2991893312]989
[3000286016]990
[3050642240]996
[3033856832]991
[3075820352]992
[3059034944]998
[2966715200]986
[3017071424]997
[3042249536]994
[2958322496]985
[2933144384]982
[2949929792]983
[3067427648]995
[2924751680]981
[2941537088]984
[2975107904]987
[2866002752]974
……
[3050642240]893
[3033856832]897
[3075820352]898
[3059034944]899
[2966715200]896
……
```

思考与练习

1. 什么叫多任务系统？任务、进程、线程分别是什么？它们之间有何区别？
2. 讲述 Linux 下进程管理机制的工作原理，思考 Linux 中进程处理和嵌入式 Linux 中进程处理的区别。
3. 分析在 Linux 内核中如何实现 fork()函数。
4. 进程之间的通信有哪些？它们分别有哪些优缺点？
5. 通过自定义信号完成进程间的通信。
6. 编写一个简单的管道程序实现文件传输。
7. 将一个多进程程序改写成多线程程序，对两者加以比较，有何结论？
8. 使用线程实现串口通信。

第 7 章 嵌入式 Linux 网络编程

学习了进程间通信之后,掌握了许多重要的进程间通信方式,本章所有内容都是围绕着另外一种进程间的通信方式——套接字通信,而且它在嵌入式应用中非常广泛,基本上常见的应用都会与网络有关,所以体现出它的重要性。

本章主要内容:
- TCP/IP 概述;
- 网络编程基本知识;
- 网络高级编程;
- 简单 Web 服务器的实现;
- NTP 客户端的实现。

7.1 TCP/IP 概述

说到网络,就不得不说网络体系结构,举个简单的例子,为什么手机可以和电脑进行通信,为什么 QQ 邮箱可以和网易邮箱发送邮件,这些都归功于网络体系结构的提出,而它有一个很重要的概念就是分层。

7.1.1 TCP/IP 的分层模型

OSI 协议参考模型是基于国际标准化组织(ISO)的建议发展起来的,它分为 7 个层次:应用层、表示层、会话层、传输层、网络层、数据链路层及物理层。这个 7 层协议模型虽然规定得非常细致和完善,但在实际中却得不到广泛的应用,其重要的原因之一就是它过于复杂。但它仍是此后众多协议模型的基础。

与此相区别的 TCP/IP 模型将 OSI 的 7 层协议模型简化为 4 层,从而更有利于实现和使用。TCP/IP 的协议参考模型和 OSI 协议参考模型的对应关系如图 7.1 所示。

TCP/IP 是一个复制的协议,是由一组专业化协议组成的。这些协议包括 IP、TCP、UDP、ARP、ICMP 以及其他的一些被称为子协议的协议。TCP/IP 的前身是由美国国防部在 20 世纪 60 年代末期为其远景研究

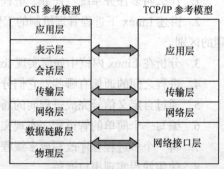

图 7.1 OSI 模型和 TCP/IP 参考模型对应关系

规划署网络（ARPANET）开发的。由于低成本以及在多个不同平台通信的可靠性，TCP/IP 迅速发展并开始流行。它实际上是一个关于 Internet 的标准，迅速成为局域网的首选协议。下面具体讲解各层在 TCP/IP 整体架构中的作用。

1. 网络接口层

网络接口层（network interface layer）是 TCP/IP 软件的最底层，负责将二进制流转换为数据帧，并进行数据帧的发送和接收。数据帧是网络传输的基本单元。

2. 网络层

网络层（internet layer）负责在主机之间的通信中选择数据报的传输路径，即路由。当网络层接收到传输层的请求后，传输某个具有目的地址信息的分组。该层把分组封装在 IP 数据报中，填入数据报的首部，使用路由算法来确定是直接交付数据报，还是把它传递给路由器，然后把数据报交给适当的网络接口进行传输。

网络层还要负责处理传入的数据报，检验其有效性，使用路由算法来决定应该对数据报进行本地处理还是应该转发。

如果数据报的目的机处于本机所在的网络，该层软件就会除去数据报的首部，再选择适当的传输层协议来处理这个分组。最后，网络层还要根据需要发出和接收 ICMP（Internet 控制报文协议）差错和控制报文。

3. 传输层

传输层（transport layer）负责提供应用程序之间的通信服务。这种通信又称为端到端通信。传输层要系统地管理信息的流动，还要提供可靠的传输服务，以确保数据到达时无差错、无乱序。为了达到这个目的，传输层协议软件要进行协商，让接收方回送确认信息及让发送方重发丢失的分组。传输层协议软件把要传输的数据流划分为分组，把每个分组连同目的地址交给网络层发送。

4. 应用层

应用层（application layer）是分层模型的最高层，在这个最高层中，用户调用应用程序通过 TCP/IP 互联网来访问可行的服务。与各个传输层协议交互的应用程序负责接收和发送数据。每个应用程序选择适当的传输服务类型，把数据按照传输层的格式要求封装好向下层传输。

综上所述，TCP/IP 分层模型每一层负责不同的通信功能，整体联动合作，就可以完成互联网的大部分传输要求。

7.1.2 TCP/IP 分层模型特点

TCP/IP 是目前 Internet 上最成功、使用最广泛的互联网协议。虽然现在已有很多协议都适用于互联网，但 TCP/IP 的使用最普遍。下面讲解 TCP/IP 的特点。

1. TCP/IP 模型边界特性

TCP/IP 分层模型中有两大边界特性：一个是地址边界特性，它将 IP 逻辑地址与底层网络的硬件地址分开；一个是操作系统边界特性，它将网络应用与协议软件分开，如图 7.2 所示。

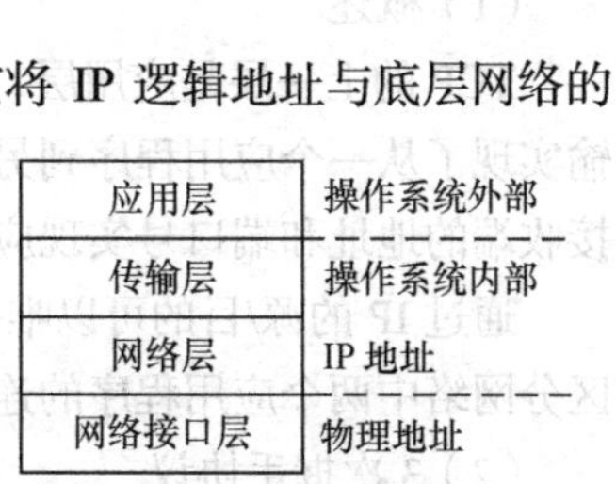

TCP/IP 分层模型边界特性是指在模型中存在一个地址上的边界，它将底层网络的物理地址与网络层的 IP 地址分开。该边界出现在网络层与网络接口层之间。

应用层	操作系统外部
传输层	操作系统内部
网络层	IP 地址
网络接口层	物理地址

图 7.2 TCP/IP 分层模型边界特性

网络层和其上的各层均使用 IP 地址，网络接口层则使用物理地址，即底层网络的硬件地址。TCP/IP 提供在两种地址之间进行映射的功能。划分地址边界的目的是屏蔽底层物理网络的地址细节，以便使互联网软件地址易于实现。

TCP/IP 软件在操作系统内的具体位置和 TCP/IP 的实现有关。影响操作系统边界划分的最重要因素是协议的效率问题，在操作系统内部实现的协议软件，其数据传递的效率明显较高。

2. IP 层特性

IP 层作为通信子网的最高层，提供无连接的数据报传输机制，但 IP 并不能保证 IP 报文传递的可靠性，IP 的机制是点到点的。用 IP 进行通信的主机或路由器位于同一物理网络，对等机器之间拥有直接的物理连接。

TCP/IP 设计原则之一是包容各种物理网络技术，包容性主要体现在 IP 层中。各种物理网络技术在帧或报文格式、地址格式等方面差别很大，TCP/IP 的重要思想之一就是通过 IP 将各种底层网络技术统一起来，达到屏蔽底层细节，提供统一虚拟网的目的。

IP 向上层提供统一的 IP 报文，使得各种网络帧或报文格式的差异性对高层协议不复存在。IP 层是 TCP/IP 实现异构网互联最关键的一层。

3. TCP/IP 的可靠性特性

在 TCP/IP 网络中，IP 采用无连接的数据报机制，对数据进行"尽力而为"的传递机制，即只管将报文尽力传送到目的主机，无论传输正确与否，不做验证，不发确认，也不保证报文的顺序。TCP/IP 的可靠性体现在传输层协议之一的 TCP。TCP 提供面向连接的服务，因为传输层是端到端的，所以 TCP/IP 的可靠性被称为端到端可靠性。

综上所述，TCP/IP 的特点就是将不同的底层物理网络、拓扑结构隐藏起来，向用户和应用程序提供通用、统一的网络服务。这样，从用户的角度看，整个 TCP/IP 互联网就是一个统一的整体，它独立于具体的各种物理网络技术，能够向用户提供一个通用的网络服务。

TCP/IP 网络完全撇开了底层物理网络的特性，是一个高度抽象的概念，正是由于这个原因，TCP/IP 网络有着巨大的灵活性和通用性。

7.1.3 TCP/IP 核心协议

TCP/IP 协议簇中有很多种协议，如图 7.3 所示。

TCP/IP 协议簇中的核心协议被设计运行在网络层和传输层，它们为网络中的各主机提供通信服务，也为模型的最高层——应用层中的协议提供服务。

下面主要介绍在网络编程中涉及的传输层 TCP 和 UDP 两种协议。

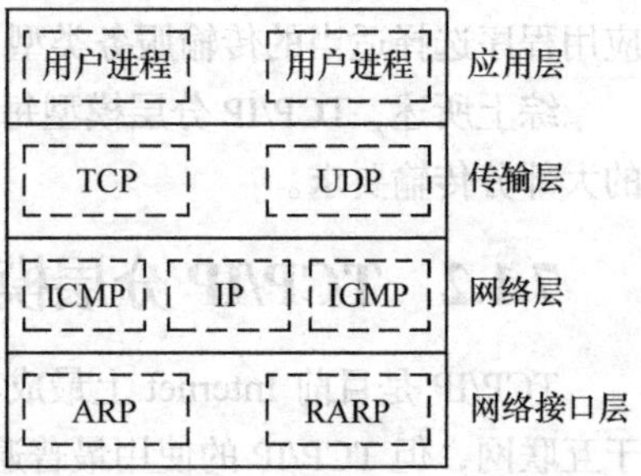

1. TCP

（1）概述

图 7.3 TCP/IP 协议簇不同分层中的协议

TCP 的上一层是应用层，TCP 向应用层提供可靠的面向对象的数据流传输服务，TCP 数据传输实现了从一个应用程序到另一个应用程序的数据传递。应用程序通过向 TCP 层提交数据发送/接收端的地址和端口号实现应用层的数据通信。

通过 IP 的源/目的可以唯一地区分网络中两个设备的连接，通过 socket 的源/目的可以唯一地区分网络中两个应用程序的连接。

（2）3 次握手协议

TCP 是面向连接的，所谓面向连接，就是当计算机双方通信时必须先建立连接，然后进行数据通信，最后拆除连接。TCP 在建立连接时有以下三个步骤。

① （A->B）：主机 A 向主机 B 发送一个包含 SYN 即同步（Synchronize）标志的 TCP 报文，SYN 同步报文会指明客户端使用的端口以及 TCP 连接的初始序号。

② （B->A）：主机 B 在收到客户端的 SYN 报文后，将返回一个 SYN+ACK 的报文，表示主机 B 的请求被接受，同时 TCP 序号被加 1，ACK 即确认（Acknowledgement）。

③ （A->B）：主机 A 也返回一个确认报文 ACK 给服务器端，同样 TCP 序列号被加 1，到此一个 TCP 连接完成。图 7.4 为这个流程的简单示意图。

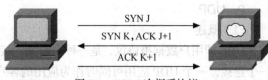

图 7.4　TCP 3 次握手协议

TCP 实体采用的基本协议是滑动窗口协议。当发送方传送一个数据包时，它将启动计时器。该数据包到达目的地后，接收方的 TCP 实体向回发送一个数据包，其中包含一个确认序号，它表示希望收到的下一个数据包的顺序号。如果发送方的定时器在确认信息到达之前超时，那么发送方会重发该数据包。

（3）TCP 数据包头

TCP 数据包头的格式如图 7.5 所示。

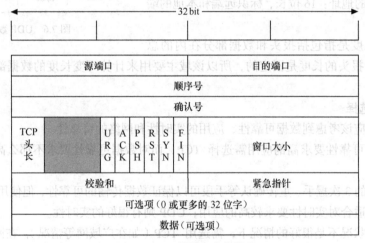

图 7.5　TCP 数据包头的格式

源端口、目的端口：16 位长，标识远端和本地的端口号。

顺序号：32 位长，标识发送的数据报的顺序。

确认号：32 位长，希望收到的下一个数据报的序列号。

TCP 头长：4 位长，表明 TCP 头中包含多少个 32 位字。

TCP 和 URG 之间有 6 位未用。

ACK：ACK 位置 1 表明确认号是合法的；如果 ACK 为 0，那么数据报不包含确认信息，确认字段被省略。

PSH：表示带有 PUSH 标志的数据。因此请求数据报一到接收方便可送往应用程序而不必等到缓冲区装满时才传送。

RST：用于复位由于主机崩溃或其他原因而出现的错误连接，还可以用于拒绝非法的数据报或连接请求。

SYN：用于建立连接。

FIN：用于释放连接。

窗口大小：16位长，窗口大小字段表示在确认字节之后，还可以发送多少字节。

校验和：16位长，是为了确保高可靠性而设置的，它校验头部、数据和伪TCP头部之和。

可选项：0个或多个32位字，包括最大TCP载荷、窗口比例、选择重发数据报等选项。

2. UDP

（1）概述

UDP即用户数据报协议，是一种面向无连接的不可靠传输协议，不需要通过3次握手来建立一个连接，一个UDP应用可同时作为应用的客户端方或服务器方。

由于UDP并不需要建立一个明确的连接，因此建立UDP应用要比建立TCP应用简单得多。UDP比TCP更为高效，也能更好地解决实时性的问题，如今，包括网络视频会议系统在内的众多客户/服务器模式的网络应用都使用UDP。

（2）UDP数据报头

UDP数据报头如图7.6所示。

源地址、目的地址：16位长，标识远端和本地的端口号。

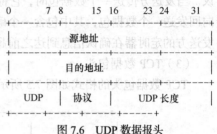

图7.6 UDP数据报头

数据报的长度是指包括报头和数据部分在内的总的字节数。因为报头的长度是固定的，所以该域主要用来计算可变长度的数据部分（又称为数据负载）。

3. 协议的选择

协议的选择应该考虑到数据可靠性、应用的实时性和网络的可靠性。

（1）对数据可靠性要求高的应用需选择TCP，而对数据可靠性要求不那么高的应用可选择UDP传送。

（2）TCP中的3次握手、重传确认等手段可以保证数据传输的可靠性，但使用TCP会有较大的时延，因此不适合对实时性要求较高的应用；UDP则有很好的实时性。

（3）在网络状况不是很好的情况下，需选用TCP（如在广域网等情况），在网络状况很好的情况下，选择UDP可以减少网络负荷。

7.2 网络编程基本知识

7.2.1 套接字概述

1. 套接字定义

在Linux中的网络编程是通过套接字（socket）接口来进行的。套接字是一种特殊的I/O接口，它也是一种文件描述符。socket是一种常用的进程之间通信机制，通过它不仅能实现本地机器上的进程之间的通信，而且通过网络能够在不同机器上的进程之间通信。

每一个socket都用一个半相关描述{协议、本地地址、本地端口}来表示；一个完整的套接字则用一个相关描述{协议、本地地址、本地端口、远程地址、远程端口}来表示。socket也有一个类似于打开文件的函数调用，该函数返回一个整型的socket描述符，随后的连接建立、数据传输等操作都是通过 socket 来实现的。

2. 套接字类型

常见的 socket 有如下 3 种类型。

（1）流式套接字。流式套接字（SOCK_STREAM）提供可靠的、面向连接的通信流；它使用 TCP，从而保证数据传输的可靠性和顺序性。

（2）数据报套接字。数据报套接字（SOCK_DGRAM）定义了一种不可靠、面向无连接的服务，数据通过相互独立的报文进行传输，是无序的，并且不保证是可靠、无差错的。它使用数据报协议 UDP。

（3）原始套接字。原始套接字（SOCK_RAW）允许直接访问底层协议，如 IP 或 ICMP，它功能强大但使用较为不便，主要用于协议开发。

当然套接字的类型不止这 3 类，还有其他方式，这里就不一一介绍了，这里介绍的 3 种是最常用也是最重要的类型。

7.2.2 地址及顺序处理

1. 地址结构相关处理

（1）数据结构

说起数据类型，不得不说的是套接字是一种进程间的通信方式，但是两台计算机如果通信，如何找到对方呢？能够标识每一台计算机的东西，只能非 IP 地址莫属了，有了 IP 地址可以找到一台计算机，但是无法确定到底是哪一个进程，所以还需要标识唯一的进程，进程号是系统随机产生的，不够方便，如果人为标识唯一的过程，需要使用端口号，所以有了 IP 地址以及端口号，就可以找到对应计算机的进程。下面介绍一个重要的数据类型：sockaddr，用来保存 socket 信息。

```
struct sockaddr
{
    unsigned short sa_family;    /*地址簇*/
    char sa_data[14];            /*14 字节的协议地址，包含该 socket 的 IP 地址和端口号。*/
};
```

这个结构体没有我们想要的 IP 地址和端口号，因为这个结构体是一个通用的结构体，真正使用的是 sockaddr_in，代码如下。

```
struct sockaddr_in
{
    short int sin_family;            /*地址簇*/
    unsigned short int sin_port;     /*端口号*/
    struct in_addr sin_addr;         /*IP 地址*/
    unsigned char sin_zero[8];       /*填充 0 以保持与 struct sockaddr 同样大小*/
};
```

这两个数据类型是等效的，可以相互转化，通常 sockaddr_in 数据类型使用更为方便。在建立 sockaddr 或 sockaddr_in 后，就可以对该 socket 进行适当的操作了。那么为什么不直接使用 sockaddr_in，还要使用 sockaddr 呢？主要是因为还有其他结构类型，如本地通信需要使用到的 sockaddr_un 又与之前的两个有区别，所以为了使用方便，一般在定义函数时都会使用 sockaddr，需要使用哪个，引用哪个就行，用的时候需要将结构类型进行强制类型转换。

（2）结构字段

该结构 sa_family 字段可选的常见值如表 7.1 所示。

表 7.1　sa_family 字段值

结构定义头文件	`#include <netinet/in.h>`
sa_family	AF_INET：IPv4
	AF_INET6：IPv6
	AF_LOCAL：UNIX 域协议（也可使用 AF_UNIX）
	AF_LINK：链路地址协议
	AF_KEY：密钥套接字

有一些书籍会使用"PF_"开头的宏，二者基本上相同，底层二者是宏定义的关系，但是二者还有一些区别，A 代表 address，P 代表 protocol，sockaddr_in 其他字段的含义非常清楚，具体的设置涉及其他函数，后面有详细的讲解。

2. 数据存储优先顺序

（1）函数说明

计算机数据存储有两种字节优先顺序：高位字节优先（称为大端模式）和低位字节优先（称为小端模式，计算机通常采用小端模式）。Internet 上的数据以高位字节优先顺序在网络上传输，也就是大端存储的方式，因此在有些情况下，需要对这两个字节存储优先顺序进行相互转化。这里用到了 4 个函数：htons()、ntohs()、htonl()和 ntohl()。这 4 个函数分别实现网络字节序和主机字节序的转化，这里的 h 代表 host，n 代表 network，s 代表 short，l 代表 long int。通常 16 位的 IP 端口号用 s 代表，IP 地址用 l 代表。调用这些函数只是使其得到相应的字节序，用户不需要清楚该系统的主机字节序和网络字节序是否真正相等。如果不需要转换，该系统的这些函数会定义成空宏。

（2）函数格式

这 4 个函数的语法格式如表 7.2 所示。

表 7.2　htons 等函数语法格式

所需头文件	`#include <arpa/inet.h>`

函数原型	`uint16_t htons(unit16_t host16bit)`
	`uint32_t htonl(unit32_t host32bit)`
	`uint16_t ntohs(unit16_t net16bit)`
	`uint32_t ntohs(unit32_t net32bit)`

功能	htons 与 htonl：将主机字节序转化为网络字节序 ntohs 与 ntohl：将网络字节序转化为主机字节序
函数传入值	host16bit：主机字节序的 16bit 数据
	host32bit：主机字节序的 32bit 数据
	net16bit：网络字节序的 16bit 数据
	net32bit：网络字节序的 32bit 数据
函数返回值	成功：返回要转换的字节序
	出错：−1

3. 地址格式转化

（1）函数说明

用户在表达地址时通常采用点分十进制表示的数值（或者是以冒号分开的十进制 IPv6 地址），而在通常使用的 socket 编程中使用的是二进制值，这就需要将这两种数值进行转换。

在 IPv4 中用到的函数有 inet_aton()、inet_addr() 和 inet_ntoa()，而 IPv4 和 IPv6 兼容的函数是 inet_pton() 和 inet_ntop()。由于 IPv6 是下一代互联网的标准协议，因此，本书讲解的函数都能够同时兼容 IPv4 和 IPv6，但在具体举例时仍以 IPv4 为例。inet_pton() 函数是将点分十进制地址字符串转换为二进制地址〔例如，将 IPv4 的地址字符串 "192.168.1.123" 转换为 4 字节的数据（从低字节起依次为 192、168、1、123）〕，而 inet_ntop() 是 inet_pton() 的反操向作，将二进制地址转换为点分十进制地址字符串。

（2）函数格式

inet_pton 函数的语法要点如表 7.3 所示。

表 7.3　　　　　　　　　　　inet_pton 函数语法要点

所需头文件	#include <arpa/inet.h>	
函数原型	int inet_pton(int family, const char *strptr, void *addrptr)	
功能	将点分十进制转化为网络能够识别的十进制整数	
函数传入值	family	AF_INET：IPv4 协议
		AF_INET6：IPv6 协议
	strptr：要转化的值	
	addrptr：转化后的地址	
函数返回值	成功：0	
	出错：−1	

inet_ntop 函数的语法要点如表 7.4 所示。

表 7.4　　　　　　　　　　　inet_ntop 函数语法要点

所需头文件	#include <arpa/inet.h>	
函数原型	int inet_ntop(int family, void *addrptr, char *strptr, size_t len)	
功能	将网络识别的十进制整数转化为点分十进制的 IP 地址	
函数传入值	Family	AF_INET：IPv4 协议
		AF_INET6：IPv6 协议
	addrptr：转化后的地址	
	strptr：要转化的值	
	len：转化后值的大小	
函数返回值	成功：0	
	出错：−1	

4. 名字地址转化

（1）函数说明

在 Linux 中有一些函数可以实现 IPv4 和 IPv6 的地址和主机名之间的转化，如 gethostbyname()、gethostbyaddr() 和 getaddrinfo() 等。

其中 gethostbyname() 是将主机名转化为 IP 地址，gethostbyaddr() 则是逆操作，是将 IP 地址转化为主机名，另外 getaddrinfo() 还能自动识别 IPv4 地址和 IPv6 地址。

gethostbyname() 和 gethostbyaddr() 都涉及一个 hostent 的结构体，语法格式如下。

```
struct hostent
{
    char *h_name;                /*正式主机名*/
    char **h_aliases;            /*主机别名*/
    int h_addrtype;              /*地址类型*/
    int h_length;                /*地址字节长度*/
    char **h_addr_list;          /*指向IPv4或IPv6的地址指针数组*/
}
```

调用 gethostbyname()函数或 gethostbyaddr()函数后就能返回 hostent 结构体的相关信息。getaddrinfo()函数涉及一个 addrinfo 的结构体，语法格式如下。

```
struct addrinfo
{
    int ai_flags;                /*AI_PASSIVE, AI_CANONNAME;*/
    int ai_family;               /*地址簇*/
    int ai_socktype;             /*socket 类型*/
    int ai_protocol;             /*协议类型*/
    size_t ai_addrlen;           /*地址字节长度*/
    char *ai_canonname;          /*主机名*/
    struct sockaddr *ai_addr;    /*socket 结构体*/
    struct addrinfo *ai_next;    /*下一个指针链表*/
}
```

与 hostent 结构体相比，addrinfo 结构体包含更多的信息。

（2）函数格式

gethostbyname()函数的语法要点如表 7.5 所示。

表 7.5　　　　　　　　　　gethostbyname 函数语法要点

所需头文件	#include <netdb.h>
函数原型	struct hostent *gethostbyname(const char *hostname)
功能	将主机名转化为 IP 地址
函数传入值	hostname：主机名
函数返回值	成功：hostent 类型指针
	出错：−1

调用该函数时，首先设置 hostent 结构体中的 h_addrtype 和 h_length，若为 IPv4，可设置为 AF_INET 和 4；若为 IPv6，可设置为 AF_INET6 和 16；若不设置，则默认为 IPv4 地址类型。

getaddrinfo()函数的语法要点如表 7.6 所示。

表 7.6　　　　　　　　　　getaddrinfo()函数语法要点

所需头文件	#include <netdb.h>
函数原型	int getaddrinfo(const char *node, const char *service, const struct addrinfo *hints, struct addrinfo **result)
功能	将主机名转化为 IP 地址
函数传入值	node：网络地址或者网络主机名
	service：服务名或十进制的端口号字符串
	hints：服务线索
	result：返回结果
函数返回值	成功：0
	出错：−1

在调用之前,首先要设置 hints 服务线索。它是一个 addrinfo 结构体,该结构体常见的选项值如表 7.7 所示。

表 7.7　　　　　　　　　　　　　addrinfo 结构体常见选项值

结构体头文件	#include <netdb.h>
ai_flags	AI_PASSIVE:该套接口是用作被动地打开
	AI_CANONNAME:通知 getaddrinfo 函数返回主机的名字
ai_family	AF_INET:IPv4
	AF_INET6:IPv6
	AF_UNSPEC:IPv4 或 IPv6 均可
ai_socktype	SOCK_STREAM:字节流套接字 socket(TCP)
	SOCK_DGRAM:数据报套接字 socket(UDP)
ai_protocol	IPPROTO_IP:IP
	IPPROTO_IPV4:IPv4
	IPPROTO_IPV6:IPv6
	IPPROTO_UDP:UDP
	IPPROTO_TCP:TCP

注意:

① 通常服务器端在调用 getaddrinfo()之前,ai_flags 设置为 AI_PASSIVE,用于 bind()函数(用于端口和地址的绑定,后面会讲到),主机名 nodename 通常设置为 NULL。

② 客户端调用 getaddrinfo()时,ai_flags 一般不设置为 AI_PASSIVE,但是主机名 nodename 和服务名 servname(端口)应该不为空。

即使不设置 ai_flags 为 AI_PASSIVE,取出的地址也可以被绑定,很多程序中 ai_flags 直接设置为 0,即 3 个标志位都不设置,在这种情况下,只要 hostname 和 servname 设置得没有问题,就可以正确绑定。

(3)使用实例

下面是 getaddrinfo()函数用法的示例。使用 gethostname()获取主机名,调用 getaddrinfo()函数得到关于主机的相关信息。最后调用 inet_ntop()函数将主机的 IP 地址转换成字符串,以便显示到屏幕上。

```
/* getaddrinfo.c */
#include <stdio.h>
#include <stdlib.h>
#include <string.h>
#include <netdb.h>
#include <sys/types.h>
#include <netinet/in.h>
#include <sys/socket.h>
#include <arpa/inet.h>
#define MAXNAMELEN      256

int main()
{
    struct addrinfo hints, *res = NULL;
    char host_name[MAXNAMELEN], addr_str[INET_ADDRSTRLEN], *addr_str1;
```

```c
    int rc;
    struct in_addr addr;

    memset(&hints, 0, sizeof(hints));
    /*设置addrinfo结构体中的各参数 */
    hints.ai_flags = AI_CANONNAME;
    hints.ai_family = AF_UNSPEC;
    hints.ai_socktype = SOCK_DGRAM;
    hints.ai_protocol = IPPROTO_UDP;

    /* 调用gethostname()函数获得主机名 */
    if ((gethostname(host_name ,MAXNAMELEN)) == -1)
    {
        perror("gethostname");
        exit(1);
    }

    rc = getaddrinfo(host_name, NULL, &hints, &res);
    if (rc != 0)
    {
        perror("getaddrinfo");
        exit(1);
    }
    else
    {
        addr = ((struct sockaddr_in*)(res->ai_addr))->sin_addr;
        inet_ntop(res->ai_family,
                    &(addr.s_addr), addr_str, INET_ADDRSTRLEN);
        printf("Host name:%s\nIP address: %s\n",
                    res->ai_canonname, addr_str);
    }
    exit(0);
}
```

7.2.3 套接字编程

1. 函数说明

socket编程的基本函数有socket()、bind()、listen()、accept()、send()、sendto()、recv()以及recvfrom()等,其中根据的是客户端还是服务端,或者根据使用的是TCP还是UDP,这些函数的调用流程都有所区别,这里先对每个函数进行说明,再给出各种情况下的使用流程图。

socket():该函数用于建立一个套接字和一条通信路线的端点。建立socket之后,可对sockaddr或sockaddr_in结构进行初始化,以保存建立的socket地址信息。

bind():该函数用于将sockaddr结构的地址信息与套接字进行绑定。

listen():在服务端程序成功建立套接字和与地址绑定之后,还需要准备在该套接字上接收新的连接请求。此时调用listen()函数创建一个等待队列,在其中存放未处理的客户端连接请求。

accept():服务端程序调用listen()函数创建等待队列之后,调用accept()函数等待并接收客户端的连接请求。它通常从由listen()创建的等待队列中取出第一个未处理的连接请求。

connect():客户端通过一个未命名套接字(未使用bind()函数)和服务器监听套接字之间建立连接的方法来连接到服务器。这个工作客户端使用connect()函数来实现。

send()和recv()：这两个函数分别用于发送和接收数据，可以用在TCP中，也可以用在UDP中。用在UDP中时，可以在connect()函数建立连接之后再使用。

sendto()和recvfrom()：这两个函数的作用与send()和recv()函数类似，也可以用在TCP和UDP中。用在TCP中时，后面几个与地址有关的参数不起作用，函数作用等同于send()和recv()；当用在UDP中时，可以用在之前没有使用connect()的情况下，这两个函数可以自动寻找指定地址并连接。

服务器端和客户端使用TCP的流程如图7.7所示。

服务器端和客户端使用UDP的流程如图7.8所示。

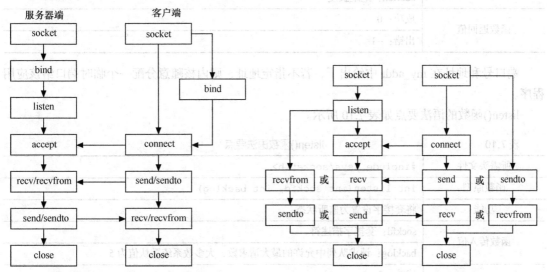

图 7.7　使用 TCP socket 编程流程图　　　　图 7.8　使用 UDP socket 编程流程图

2. 函数格式

socket()函数的语法要点如表7.8所示。

表 7.8　　　　　　　　　　　　　　socket()函数语法要点

所需头文件	#include <sys/socket.h>	
函数原型	int socket(int family, int type, int protocol)	
功能	创建一个套接字，返回一个文件描述符	
函数传入值	family：协议簇	AF_INET：IPv4
		AF_INET6：IPv6
		AF_LOCAL：UNIX 域协议
		AF_ROUTE：路由套接字（socket）
		AF_KEY：密钥套接字（socket）
	type：套接字类型	SOCK_STREAM：字节流套接字 socket
		SOCK_DGRAM：数据报套接字 socket
		SOCK_RAW：原始套接字 socket
	protocol：0（原始套接字除外）	
函数返回值	成功：非负套接字描述符	
	出错：−1	

bind()函数的语法要点如表 7.9 所示。

表 7.9　　　　　　　　　　　　　bind()函数语法要点

所需头文件	#include <sys/socket.h>
函数原型	int bind(int sockfd, struct sockaddr *my_addr, int addrlen)
功能	将套接字与网络信息结构体 sockaddr_in 绑定
函数传入值	sockfd：套接字描述符
	my_addr：本地地址
	addrlen：地址长度
函数返回值	成功：0
	出错：−1

端口号和地址在 my_addr 中给出了，若不指定地址，则内核随意分配一个临时端口给该应用程序。

listen()函数的语法要点如表 7.10 所示。

表 7.10　　　　　　　　　　　　　listen()函数语法要点

所需头文件	#include <sys/socket.h>
函数原型	int listen(int sockfd, int backlog)
功能	将套接字设置为监听状态
函数传入值	sockfd：套接字描述符
	backlog：请求队列中允许的最大请求数，大多数系统默认值为 5
函数返回值	成功：0
	出错：−1

accept()函数的语法要点如表 7.11 所示。

表 7.11　　　　　　　　　　　　　accept()函数语法要点

所需头文件	#include <sys/socket.h>
函数原型	int accept(int sockfd, struct sockaddr *addr, socklen_t *addrlen)
功能	阻塞等待客户端的连接请求
函数传入值	sockfd：套接字描述符
	addr：客户端地址
	addrlen：地址长度
函数返回值	成功：为新的连接请求创建的套接字
	出错：−1

connect()函数的语法要点如表 7.12 所示。

表 7.12　　　　　　　　　　　　　connect()函数语法要点

所需头文件	#include <sys/socket.h>
函数原型	int connect(int sockfd, struct sockaddr *serv_addr, int addrlen)
功能	发送客户端的连接请求

函数传入值	sockfd：套接字描述符
	serv_addr：服务器端地址
	addrlen：地址长度
函数返回值	成功：0
	出错：-1

send()函数的语法要点如表 7.13 所示。

表 7.13　　　　　　　　　　　send()函数语法要点

所需头文件	#include <sys/socket.h>
函数原型	int send(int sockfd, const void *msg, int len, int flags)
功能	发送数据
函数传入值	sockfd：套接字描述符
	msg：指向要发送数据的指针
	len：数据长度
	flags：一般为 0
函数返回值	成功：实际发送到的字节数
	出错：-1

recv()函数的语法要点如表 7.14 所示。

表 7.14　　　　　　　　　　　recv()函数语法要点

所需头文件	#include <sys/socket.h>
函数原型	int recv(int sockfd, void *buf,int len, unsigned int flags)
功能	接收数据
函数传入值	sockfd：套接字描述符
	buf：存放接收数据的缓冲区
	len：数据长度
	flags：一般为 0
函数返回值	成功：实际接收到的字节数
	出错：-1

sendto()函数的语法要点如表 7.15 所示。

表 7.15　　　　　　　　　　　sendto()函数语法要点

所需头文件	#include <sys/socket.h>
函数原型	int sendto(int sockfd, const void *msg,int len, unsigned int flags, const struct sockaddr *to, int tolen)
功能	发送数据
函数传入值	sockfd：套接字描述符
	msg：指向要发送数据的指针

续表

函数传入值	len：数据长度
	flags：一般为 0
	to：目地机的 IP 地址和端口号信息
	tolen：地址长度
函数返回值	成功：实际发送到的字节数
	出错：-1

recvfrom()函数的语法要点如表 7.16 所示。

表 7.16 recvfrom()函数语法要点

所需头文件	#include <sys/socket.h>
函数原型	int recvfrom(int sockfd,void *buf, int len, unsigned int flags, struct sockaddr *from, int *fromlen)
功能	接收数据
函数传入值	sockfd：套接字描述符
	buf：存放接收数据的缓冲区
	len：数据长度
	flags：一般为 0
	from：源主机的 IP 地址和端口号信息
	tolen：地址长度
函数返回值	成功：实际接收到的字节数
	出错：-1

7.2.4 编程实例

该实例分为客户端和服务器端两部分，其中服务器端首先建立起 socket，然后与本地端口绑定，接着开始接收从客户端的连接请求并建立与它的连接，接下来，接收客户端发送的消息。客户端则在建立 socket 之后，调用 connect()函数来建立连接。

TCP 网络编程

服务端的代码如下。

```
/*server.c*/
#include <sys/types.h>
#include <sys/socket.h>
#include <stdio.h>
#include <stdlib.h>
#include <errno.h>
#include <string.h>
#include <unistd.h>
#include <netinet/in.h>
#define PORT            4321
#define BUFFER_SIZE     1024
#define MAX_QUE_CONN_NM 5

int main()
{
```

```c
    struct sockaddr_in server_sockaddr,client_sockaddr;
    int sin_size,recvbytes;
    int sockfd, client_fd;
    char buf[BUFFER_SIZE];

    /*建立socket连接*/
    if ((sockfd = socket(AF_INET,SOCK_STREAM,0))== -1)
    {
        perror("socket");
        exit(1);
    }
    printf("Socket id = %d\n",sockfd);

    /*设置sockaddr_in 结构体中相关参数*/
    /*AF_INET:网络通信*/
    /*htons:将主机字节序转化为网络字节序*/
    server_sockaddr.sin_family = AF_INET;
    server_sockaddr.sin_port = htons(PORT);
    server_sockaddr.sin_addr.s_addr = INADDR_ANY;
    memset(server_sockaddr.sin_zero,0,8);

    int i = 1;
/* 允许重复使用本地地址与套接字进行绑定 */
    setsockopt(sockfd, SOL_SOCKET, SO_REUSEADDR, &i, sizeof(i));

    /*绑定函数bind()*/
    if (bind(sockfd, (struct sockaddr *)&server_sockaddr,
            sizeof(struct sockaddr)) == -1)
    {
        perror("bind");
        exit(1);
    }
    printf("Bind success!\n");

    /*调用listen()函数,创建未处理请求的队列*/
    if (listen(sockfd, MAX_QUE_CONN_NM) == -1)
    {
        perror("listen");
        exit(1);
    }
    printf("Listening....\n");

    /*调用accept()函数,等待客户端的连接*/
    if ((client_fd = accept(sockfd,
            (struct sockaddr *)&client_sockaddr, &sin_size)) == -1)
    {
        perror("accept");
        exit(1);
    }

    /*调用recv()函数接收客户端的请求*/
    memset(buf , 0, sizeof(buf));
    if ((recvbytes = recv(client_fd, buf, BUFFER_SIZE, 0)) == -1)
    {
        perror("recv");
```

```
        exit(1);
    }
    printf("Received a message: %s\n", buf);
    close(sockfd);
    exit(0);
}
```

客户端的代码如下。

```
/*client.c*/
……(头文件的部分与server.c相同)
#define PORT 4321
#define BUFFER_SIZE 1024
int main(int argc, char *argv[])
{
    int sockfd,sendbytes;
    char buf[BUFFER_SIZE];
    struct hostent *host;
    struct sockaddr_in serv_addr;

    if(argc < 3)
    {
        fprintf(stderr,"USAGE: ./client Hostname(or ip address) Text\n");
        exit(1);
    }
    /*地址解析函数*/
    if ((host = gethostbyname(argv[1])) == NULL)
    {
        perror("gethostbyname");
        exit(1);
    }

    memset(buf, 0, sizeof(buf));
    sprintf(buf, "%s", argv[2]);
    /*创建socket*/
    if ((sockfd = socket(AF_INET, SOCK_STREAM, 0)) == -1)
    {
        perror("socket");
        exit(1);
    }

    /*设置sockaddr_in结构体中的相关参数*/
    serv_addr.sin_family = AF_INET;
    serv_addr.sin_port = htons(PORT);
    serv_addr.sin_addr = *((struct in_addr *)host->h_addr);
    memset(serv_addr.sin_zero,0, 8);
    /*调用connect函数主动发起对服务器端的连接*/
    if(connect(sockfd,(struct sockaddr *)&serv_addr,
                        sizeof(struct sockaddr))== -1)
    {
        perror("connect");
        exit(1);
    }
    /*发送消息给服务器端*/
    if ((sendbytes = send(sockfd, buf, strlen(buf), 0)) == -1)
    {
        perror("send");
        exit(1);
```

```
        }
        close(sockfd);
        exit(0);
}
```
在运行时，需要先启动服务器端，再启动客户端。可以把服务器端下载到开发板上，客户端在宿主机上运行，然后配置双方的 IP 地址，在确保双方可以通信（如使用 ping 命令验证）的情况下，运行该程序即可。

```
$ ./server
Socket id = 3
Bind success!
Listening....
Received a message: Hello,Server!
$ ./client 目标板 IP 地址 Hello,Server!
```

7.3 网络高级编程

在实际情况中，经常出现多个客户端连接服务器端的情况。在之前介绍的实例中使用阻塞函数，因此如果资源没有准备好，则调用该函数的进程进入睡眠状态，这样就无法处理其他请求。本节给出了三种解决 I/O 多路复用的方法，分别为非阻塞和异步式处理（使用 fcntl()函数）以及多路复用处理（使用 select()或 poll()函数）。此外，多进程和多线程编程是网络编程中常用的事务处理方法，下一节的实例中会用到多进程网络编程。读者可以尝试使用多线程机制修改书上的所有实例，会发现多线程编程在网络编程中是非常有效的一种方法。

7.3.1 非阻塞和异步 I/O

在 socket 编程中，函数 fcntl(int fd, int cmd, int arg)的编程特性如下。
- 获得文件状态标志：将 cmd 设置为 F_GETFL，会返回由 fd 指向的文件的状态标志。
- 非阻塞 I/O：将 cmd 设置为 F_SETFL，将 arg 设置为 O_NONBLOCK。
- 异步 I/O：将 cmd 设置为 F_SETFL，将 arg 设置为 O_ASYNC（后面有说明）。

非阻塞 I/O

下面是用 fcntl()将套接字设置为非阻塞 I/O 的实例代码。

在该实例中采用每一秒循环查询是否有等待处理的连接请求，如果有则读取数据，否则判断 errno 的值。如果 errno 的值等于 EAGAIN，则意味着 accept()函数是因为所需的资源尚未得到（没有一个等待处理的新连接请求）而返回，此时程序睡眠 1s，再查询。如果 errno 取其他错误值，则意味着发生了其他错误，应立即结束程序的运行。

```
/* nonblock_server.c */
/* 省略重复的#include 部分*/
#include <fcntl.h>
#define PORT              1234
#define MAX_QUE_CONN_NM   5
#define BUFFER_SIZE       1024
int main()
{
    struct sockaddr_in server_sockaddr, client_sockaddr;
    int sin_size, recvbytes, flags;
```

```c
    int sockfd, client_fd;
    char buf[BUFFER_SIZE];

    if ((sockfd = socket(AF_INET, SOCK_STREAM, 0)) == -1)
    {
        perror("socket");
        exit(1);
    }
    server_sockaddr.sin_family = AF_INET;
    server_sockaddr.sin_port = htons(PORT);
    server_sockaddr.sin_addr.s_addr = INADDR_ANY;
    bzero(&(server_sockaddr.sin_zero), 8);
    int i = 1;/* 允许重复使用本地地址与套接字进行绑定 */
    setsockopt(sockfd, SOL_SOCKET, SO_REUSEADDR, &i, sizeof(i));
    if (bind(sockfd, (struct sockaddr *)&server_sockaddr,
                        sizeof(struct sockaddr)) == -1)
    {
        perror("bind");
        exit(1);
    }
    if(listen(sockfd,MAX_QUE_CONN_NM) == -1)
    {
        perror("listen");
        exit(1);
    }
    /* 调用 fcntl()函数给套接字设置非阻塞属性 */
    flags = fcntl(sockfd, F_GETFL);
    if (flags < 0 || fcntl(sockfd, F_SETFL, flags|O_NONBLOCK) < 0)
    {
        perror("fcntl");
        exit(1);
    }
    while(1)
    {
        sin_size = sizeof(struct sockaddr_in);
        do
        {
            if (!((client_fd = accept(sockfd,
                    (struct sockaddr*)&client_sockaddr, &sin_size)) < 0))
            {
                break;
            }
            if (errno == EAGAIN)
            { /* 在没有等待处理的连接请求时，errno 值等于 EAGAIN */
                printf("Resource temporarily unavailable\n");
                sleep(1);
            }
            else
            { /* 其他错误 */
                perror("accept");
                exit(1);
            }
        } while (1);

        if ((recvbytes = recv(client_fd, buf, BUFFER_SIZE, 0)) < 0)
        {
            perror("recv");
```

```
            exit(1);
        }
        printf("Received a message: %s\n", buf);
    } /* end of while */

    close(client_fd);
    exit(1);
}
```

运行该程序，结果如下。

```
$ ./nonblock_server_plus
Resource temporarily unavailable  /* 如果暂时没有可处理的等待请求,则立刻返回*/
Resource temporarily unavailable
Resource temporarily unavailable
Received a message: hello!        /* 处理新的连接请求,而读取数据 */
Resource temporarily unavailable
Resource temporarily unavailable
$ ./client 192.168.1.20 hello!
```

可以看到，当 accept() 的资源不可用（没有任何未处理的等待连接的请求）时，程序会立刻返回。此时 errno 的值等于 EAGAIN。

可以采用循环查询的方法来解决这个问题。

尽管在大多数情况下，使用阻塞式、非阻塞式、多路复用等机制可以有效地进行网络通信，但效率最高的方法是使用异步通知机制。这种方法常用在设备 I/O 编程中。

内核通过使用异步 I/O，在某一个进程需要处理的事件发生（如接收到新的连接请求）时，向该进程发送一个 SIGIO 信号。这样，应用程序不需要不停地等待某些事件发生，而可以往下运行，以完成其他的工作。只有收到从内核发来的 SIGIO 信号时，才处理它（如读取数据）。

使用 fcntl() 函数可以实现高效率的异步 I/O 的方法。首先使用 fcntl 的 F_SETOWN 命令，使套接字归属于当前进程，以使内核能够判断应该向哪个进程发送信号。接下来，使用 fcntl 的 F_SETFL 命令将套接字的状态标志位设置为异步通知方式（使用 O_ASYNC 参数）。

下面是使用 fcntl() 函数实现基于异步 I/O 方式的套接字通信的示例程序。

```
/* async_server.c */
/* 省略重复的#include 部分*/
#include <fcntl.h>
#include <signal.h>
#define PORT            4321
#define BUFFER_SIZE     1024
#define MAX_QUE_CONN_NM 5

struct sockaddr_in server_sockaddr, client_sockaddr;
int sockfd, client_fd;
char buf[BUFFER_SIZE];
int sin_size, recvbytes;

void do_work()  /* 模拟的任务：这里只是在每秒打印一句信息 */
{
    while(1)
    {
        sleep(1);
        printf("I'm working...\n");
    }
}
```

```c
/* 异步信号处理函数,处理新的套接字的连接和数据 */
void accept_async(int sig_num)
{
    sin_size = sizeof(client_sockaddr);
    if ((client_fd = accept(sockfd,
            (struct sockaddr *)&client_sockaddr, &sin_size)) == -1)
    {
        perror("accept");
        exit(1);
    }
    /*调用 recv 函数接收客户端的请求*/
    memset(buf , 0, sizeof(buf));
    if ((recvbytes = recv(client_fd, buf, BUFFER_SIZE, 0)) == -1)
    {
        perror("recv");
        exit(1);
    }
    printf("Asyncronous method: received a message: %s\n", buf);
}

int main()
{
    int flags;

    /*建立 socket 连接*/
    if ((sockfd = socket(AF_INET, SOCK_STREAM, 0))== -1)
    {
        perror("socket");
        exit(1);
    }
    /*设置 sockaddr_in 结构体中的相关参数*/
    server_sockaddr.sin_family = AF_INET;
    server_sockaddr.sin_port = htons(PORT);
    server_sockaddr.sin_addr.s_addr = INADDR_ANY;
    bzero(&(server_sockaddr.sin_zero), 8);
    int i = 1;/* 使得重复使用本地地址与套接字进行绑定 */
    setsockopt(sockfd, SOL_SOCKET, SO_REUSEADDR, &i, sizeof(i));
    /*绑定函数 bind*/
    if (bind(sockfd, (struct sockaddr *)&server_sockaddr,
                        sizeof(struct sockaddr))== -1)
    {
        perror("bind");
        exit(1);
    }
    /*调用 listen 函数*/
    if (listen(sockfd, MAX_QUE_CONN_NM) == -1)
    {
        perror("listen");
        exit(1);
    }
    /* 设置异步方式*/
    signal(SIGIO, accept_async); /* SIGIO 信号处理函数的注册 */
    fcntl(sockfd, F_SETOWN, getpid());  /* 使套接字归属于该进程*/
    flags = fcntl(sockfd, F_GETFL); /* 获得套接字的状态标志位 */
    if (flags < 0 || fcntl(sockfd, F_SETFL, flags | O_ASYNC) < 0)
```

```
    { /* 设置成异步访问模式 */
        perror("fcntl");
    }
    do_work(); /* 继续完成自己的工作，不再需要等待了 */
    close(sockfd);
    exit(0);
}
```
客户端程序与 7.2.4 小节中的例子相同，运行结果如下。

```
$ ./async_server  /*启动服务端程序*/
I'm working...
I'm working...
Asyncronous method: received a message: Hello!
I'm working...
...
Asyncronous method: received a message: Asyncronous!
I'm working...

$ ./client 192.168.1.20 Hello!  /* 运行两个客户端程序 */
$ ./client 192.168.1.20 Asyncronous!
```

7.3.2 使用多路复用

使用 fcntl()函数虽然可以实现非阻塞 I/O 或信号驱动 I/O，但在实际使用时往往会对资源是否准备完毕进行循环测试，这样就大大增加了不必要的 CPU 资源占用。在这里可以使用 select()函数（或者 poll()函数）来解决这个问题。使用 select()函数还可以设置等待的时间，可以说功能更加强大。下面是使用 select()函数的服务器端源代码。客户端程序基本上与 7.2.4 小节中的实例相同，仅加入一行 sleep()函数，使客户端进程等待几秒钟才结束。

```
/* net_select.c */
……(头文件部分与 7.2.4 小节的实例相同)
#define PORT                4321
#define MAX_QUE_CONN_NM     5
#define MAX_SOCK_FD         FD_SETSIZE
#define BUFFER_SIZE         1024

int main()
{
    struct sockaddr_in server_sockaddr, client_sockaddr;
    int sin_size, count;
    fd_set inset, tmp_inset;
    int sockfd, client_fd, fd;
    char buf[BUFFER_SIZE];

    if ((sockfd = socket(AF_INET, SOCK_STREAM, 0)) == -1)
    {
        perror("socket");
        exit(1);
    }
    server_sockaddr.sin_family = AF_INET;
    server_sockaddr.sin_port = htons(PORT);
    server_sockaddr.sin_addr.s_addr = INADDR_ANY;
    memset(server_sockaddr.sin_zero,0, 8);
    int i = 1;/* 允许重复使用本地地址与套接字进行绑定 */
    setsockopt(sockfd, SOL_SOCKET, SO_REUSEADDR, &i, sizeof(i));
```

```c
if (bind(sockfd, (struct sockaddr *)&server_sockaddr,
            sizeof(struct sockaddr)) == -1)
{
    perror("bind");
    exit(1);
}

if(listen(sockfd, MAX_QUE_CONN_NM) == -1)
{
    perror("listen");
    exit(1);
}
printf("listening...\n");
/*将调用 socket()函数的描述符作为文件描述符*/
FD_ZERO(&inset);
FD_SET(sockfd, &inset);
while(1)
{
    tmp_inset = inset;
    sin_size=sizeof(struct sockaddr_in);
    memset(buf, 0, sizeof(buf));
    /*调用 select()函数*/
    if (!(select(MAX_SOCK_FD, &tmp_inset, NULL, NULL, NULL) > 0))
    {
        perror("select");
    }
    for (fd = 0; fd < MAX_SOCK_FD; fd++)
    {
        if (FD_ISSET(fd, &tmp_inset) > 0)
        {
            if (fd == sockfd)
            {/* 服务端接收客户端的连接请求 */
                if ((client_fd = accept(sockfd, (struct sockaddr *)&client_sockaddr,
                    &sin_size))== -1)
                {
                    perror("accept");
                    exit(1);
                }
                FD_SET(client_fd, &inset);
                printf("New connection from %d(socket)\n", client_fd);
            }
            else                    /* 处理从客户端发来的消息 */
            {
                if ((count = recv(client_fd, buf, BUFFER_SIZE, 0)) > 0)
                {
                    printf("Received a message from %d: %s\n",
                                            client_fd, buf);
                }
                else
                {
                    close(fd);
                    FD_CLR(fd, &inset);
                    printf("Client %d(socket) has left\n", fd);
                }
            }
        } /* end of if FD_ISSET*/
```

```
        } /* end of for fd*/
    } /* end if while while*/
    close(sockfd);
    exit(0);
}
```
运行该程序时,可以先启动服务器端,再反复运行客户端程序(这里启动两个客户端进程)即可,服务器端运行结果如下。

```
$ ./server
listening....
New connection from 4(socket)              /* 接受第一个客户端的连接请求*/
Received a message from 4: Hello,First!    /* 接收第一个客户端发送的数据*/
New connection from 5(socket)              /* 接受第二个客户端的连接请求*/
Received a message from 5: Hello,Second!   /* 接收第二个客户端发送的数据*/
Client 4(socket) has left                  /* 检测到第一个客户端离线了*/
Client 5(socket) has left                  /* 检测到第二个客户端离线了*/
$ ./client localhost Hello,First! & ./client localhost Hello,Second
```

7.4 实验内容:NTP 的客户端实现

1. 实验目的

通过实现 NTP 的练习,进一步掌握 Linux 网络编程,并且提高协议的分析与实现能力,为参与完成综合性项目打下良好的基础。

2. 实验内容

Network Time Protocol(NTP)是用来使计算机时间同步化的一种协议,它可以使计算机对其服务器或时钟源(如石英钟、GPS 等)进行同步化,它可以提供高精确度的时间校正(LAN 上与标准时间差小于 1ms,WAN 上相差几十 ms),且可用加密确认的方式来防止恶毒的协议攻击。

NTP 提供准确时间,首先要有准确的时间来源,这一时间应该是国际标准时间 UTC。NTP 获得 UTC 的时间来源可以是原子钟、天文台、卫星,也可以从 Internet 上获取。这样就有了准确、可靠的时间源。时间按 NTP 服务器的等级传播。按照距离外部 UTC 源的远近,将所有服务器归入不同的 Stratun(层)中。Stratum-1 在顶层,由外部 UTC 接入,Stratum-2 从 Stratum-1 获取时间,Stratum-3 从 Stratum-2 获取时间,以此类推,但 Stratum 层的总数限制在 15 以内。所有这些服务器在逻辑上形成阶梯式的架构并相互连接,Stratum-1 的时间服务器是整个系统的基础。

实现网络协议最重要的是了解协议数据格式。NTP 数据包 48 字节,其中 NTP 包头 16 字节,时间戳 32 字节。其协议数据格式如图 7.9 所示。

其协议数据字段的含义如下。

LI:闰秒标识器:这是一个二位码,预报当天最近的分钟里要被插入或删除的闰秒秒数。

VN:版本号。

Mode:工作模式。该字段包括以下值:0-预留;1-对称行为;3-客户机;4-服务器;5-广播;6-NTP 控制信息。NTP 具有 3 种工作模式,分别为主/被动对称模式、客户/服务器模式、广播模式。在主/被动对称模式中,有一对一的连接,双方均可同步对方或被对方同步,先发出申请建立连接的一方工作在主动模式下,另一方工作在被动模式下;客户/服务器模式与主/被动模式基本相同,唯一区别在于只有客户才能被服务器同步,服务器不能被客户同步;在广播模式中,有一对多的连接，服务器不论客户工作在何种模式下，都会主动发出时间信息，客户根据此信息调整自己的时间。

2	5	8	16	24	32bit
LI	VN	Mode	Stratum	Poll	Precision
Root Delay					
Root Dispersion					
Reference Identifier					
Reference Timestamp (64)					
Originate Timestamp (64)					
Receive Timestamp (64)					
Transmit Timestamp (64)					
Key Identifier (Optional) (32)					
Message Digest (Optional) (128)					

图 7.9　NTP 数据格式

Stratum：对本地时钟级别的整体识别。

Poll：有符号整数表示连续信息间的最大间隔。

Precision：有符号整数表示本地时钟精确度。

Root Delay：有符号固定点序号表示主要参考源的总延迟，很短时间内的为 15 位到 16 位间的分段点。

Root Dispersion：无符号固定点序号表示相对于主要参考源的正常差错，很短时间内的为 15 位到 16 位间的分段点。

Reference Timestamp：参考时间戳，采用 64 位时标格式。

Reference Identifier：识别特殊参考源。

Originate Timestamp：这是向服务器请求分离客户机的时间，采用 64 位时标格式。

Receive Timestamp：这是向服务器请求到达客户机的时间，采用 64 位时标格式。

Transmit Timestamp：这是向客户机答复分离服务器的时间，采用 64 位时标格式。

Authenticator（Optional）：包括 Key Identifier 和 Message Digest 实现 NTP 认证模式时，主要标识符和信息数字域就包括已定义的信息认证代码（MAC）信息。

由于 NTP 中涉及比较多的时间相关的操作，从实用性起见，在本实验中，仅要求实现 NTP 客户端部分的网络通信模块，也就是构造 NTP 字段进行发送和接收，最后与时间相关的操作不需处理。NTP 作为 OSI 参考模型的高层协议比较适合采用 UDP 传输协议进行数据传输，专用端口号为 123。在实验中，以国家授时中心服务器（IP 地址为 202.72.145.44）作为 NTP（网络时间）服务器。

3．实验步骤

（1）画出流程图。

简易 NTP 客户端的实现流程图如图 7.10 所示。

（2）编写程序。

具体代码如下。

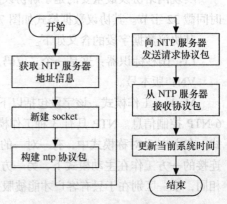

图 7.10　NTP 客户端的实现流程

```c
/* ntp.c */
……(省略头文件部分)
#define NTP_PORT            123              /*NTP专用端口号字符串*/
#define TIME_PORT           37               /*TIME/UDP 端口号 */
#define NTP_SERVER_IP       "210.72.145.44"  /*国家授时中心IP*/
#define NTP_PORT_STR        "123"            /*NTP专用端口号字符串*/
#define NTPV1               "NTP/V1"         /*协议及其版本号*/
#define NTPV2               "NTP/V2"
#define NTPV3               "NTP/V3"
#define NTPV4               "NTP/V4"
#define TIME                "TIME/UDP"

#define NTP_PCK_LEN 48
#define LI 0
#define VN 3
#define MODE 3
#define STRATUM 0
#define POLL 4
#define PREC -6

#define JAN_1970 0x83aa7e80                  /* 从1900年到1970年之间的时间秒数 */
#define NTPFRAC(x)  (4294 * (x) + ((1981 * (x)) >> 11))
#define USEC(x)     (((x) >> 12) - 759 * ((((x) >> 10) + 32768) >> 16))
typedef struct _ntp_time
{
    unsigned int coarse;
    unsigned int fine;
} ntp_time;

struct ntp_packet
{
    unsigned char leap_ver_mode;
    unsigned char startum;
    char poll;
    char precision;
    int  root_delay;
    int  root_dispersion;
    int reference_identifier;
    ntp_time reference_timestamp;
    ntp_time originage_timestamp;
    ntp_time receive_timestamp;
    ntp_time transmit_timestamp;
};

char protocol[32];
/* 构建NTP协议包 */
int construct_packet(char *packet)
{
    char version = 1;
    long tmp_wrd;
    int port;
    time_t timer;
    strcpy(protocol, NTPV3);
    /*判断协议版本*/
    if(!strcmp(protocol, NTPV1)||!strcmp(protocol, NTPV2)
```

```c
                        ||!strcmp(protocol, NTPV3)||!strcmp(protocol, NTPV4))
    {
        memset(packet, 0, NTP_PCK_LEN);
        port = NTP_PORT;
        /*设置16字节的包头*/
        version = protocol[6] - 0x30;
        tmp_wrd = htonl((LI << 30)|(version << 27)
                |(MODE << 24)|(STRATUM << 16)|(POLL << 8)|(PREC & 0xff));
        memcpy(packet, &tmp_wrd, sizeof(tmp_wrd));

        /*设置Root Delay、Root Dispersion和Reference Indentifier */
        tmp_wrd = htonl(1<<16);
        memcpy(&packet[4], &tmp_wrd, sizeof(tmp_wrd));
        memcpy(&packet[8], &tmp_wrd, sizeof(tmp_wrd));
        /*设置Timestamp部分*/
        time(&timer);
        /*设置Transmit Timestamp coarse*/
        tmp_wrd = htonl(JAN_1970 + (long)timer);
        memcpy(&packet[40], &tmp_wrd, sizeof(tmp_wrd));
        /*设置Transmit Timestamp fine*/
        tmp_wrd = htonl((long)NTPFRAC(timer));
        memcpy(&packet[44], &tmp_wrd, sizeof(tmp_wrd));
        return NTP_PCK_LEN;
    }
    else if (!strcmp(protocol, TIME))/* "TIME/UDP" */
    {
        port = TIME_PORT;
        memset(packet, 0, 4);
        return 4;
    }
    return 0;
}

/*获取NTP时间*/
int get_ntp_time(int sk, struct addrinfo *addr, struct ntp_packet *ret_time)
{
    fd_set pending_data;
    struct timeval block_time;
    char data[NTP_PCK_LEN * 8];
    int  packet_len, data_len = addr->ai_addrlen, count = 0, result, i, re;

    if (!(packet_len = construct_packet(data)))
    {
        return 0;
    }
    /*客户端给服务器端发送NTP数据包*/
    if ((result = sendto(sk, data,
                packet_len, 0, addr->ai_addr, data_len)) < 0)
    {
        perror("sendto");
        return 0;
    }

    /*调用select()函数,并设定超时时间为1s*/
    FD_ZERO(&pending_data);
```

```c
    FD_SET(sk, &pending_data);
    block_time.tv_sec=10;
    block_time.tv_usec=0;
    if (select(sk + 1, &pending_data, NULL, NULL, &block_time) > 0)
    {
        /*接收服务器端的信息*/
        if ((count = recvfrom(sk, data,
                    NTP_PCK_LEN * 8, 0, addr->ai_addr, &data_len)) < 0)
        {
            perror("recvfrom");
            return 0;
        }

        if (protocol == TIME)
        {
            memcpy(&ret_time->transmit_timestamp, data, 4);
            return 1;
        }
        else if (count < NTP_PCK_LEN)
        {
            return 0;
        }
        /* 设置接收 NTP 数据包的数据结构 */
        ret_time->leap_ver_mode = ntohl(data[0]);
        ret_time->startum = ntohl(data[1]);
        ret_time->poll = ntohl(data[2]);
        ret_time->precision = ntohl(data[3]);
        ret_time->root_delay = ntohl(*(int*)&(data[4]));
        ret_time->root_dispersion = ntohl(*(int*)&(data[8]));
        ret_time->reference_identifier = ntohl(*(int*)&(data[12]));
        ret_time->reference_timestamp.coarse = ntohl(*(int*)&(data[16]));
        ret_time->reference_timestamp.fine = ntohl(*(int*)&(data[20]));
        ret_time->originage_timestamp.coarse = ntohl(*(int*)&(data[24]));
        ret_time->originage_timestamp.fine = ntohl(*(int*)&(data[28]));
        ret_time->receive_timestamp.coarse = ntohl(*(int*)&(data[32]));
        ret_time->receive_timestamp.fine = ntohl(*(int*)&(data[36]));
        ret_time->transmit_timestamp.coarse = ntohl(*(int*)&(data[40]));
        ret_time->transmit_timestamp.fine = ntohl(*(int*)&(data[44]));
        return 1;
    } /* end of if select */
    return 0;
}

/* 修改本地时间 */
int set_local_time(struct ntp_packet * pnew_time_packet)
{
    struct timeval tv;
    tv.tv_sec = pnew_time_packet->transmit_timestamp.coarse - JAN_1970;
    tv.tv_usec = USEC(pnew_time_packet->transmit_timestamp.fine);
    return settimeofday(&tv, NULL);
}

int main()
{
    int sockfd, rc;
```

```c
            struct addrinfo hints, *res = NULL;
            struct ntp_packet new_time_packet;

            memset(&hints, 0, sizeof(hints));
            hints.ai_family = AF_UNSPEC;
            hints.ai_socktype = SOCK_DGRAM;
            hints.ai_protocol = IPPROTO_UDP;
            /*调用 getaddrinfo()函数,获取地址信息*/
            rc = getaddrinfo(NTP_SERVER_IP, NTP_PORT_STR, &hints, &res);
            if (rc != 0)
            {
                perror("getaddrinfo");
                return 1;
            }
            /* 创建套接字 */
            sockfd = socket(res->ai_family, res->ai_socktype, res->ai_protocol);
            if (sockfd <0 )
            {
                perror("socket");
                return 1;
            }
        /*调用取得 NTP 时间的函数*/
            if (get_ntp_time(sockfd, res, &new_time_packet))
            {
                /*调整本地时间*/
                if (!set_local_time(&new_time_packet))
                {
                    printf("NTP client success!\n");
                }
            }
            close(sockfd);
            return 0;
        }
```

为了更好地观察程序的效果,先用 date 命令修改系统时间,再运行实例程序。运行完之后再查看系统时间,可以发现已经恢复准确的系统时间了。具体运行结果如下:

```
$ date -s "2001-01-01 1:00:00"
2001年 01月 01日 星期一 01:00:00 EST
$ date
2001年 01月 01日 星期一 01:00:00 EST
$ ./ntp
NTP client success!
$ date
能够显示当前准确的日期和时间了!
```

思考与练习

1. 分别用多线程和多路复用实现网络聊天程序。
2. 实现一个小型模拟的路由器,用于接收从某个 IP 地址的连接请求,再把该请求转发到另一个 IP 地址的主机上。
3. 使用多线程设计实现 Web 服务器。

第 8 章
嵌入式 Linux 设备驱动编程

本章将进入 Linux 的内核空间，初步介绍嵌入式 Linux 设备驱动的开发。驱动程序开发流程与应用程序开发流程存在差别，请读者在学习的过程中认真体会。

本章主要内容：
- 设备驱动概述；
- 字符设备驱动编程；
- GPIO 驱动程序实例；
- 按键中断驱动。

8.1 设备驱动编程基础

8.1.1 Linux 设备驱动概述

1. 设备驱动概念

操作系统是通过各种驱动程序来驾驭硬件设备的，驱动程序向应用层提供了访问设备的接口，同时实现了访问设备的功能机制，它为用户屏蔽了各种各样的设备。因此，想要在 Linux 系统上操作新的硬件，就要熟悉 Linux 驱动的编写。

Linux 的一个重要特点就是将所有的设备都当作文件来处理，这一类特殊文件就是设备文件（通常在/dev 目录下），这样在应用程序看来，硬件设备只是一个设备文件，应用程序可以像操作普通文件一样对硬件设备进行操作，大大方便了对设备的处理。

Linux 系统的设备分为 3 类：字符设备、块设备和网络设备。

（1）字符设备通常指像普通文件或字节流一样，以字节为单位顺序读写的设备，如并口设备、虚拟控制台等。字符设备可以通过设备文件节点访问，它与普通文件之间的区别在于普通文件可以被随机访问（可以前后移动访问指针），而大多数字符设备只能提供顺序访问，因为对它们的访问不会被系统缓存。但也有例外，例如，帧缓存（framebuffer）是一个可以被随机访问的字符设备。

（2）块设备通常指一些需要以块为单位随机读写的设备，如 IDE 硬盘、SCSI 硬盘、光驱等。它不仅可以提供随机访问，而且可以容纳文件系统（如硬盘、闪存等）。Linux 可以使用户态程序像访问字符设备一样每次进行任意字节的操作，只是在内核态内部中的管理方式和内核提供的驱动接口上不同。

通过文件属性可以查看它们是哪种设备文件（字符设备文件或块设备文件），命令如下。

```
$ ls -l /dev
crw-rw----  1 root  uucp   4,  64 08-30 22:58 ttyS0    /*串口设备,c表示字符设备*/
brw-r-----  1 root  floppy 2,   0 08-30 22:58 fd0     /*软盘设备,b表示块设备*/
```

（3）网络设备通常是指通过网络能够与其他主机进行数据通信的设备，如网卡等。

内核和网络设备驱动程序之间的通信调用一套数据包处理函数，它们完全不同于内核和字符以及块设备驱动程序之间的通信（read()、write()等函数）。Linux 网络设备不是面向流的设备，因此不会将网络设备的名字（如 eth0）映射到文件系统中。

2. 设备驱动程序的特点

Linux 中的设备驱动程序有如下特点。

（1）内核代码：设备驱动程序是内核的一部分，如果驱动程序出错，则可能导致系统崩溃。

（2）内核接口：设备驱动程序必须为内核或者其子系统提供一个标准接口。比如，一个终端驱动程序必须为内核提供一个文件 I/O 接口；一个 SCSI 设备驱动程序应该为 SCSI 子系统提供一个 SCSI 设备接口，同时 SCSI 子系统也必须为内核提供文件的 I/O 接口及缓冲区。

（3）内核机制和服务：设备驱动程序使用一些标准的内核服务，如内存分配等。

（4）可装载：大多数的 Linux 操作系统设备驱动程序都可以在需要时装载进内核，不需要时从内核中卸载。

（5）可设置：Linux 操作系统设备驱动程序可以集成为内核的一部分，并可以根据需要把其中的某一部分集成到内核中，这只需要在系统编译时进行相应的设置即可。

（6）动态性：在系统启动且各个设备驱动程序初始化后，驱动程序将维护其控制的设备。如果该设备驱动程序控制的设备不存在也不影响系统的运行，那么此时的设备驱动程序只是多占用了一点系统内存罢了。

3. 设备驱动程序与整个软硬件系统的关系

除网络设备外，字符设备与块设备都被映射到 Linux 文件系统的文件和目录，通过文件系统的系统调用接口 open()、write()、read()、close()等函数，即可访问字符设备和块设备。所有的字符设备和块设备都被统一地呈现给用户。块设备比字符设备复杂，在它上面会首先建立一个磁盘/ Flash 文件系统，如 FAT、Ext3、YAFFS、JFFS2 等。它们规范了文件和目录在存储介质上的组织。

应用程序可以使用 Linux 的系统调用接口编程，也可以使用 C 库函数，出于代码可移植性的考虑，后者更值得推荐。C 库函数本身也通过系统调用接口实现，如 C 库函数中的 fopen()、fwrite()、fread()、fclose()分别会调用操作系统 API 的 open()、write()、read()、close()函数。

设备驱动程序与整个软硬件系统的关系如图 8.1 所示。

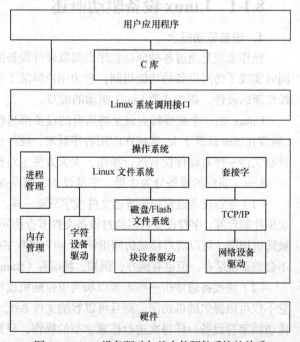

图 8.1 Linux 设备驱动与整个软硬件系统的关系

8.1.2 Linux 内核模块编程

1. 设备驱动和内核模块

Linux 内核中采用可加载的模块化设计（loadable kernel modules，LKMs），一般情况下，编译的 Linux 内核是支持可插入式模块的，也就是将最基本的核心代码编译在内核中，其他的代码可以编译到内核中，或者编译为内核的模块文件（在需要时动态加载）。

Linux 设备驱动属于内核的一部分，Linux 内核的一个模块可以用以下两种方式被编译和加载。

（1）直接编译进 Linux 内核，随同 Linux 启动时加载。

（2）编译成一个可加载和删除的模块，使用 insmod 加载（modprobe 和 insmod 命令类似，但依赖于相关的配置文件）、rmmod 删除。这种方式控制了内核的大小，而模块一旦被插入内核，它就和内核其他部分一样。

常见的驱动程序是作为内核模块动态加载的，如声卡驱动和网卡驱动等，而 Linux 是最基础的驱动，如 CPU、PCI 总线、TCP/IP、高级电源管理（Advanced Power Management，APM）、VFS 等驱动程序则直接编译在内核文件中。有时也把内核模块叫作驱动程序，只不过驱动的内容不一定是硬件，如 ext3 文件系统的驱动。因此，加载驱动就是加载内核模块。

2. 模块相关命令

lsmod 列出当前系统中加载的模块，其中第一列是模块名，第二列是该模块大小，第三列是使用该模块的对象数目，如下所示。

```
$ lsmod
Module              Size     Used by
Autofs              12068    0  (autoclean) (unused)
eepro100            18128    1
iptable_nat         19252    0  (autoclean) (unused)
ip_conntrack        18540    1  (autoclean) [iptable_nat]
iptable_mangle      2272     0  (autoclean) (unused)
iptable_filter      2272     0  (autoclean) (unused)
ip_tables           11936    5  [iptable_nat iptable_mangle iptable_filter]
usb-ohci            19328    0  (unused)
usbcore             54528    1  [usb-ohci]
ext3                67728    2
jbd                 44480    2  [ext3]
aic7xxx             114704   3
sd_mod              11584    3
scsi_mod            98512    2  [aic7xxx sd_mod]
```

rmmod 是用于将当前模块卸载。

insmod 和 modprobe 是用于加载当前模块，但 insmod 不会自动解决依存关系，即如果要加载的模块引用了当前内核符号表中不存在的符号，则无法加载，也不会查在其他尚未加载的模块中是否定义了该符号；modprobe 可以根据模块间的依存关系以及/etc/modules.conf（参考 linux2.6 内核）文件中的内容自动加载其他有依赖关系的模块。

/proc 文件系统是一个伪文件系统，它是一种内核和内核模块用来向进程发送信息的机制。这个伪文件系统让用户可以和内核内部数据结构进行交互，获取有关系统和进程的有用信息，在运行时通过改变内核参数来改变设置。与其他文件系统不同，/proc 存在于内存之中而不是在硬盘上。可以通过"ls"查看/proc 文件系统的内容。

/proc 文件系统的主要目录内容如表 8.1 所示。

表 8.1　　　　　　　　　　　　　　/proc 文件系统主要目录内容

目录名称	目录内容	目录名称	目录内容
cmdline	内核命令行	meminfo	内存信息
cpuinfo	CPU 相关信息	misc	杂项
devices	设备信息（块设备/字符设备）	modules	加载模块列表
dma	使用的 DMA 通道信息	mounts	加载的文件系统
filesystems	支持的文件系统信息	partitions	系统识别的分区表
interrupts	中断的使用信息	rtc	实时时钟
ioports	I/O 端口的使用信息	stat	全面统计状态表
kcore	内核映像	swaps	对换空间的利用情况
kmsg	内核消息	version	内核版本
ksyms	内核符号表	uptime	系统正常运行时间
loadavg	负载均衡	……	……

除此之外，还有一些是以数字命名的目录，它们是进程目录。系统中当前运行的每一个进程都有对应的一个目录在/proc 下，以进程的 PID 号为目录名，它们是读取进程信息的接口。进程目录的结构如表 8.2 所示。

表 8.2　　　　　　　　　　　　　　/proc 中进程目录结构

目录名称	目录内容	目录名称	目录内容
cmdline	命令行参数	cwd	当前工作目录的链接
environ	环境变量值	exe	指向该进程的执行命令文件
fd	一个包含所有文件描述符的目录	maps	内存映像
mem	进程的内存被利用情况	statm	进程内存状态信息
stat	进程状态	root	链接此进程的 root 目录
status	进程当前状态，以可读的方式显示出来	……	……

用户可以使用 cat 命令来查看其中的内容。

可以看到，/proc 文件系统体现了内核及进程运行的内容，在加载模块成功后，用户可以通过查看/proc/devices 文件获得相关设备的主设备号。每个内核模块程序可以在任何时候到/proc 文件系统中添加或删除自己的入口点（文件），通过该文件导出自己的信息。

但后来在新的内核版本中，内核开发者不提倡在/proc 下添加文件，而建议新的代码通过 sysfs 向外导出信息。

3．Linux 内核模块编程

（1）内核模块的组成部分

一个 Linux 内核模块主要由以下几个部分组成。

① 模块加载函数（必须）：当通过 insmod 或 modprobe 命令加载内核模块时，模块的加载函数会自动被内核执行，完成本模块的相关初始化工作。

② 模块卸载函数（必须）：当通过 rmmod 命令卸载某模块时，模块的卸载函数会自动被内核执行，完成与模块加载函数相反的功能。

③ 模块许可证声明（必须）：模块许可证（LICENSE）声明描述内核模块的许可权限，如果不声明 LICENSE，模块被加载时，将收到内核被污染（kernel tainted）的警告。在 Linux 2.6 内核中，可接受的 LICENSE 包括 GPL、GPL v2、GPL and additional rights、Dual BSD/GPL、Dual MPL/GPL 和 Proprietary。在大多数情况下，内核模块应遵循 GPL 兼容许可权。Linux 3.14 内核模块最常见的是以 MODULE_LICENSE（Dual BSD/GPL）语句声明模块采用 BSD/GPL 双许可。

④ 模块参数（可选）：模块参数是模块被加载时可以被传递给它的值，它本身对应模块内部的全局变量。

⑤ 模块导出符号（可选）：内核模块可以导出符号（symbol，对应于函数或变量），这样其他模块可以使用本模块中的变量或函数。

⑥ 模块作者等信息声明（可选）。

（2）模块加载函数

Linux 内核模块加载函数一般以 __init 标识声明，典型的模块加载函数的形式如下。

```
static int __init initialization_function(void)
{
    /* 初始化代码 */
}
module_init(initialization_function);
```

模块加载函数必须以 "module_init(函数名)" 的形式被指定。它返回整型值，若初始化成功，就返回 0；而在初始化失败时，应该返回错误编码。在 Linux 内核中，错误编码是一个负值，在 <linux/errno.h>中定义，包含-ENODEV、-ENOMEM 等符号值。返回相应的错误编码是非常好的习惯，因为只有这样，用户程序才可以利用 perror 等方法把它们转换成有意义的错误信息字符串。

在 Linux 3.14 内核中，可以使用 request_module(const char *fmt, …)函数加载内核模块，驱动开发人员可以通过调用

```
request_module(module_name);
```

或

```
request_module("char-major-%d-%d", MAJOR(dev), MINOR(dev));
```

来加载其他内核模块。

在 Linux 内核中，所有标识为 __init 的函数在连接时都放在.init.text 这个区段内，此外，所有的 __init 函数在区段.initcall.init 中还保存了一份函数指针，在初始化时，内核会通过这些函数指针调用这些 __init 函数，并在初始化完成后释放 init 区段（包括.init.text、.initcall.init 等）。

（3）模块卸载函数

Linux 内核模块卸载函数一般以 __exit 标识声明，典型的模块卸载函数的形式如下。

```
static void __exit cleanup_function(void)
{
    /* 释放代码 */
}
module_exit(cleanup_function);
```

模块卸载函数在模块卸载时执行，不返回任何值，必须以 "module_exit(函数名)" 的形式指定。通常来说，模块卸载函数要完成与模块加载函数相反的功能，具体如下。

① 若模块加载函数注册了 XXX，则模块卸载函数应该注销 XXX。

② 若模块加载函数动态申请了内存，则模块卸载函数应释放该内存。

③ 若模块加载函数申请公用硬件资源（中断、DMA 通道、I/O 端口和 I/O 内存等），则模块卸载函数应释放这些硬件资源。

④ 若模块加载函数开启了硬件，则卸载函数中一般要关闭硬件。

和 __init 一样，__exit 也可以使对应函数在运行完成后自动回收内存。实际上，__init 和 __exit 都是宏，其定义分别为：

```
#define __init      __attribute__ ((__section__ (".init.text")))
```

和

```
#ifdef MODULE
#define __exit      __attribute__ ((__section__(".exit.text")))
#else
#define __exit      __attribute_used__
                    __attribute__ ((__section__(".exit.text")))
#endif
```

数据也可以被定义为 __initdata 和 __exitdata，这两个宏分别为：

```
#define __initdata  __attribute__ ((__section__ (".init.data")))
```

和

```
#define __exitdata  __attribute__ ((__section__(".exit.data")))
```

（4）模块参数

可以用 "module_param(参数名,参数类型,参数读/写权限)" 为模块定义一个参数。例如，下列代码定义了一个整型参数和一个字符指针参数。

```
static char *str_param = "Linux Module Program";
static int num_param = 4000;
module_param(num_param, int, S_IRUGO);
module_param(str_param, charp, S_IRUGO);
```

在装载内核模块时，用户可以向模块传递参数，形式为 "insmode（或 modprobe）模块名 参数名=参数值"，如果不传递，参数将使用模块内定义的默认值。

参数类型可以是 byte、short、ushort、int、uint、long、ulong、charp（字符指针）、bool 或 invbool（布尔的反），在模块被编译时会将在 module_param 中声明的类型与变量定义的类型比较，判断是否一致。

模块被加载后，在/sys/module/目录下将出现以此模块命名的目录。当"参数读/写权限"为 0 时，表示此参数不存在 sysfs 文件系统下对应的文件节点，如果此模块存在"参数读/写权限"不为 0 的命令行参数，在此模块的目录下还将出现 parameters 目录，包含一系列以参数名命名的文件节点，这些文件的权限值就是传入 module_param() 的"参数读/写权限"，而文件的内容为参数的值。通常使用<linux/stat.h> 中定义的值来表示权限值，例如，使用 S_IRUGO 作为参数可以被所有人读取，但是不能改变；S_IRUGO|S_IWUSR 允许 root 改变参数。

除此之外，模块也可以拥有参数数组，形式为 "module_param_array(数组名,数组类型,数组长,参数读/写权限)"。从 2.6.0～2.6.10 版本，需将数组长变量名赋给"数组长"，从 2.6.10 版本开始，需将数组长变量的指针赋给"数组长"，当不需要保存实际输入的数组元素个数时，可以设置"数组长"为 NULL。

运行 insmod 或 modprobe 命令时，应使用逗号分隔输入的数组元素。

（5）导出符号

Linux 3.14 的 "/proc/kallsyms" 文件对应内核符号表，它记录了符号以及符号所在的内存地址。模块可以使用如下宏导出符号到内核符号表。

EXPORT_SYMBOL(符号名);
EXPORT_SYMBOL_GPL(符号名);

EXPORT_SYMBOL_GPL()只适用于包含 GPL 许可权的模块。导出的符号将可以被其他模块使用，使用前声明即可。

（6）模块声明与描述

在 Linux 内核模块中可以用 MODULE_AUTHOR、MODULE_DESCRIPTION、MODULE_VERSION、MODULE_DEVICE_TABLE、MODULE_ALIAS 分别声明模块的作者、描述、版本、设备表和别名。例如：

```
MODULE_AUTHOR(author);
MODULE_DESCRIPTION(description);
MODULE_VERSION(version_string);
MODULE_DEVICE_TABLE(table_info);
MODULE_ALIAS(alternate_name);
```

对于 USB、PCI 等设备驱动，通常会创建一个 MODULE_DEVICE_TABLE。

（7）模块的使用计数

Linux 2.4 内核中，模块自身通过 MOD_INC_USE_COUNT、MOD_DEC_USE_COUNT 宏来管理自己被使用的计数。

Linux 3.14 内核提供了模块计数管理接口 try_module_get(&module)和 module_put (&module)，从而取代 Linux 2.4 内核中的模块使用计数管理宏。模块的使用计数一般不必由模块自身管理，而且模块计数管理还考虑了 SMP 与 PREEMPT 机制的影响。

```
int try_module_get(struct module *module);
```

上述函数用于增加模块使用计数；若返回为 0，则表示调用失败，希望使用的模块没有被加载或正在被卸载中。

```
void module_put(struct module *module);
```

上述函数用于减少模块使用计数。

try_module_get ()与 module_put()的引入与使用与 Linux 3.14 内核下的设备模型密切相关。Linux 3.14 内核为不同类型的设备定义了 struct module *owner 域，用来指向管理此设备的模块。当开始使用某个设备时，内核使用 try_module_get(dev->owner)增加管理此设备的 owner 模块的使用计数；当不再使用此设备时，内核使用 module_put(dev->owner)减少对管理此设备的 owner 模块的使用计数。这样，设备在使用时，管理此设备的模块将不能被卸载。只有当设备不再被使用时，模块才允许被卸载。

在 Linux 3.14 内核下，设备驱动工程师很少需要亲自调用 try_module_get()与 module_put()，因为此时开发人员编写的驱动通常为支持某具体设备的 owner 模块，对此设备 owner 模块的计数管理由内核里更底层的代码（如总线驱动或是此类设备共用的核心模块）来实现，从而简化了设备驱动的开发。

（8）模块的编译

可以为 HelloWorld 模块程序编写一个简单的 Makefile，如下所示。

```
obj-m := hello.o
```

并使用如下命令编译 HelloWorld 模块。

```
$ make -C /usr/src/linux-3.14/ M=/driver_study/ modules
```

如果当前处于模块所在的目录，则下述命令与上述命令同等。

```
$ make -C /usr/src/linux-3.14/ M=$(pwd) modules
```

其中-C 后的代码部分指定 Linux 内核源代码的目录，而 M=后的代码部分指定 hello.c 和 Makefile 所在的目录，编译结果如下。

```
$ make -C /home/linux/work/kernel/linux-3.14/     M=/driver_study/    modules
make: Entering directory '/home/linux/work/kernel/linux-3.14/'
  CC [M]  /driver_study/hello.o
  Building modules, stage 2.
  MODPOST
  CC      /driver_study/hello.mod.o
  LD [M]  /driver_study/hello.ko
make: Leaving directory '/home/linux/work/kernel/linux-3.14/'
```

可以看出，编译过程中经历了这样的步骤：先进入 Linux 内核所在的目录，并编译出 hello.o 文件，运行 MODPOST 会生成临时的 hello.mod.c 文件，而后根据此文件编译出 hello.mod.o，之后连接 hello.o 和 hello.mod.o 文件得到模块目标文件 hello.ko，最后离开 Linux 内核所在的目录。

中间生成的 hello.mod.c 文件的源代码如下。

```
1    #include <linux/module.h>
2    #include <linux/vermagic.h>
3    #include <linux/compiler.h>
4
5    MODULE_INFO(vermagic, VERMAGIC_STRING);
6
7    struct module __this_module
8    __attribute__((section(".gnu.linkonce.this_module"))) = {
9        .name = KBUILD_MODNAME,
10       .init = init_module,
11   #ifdef CONFIG_MODULE_UNLOAD
12       .exit = cleanup_module,
13   #endif
14   };
15
16   static const char __module_depends[]
17   __attribute_used__
18   __attribute__((section(".modinfo"))) =
19   "depends=";
```

hello.mod.o 产生了 ELF（Linux 采用的可执行/可连接的文件格式）的两个节，即 modinfo 和 .gun.linkonce.this_module。

如果一个模块包括多个 .c 文件（如 file1.c、file2.c），则应该以如下方式编写 Makefile。

```
obj-m := modulename.o
module-objs := file1.o file2.o
```

（9）模块与 GPL

对于自己编写的驱动等内核代码，如果不编译为模块则无法绕开 GPL，编译为模块后，企业在产品中使用模块，则公司对外不再需要提供对应的源代码，为了使公司产品使用的 Linux 操作系统支持模块，老版本内核（如 Linux 2.6 之前的内核版本）需要完成如下工作。

① 在内核编译时应该选上 Enable loadable module support，因为嵌入式产品一般不需要动态卸载模块，所以"可以卸载模块"不用选，选了也没有影响，如图 8.2 所示。

如果有项目被选择 M，则编译时除了 make bzImage 以外，也要 make modules。

② 将编译的内核模块.ko 文件放置在目标文件系统的相关目录中。

③ 产品的文件系统中应该包含支持新内核的 insmod、lsmod、rmmod 等工具，由于嵌入式产品中一般不需要建立模块间依赖关系，所以 modprobe 可以不要，一般也不需要卸载模块，所以 rmmod 也可以不要。

④ 在使用中，用户可使用 insmod 命令手动加载模块，如 insmod xxx.ko。

```
Linux Kernel v2.6.15.5 Configuration
                  Loadable module support
  Arrow keys navigate the menu.  <Enter> selects submenus --->.  Highlighted
  letters are hotkeys.  Pressing <Y> includes, <N> excludes, <M> modularizes
  features.  Press <Esc><Esc> to exit, <?> for Help, </> for Search.  Legend:
  [*] built-in  [ ] excluded  <M> module  < > module capable

          [*] Enable loadable module support
          [*]   Module unloading
          [ ]     Forced module unloading
          [*]   Module versioning support (EXPERIMENTAL)
          [ ]   Source checksum for all modules
          [*]   Automatic kernel module loading

                    <Select>    < Exit >    < Help >
```

图 8.2 内核中支持模块的编译选项

⑤ 但是一般产品在启动过程中应该加载模块，在嵌入式 Linux 的启动过程中，加载企业自己的模块最简单的方法是修改启动过程的 rc 脚本，增加 insmod /.../xxx.ko 这样的命令。例如，某设备正在使用的 Linux 系统中包含如下 rc 脚本。

```
mount /proc
mount /var
mount /dev/pts
mkdir /var/log
mkdir /var/run
mkdir /var/ftp
mkdir -p /var/spool/cron
mkdir /var/config
...
insmod /usr/lib/company_driver.ko 2> /dev/null
/usr/bin/userprocess
/var/config/rc
```

4. 内核模块实例程序

下面列出一个简单的内核模块程序，它的功能为统计一个字符串中的各种字符（英文字母/数字/其他符号）的数目。模块功能的演示如下。

```
$ insmod module_test.ko symbol_type=1 string="a1b+c=d4e5{6g7h,8i9}k/l."
$ dmesg|tail -n 10
... Total symbols module init       /* 在模块加载时打印*/
... Digits: 7                       /* 字符串中有7个数字*/
```

第一个参数（symbol_type）表示统计类型（0 为英文字母，1 为数字，2 为其他字符，3 以上为任何字符），第二个参数（string）表示需要统计的字符串。

实现该功能的模块代码如下。

```c
#include <linux/init.h>
#include <linux/module.h>
#include <asm/string.h>
#define TOTAL_LETTERS        0
#define TOTAL_DIGITS         1
#define TOTAL_SYMBOLS        2
#define TOTAL_ALL            TOTAL_LETTERS | TOTAL_DIGITS | TOTAL_SYMBOLS
#define STR_MAX_LEN          256

static int symbol_type = TOTAL_ALL;
static char *string = NULL;
unsigned int total_symbols(char* string, unsigned int total_type)
{
    /* 该函数根据统计类型（total_type）计算相应字符的个数而返回它*/
    /* 这部分代码也可以从网上下载 */
```

```c
}
EXPORT_SYMBOL(total_symbols);
/* 导出的符号用'cat /proc/kallsyms |grep "total_symbols"'命令检查*/
static int total_symbols_init(void)
{
    char type_str[STR_MAX_LEN];
    unsigned int number_of_symbols = 0;
    switch(symbol_type)
    {
        case TOTAL_LETTERS:              /* "字母"统计 */
        {
            strcpy(type_str, "Letters");
        }
        break;
        case TOTAL_DIGITS:               /* "数字"统计 */
        {
            strcpy(type_str, "Digits");
        }
        break;
        case TOTAL_SYMBOLS:              /* "其他符号"统计 */
        {
            strcpy(type_str, "Symbols");
        }
        break;
        default:                         /* 默认为总体统计 */
        case TOTAL_ALL:
        {
            strcpy(type_str, "Characters");
        }
    }
    number_of_symbols = total_symbols(string, symbol_type);
    printk("<1>Total symbols module init\n");
    printk("<1>%s: %d\n", type_str, number_of_symbols);
    return 0;
}
static void total_symbols_exit(void)
{
    printk("<1>Total symbols module exit\n");
}
module_init(total_symbols_init);      /* 初始化设备驱动程序的入口 */
module_exit(total_symbols_exit);      /* 卸载设备驱动程序的入口 */
module_param(symbol_type, uint, S_IRUGO);
module_param(string, charp, S_IRUGO);
MODULE_AUTHOR("David");
MODULE_DESCRIPTION("A simple module program");
MODULE_VERSION("V1.0");
```

8.2 字符设备驱动编程

8.2.1 字符设备驱动编写流程

设备驱动程序可以使用模块的方式动态加载到内核中。加载模块的方式与以往的应用程序开发有很大的不同。

以往在开发应用程序时都有一个 main()函数作为程序的入口点，在驱动开发时却没有 main()函数，模块在调用 insmod 命令时被加载，此时的入口点是 module_init()函数，通常在该函数中完成设备的注册。同样，模块在调用 rmmod 命令时被卸载，此时出口点是 module_exit()函数，在该函数中完成设备的卸载。

字符设备驱动的操作流程

在设备完成注册加载之后，用户的应用程序就可以对该设备进行一定的操作，如 open()、read()、write()等，驱动程序就是用于实现这些操作，在用户应用程序调用相应入口函数时执行相关的操作。上述函数之间的关系如图 8.3 所示。

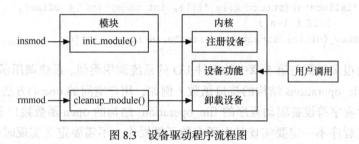

图 8.3　设备驱动程序流程图

8.2.2　重要数据结构

在 Linux 驱动程序中，有 3 个重要的内核数据结构，分别是 file_operation、file 和 inode。在 Linux 中，inode 结构用于表示文件，file 结构表示打开的文件描述符，因为对于单个文件而言可能会有许多个表示打开的文件描述符，因此可能会对应多个 file 结构，但它们都指向单个 inode 结构。此外，每个 file 结构都与一组函数相关联，这组函数是用 file_operations 结构指示的。

用户应用程序调用设备的一些功能是在设备驱动程序中定义的，也就是设备驱动程序的入口点，它是一个在<linux/fs.h>中定义的 struct file_operations 结构，file_operations 是 Linux 驱动程序中最为重要的一个结构，它定义了一组常见的文件 I/O 函数，表征 file_operations 数据结构的指针一般命名为 fops。file_operations 中的每个成员函数都对应驱动程序中的特定操作，不支持的操作对应的成员可不设置，其结构声明如下（Linux 3.14 内核）。

```
struct file_operations {
    struct module *owner;
    loff_t (*llseek) (struct file *, loff_t, int);
    ssize_t (*read) (struct file *, char __user *, size_t, loff_t *);
    ssize_t (*write) (struct file *, const char __user *, size_t, loff_t *);
    ssize_t (*aio_read) (struct kiocb *, const struct iovec *, unsigned long, loff_t);
    ssize_t (*aio_write) (struct kiocb *, const struct iovec *, unsigned long, loff_t);
    int (*iterate) (struct file *, struct dir_context *);
    unsigned int (*poll) (struct file *, struct poll_table_struct *);
    long (*unlocked_ioctl) (struct file *, unsigned int, unsigned long);
    long (*compat_ioctl) (struct file *, unsigned int, unsigned long);
    int (*mmap) (struct file *, struct vm_area_struct *);
    int (*open) (struct inode *, struct file *);
    int (*flush) (struct file *, fl_owner_t id);
    int (*release) (struct inode *, struct file *);
    int (*fsync) (struct file *, loff_t, loff_t, int datasync);
    int (*aio_fsync) (struct kiocb *, int datasync);
    int (*fasync) (int, struct file *, int);
```

```c
        int (*lock) (struct file *, int, struct file_lock *);
        ssize_t (*sendpage) (struct file *, struct page *, int, size_t, loff_t *, int);
        unsigned long (*get_unmapped_area)(struct file *, unsigned long, unsigned long,
unsigned long, unsigned long);
        int (*check_flags)(int);
        int (*flock) (struct file *, int, struct file_lock *);
        ssize_t (*splice_write)(struct pipe_inode_info *, struct file *, loff_t *, size_t,
unsigned int);
        ssize_t (*splice_read)(struct file *, loff_t *, struct pipe_inode_info *, size_t,
unsigned int);
        int (*setlease)(struct file *, long, struct file_lock **);
        long (*fallocate)(struct file *file, int mode, loff_t offset,
                  loff_t len);
        int (*show_fdinfo)(struct seq_file *m, struct file *f);
};
```

这里定义的很多函数与第 5 章中的文件 I/O 的系统调用类似，系统调用函数通过内核，最终调用对应的 file_operations 结构的接口函数（例如，用户空间的 open() 方法实现打开文件操作是通过调用对应字符设备驱动程序的 file_operations 结构的 open 函数接口来实现）。当然，每个设备的驱动程序不一定要实现其中所有的函数操作，不需要定义实现时，不需设置该成员函数。

struct inode 结构提供了关于设备文件/dev/driver（假设此设备名为 driver）的信息，file 结构提供关于被打开的文件信息，主要供与文件系统对应的设备驱动程序使用。file 结构较为重要，其定义如下（Linux 3.14 内核）：

```c
struct file {
        union {
                struct llist_node       fu_llist;
                struct rcu_head         fu_rcuhead;
        } f_u;
        struct path             f_path;
#define f_dentry f_path.dentry
        struct inode            *f_inode;       /* cached value */
        const struct file_operations    *f_op;

        /*
         * Protects f_ep_links, f_flags.
         * Must not be taken from IRQ context.
         */
        spinlock_t              f_lock;
        atomic_long_t           f_count;
        unsigned int            f_flags;
        fmode_t                 f_mode;
        struct mutex            f_pos_lock;
        loff_t                  f_pos;
        struct fown_struct      f_owner;
        const struct cred       *f_cred;
        struct file_ra_state    f_ra;

        u64                     f_version;
#ifdef CONFIG_SECURITY
        void                    *f_security;
#endif
```

```
    /* needed for tty driver, and maybe others */
    void                *private_data;

#ifdef CONFIG_EPOLL
    /* Used by fs/eventpoll.c to link all the hooks to this file */
    struct list_head f_ep_links;
    struct list_head f_tfile_llink;
#endif /* #ifdef CONFIG_EPOLL */
    struct address_space *f_mapping;
#ifdef CONFIG_DEBUG_WRITECOUNT
    unsigned long f_mnt_write_state;
#endif
} __attribute__((aligned(4))); /* lest something weird decides that 2 is OK */
```

8.2.3 设备驱动程序主要组成

1. 早期版本的字符设备注册

早期版本的设备注册使用函数 register_chrdev(),调用该函数后可以向系统申请主设备号,如果 register_chrdev()操作成功,设备名就会出现在/proc/devices 文件里。在关闭设备时,通常需要解除原先的设备注册,此时可使用函数 unregister_chrdev(),此后该设备会从/proc/devices 中消失。其中主设备号和次设备号不能大于 255。

当前不少的字符设备驱动代码仍然使用这些早期版本的函数接口,但在未来内核的代码中,将不会出现这种编程接口机制。因此应该尽量使用后面讲述的编程机制。

register_chrdev()函数格式如表 8.3 所示。

表 8.3 register_chrdev()函数语法要点

所需头文件	#include <linux/fs.h>
函数原型	int register_chrdev(unsigned int major, const char *name,struct file_operations *fops)
函数传入值	major:设备驱动程序向系统申请的主设备号,如果为 0,则系统为此驱动程序动态分配一个主设备号
	name:设备名
	fops:对各个调用的入口点
函数返回值	成功:如果是动态分配主设备号,则返回分配的主设备号,且设备名会出现在/proc/devices 文件中
	出错:−1

unregister_chrdev()函数格式如表 8.4 所示。

表 8.4 unregister_chrdev()函数语法要点

所需头文件	#include <linux/fs.h>
函数原型	int unregister_chrdev(unsigned int major, const char *name)
函数传入值	major:设备的主设备号,必须和注册时的主设备号相同
	name:设备名
函数返回值	成功:0,且设备名从/proc/devices 文件里消失
	出错:−1

2. 设备号相关函数

设备号是一个数字，它是设备的标志。设备号有主设备号和次设备号，其中主设备号表示设备类型，对应于确定的驱动程序，具备相同主设备号的设备之间共用同一个驱动程序，而用次设备号来标识具体物理设备。因此在创建字符设备之前，必须先获得设备的编号（可能需要分配多个设备号）。

在 Linux 3.14 的内核版本中，用 dev_t 类型来描述设备号（dev_t 是 32 位数值类型，其中高 12 位表示主设备号，低 20 位表示次设备号）。用两个宏 MAJOR 和 MINOR 分别获得 dev_t 设备号的主设备号和次设备号，而且用 MKDEV 宏来实现逆过程，即组合主设备号和次设备号获得 dev_t 类型设备号。

```
#include <linux/kdev.h>
MAJOR(dev_t dev);              /*获得主设备号*/
MINOR(dev_t dev);              /*获得次设备号*/
MKDEV(int major, int minor);
```

分配设备号有静态和动态两种方法。静态分配（register_chrdev_region()函数）是指在事先知道设备主设备号的情况下，通过参数函数指定第一个设备号（它的次设备号通常为 0）而向系统申请分配一定数目的设备号。动态分配（alloc_chrdev_region()）是指通过参数仅设置第一个次设备号（通常为 0，事先不会知道主设备号）和要分配的设备数目而系统动态分配所需的设备号。

通过 unregister_chrdev_region()函数释放已分配的（无论是静态的还是动态的）设备号。unregister_chrdev_region()函数格式如表 8.5 所示。

表 8.5　　　　　　　　　　　　设备号分配与释放函数语法要点

所需头文件	`#include <linux/fs.h>`

函数原型	`int register_chrdev_region (dev_t first, unsigned int count, char *name)`
	`int alloc_chrdev_region (dev_t *dev, unsigned int firstminor, unsigned int count, char *name)`
	`void unregister_chrdev_region (dev_t first, unsigned int count)`

函数传入值	first：要分配的设备号的初始值； count：要分配（释放）的设备号数目； name：要申请设备号的设备名称（在/proc/devices 和 sysfs 中显示）； dev：动态分配的第一个设备号
函数返回值	成功：0（只限于两种注册函数）
	出错：−1（只限于两种注册函数）

3. 最新版本的字符设备注册

获得系统分配的设备号之后，只有注册设备，才能实现设备号和驱动程序之间的关联。这里讨论 Linux 3.14 内核中的字符设备的注册和注销过程。

在 Linux 内核中使用 struct cdev 结构来描述字符设备，在驱动程序中必须将已分配到的设备号以及设备操作接口（即为 struct file_operations 结构）赋予 cdev 结构变量。首先使用 cdev_alloc() 函数向系统申请分配 cdev 结构，再用 cdev_init()函数初始化已分配到的结构并与 file_operations 结构关联起来。最后调用 cdev_add()函数将设备号与 struct cdev 结构进行关联并向内核正式报告新设备的注册，这样新设备就可以在内核中使用了。

如果要从系统中删除一个设备，则要调用 cdev_del()函数。具体函数格式如表 8.6 所示。

表 8.6 最新版本的字符设备注册

所需头文件	#include <linux/cdev.h>
函数原型	sturct cdev *cdev_alloc(void) void cdev_init(struct cdev *cdev, struct file_operations *fops) int cdev_add (struct cdev *cdev, dev_t num, unsigned int count) void cdev_del(struct cdev *dev)
函数传入值	cdev：需要初始化/注册/删除的 struct cdev 结构； fops：该字符设备的 file_operations 结构； num：系统给该设备分配的第一个设备号； count：该设备对应的设备号数量
函数返回值	成功： cdev_alloc：返回分配到的 struct cdev 结构指针； cdev_add：返回 0 出错： cdev_alloc：返回 NULL； cdev_add：返回-1

Linux 3.14 内核仍然保留早期版本的 register_chrdev()等字符设备相关函数，其实从内核代码中可以发现，在 register_chrdev()函数的实现中用到 cdev_alloc()和 cdev_add()函数，而在 unregister_chrdev()函数的实现中调用 cdev_del()函数。因此很多代码仍然使用早期版本接口，但这种机制将来会从内核中消失。

前面已经提到字符设备的实际操作在 file_operations 结构的一组函数中定义，并在驱动程序中需要与字符设备结构关联起来。下面讨论 file_operations 结构中最主要的成员函数和它们的用法。

4．打开设备

打开设备的函数接口是 open，根据设备的不同，open 函数接口完成的功能也有所不同，其原型如下。

```
int (*open) (struct inode *, struct file *);
```

通常情况下，在 open 函数接口中要完成如下工作。

（1）如果未初始化，则进行初始化。

（2）识别次设备号，如果必要，就更新 f_op 指针。

（3）分配并填写被置于 filp->private_data 的数据结构。

（4）检查设备特定的错误（诸如设备未就绪或类似的硬件问题）。

打开计数是 open 函数接口中常见的功能，它是用于计算自从设备驱动加载以来设备被打开过的次数。由于设备在使用时通常会被多次打开，也可以由不同的进程使用，所以若有一进程想要删除该设备，则必须保证其他设备没有使用该设备。因此使用计数器就可以很好地完成这项功能。

5．释放设备

释放设备的函数接口是 release()。要注意释放设备和关闭设备是完全不同的。当一个进程释放设备时，其他进程还能继续使用该设备，只是该进程暂时停止对该设备的使用，并没有真正关闭该设备；而当一个进程关闭设备时，其他进程必须重新打开此设备才能使用它。

释放设备时要完成的工作如下。

（1）释放打开设备时系统分配的内存空间（包括 filp->private_data 指向的内存空间）。

（2）只有最后一次关闭设备（使用 close()系统调用）时，才会真正释放设备（执行 release()函数）。即只有在打开计数等于0时的 close()系统调用，才会真正进行设备的释放操作。

6. 读写设备

读写设备的主要任务是把内核空间的数据复制到用户空间，或者从用户空间复制到内核空间，也就是将内核空间缓冲区里的数据复制到用户空间的缓冲区中或者相反。这里首先解释 read()和 write()函数的入口函数，如表 8.7 所示。

表 8.7　　　　　　　　　　　read、write 函数接口语法要点

所需头文件	#include <linux/fs.h>
函数原型	ssize_t (*read) (struct file *filp, char *buff, size_t count, loff_t *offp) ssize_t (*write) (struct file *filp, const char *buff, size_t count, loff_t *offp)
函数传入值	filp：文件指针
	buff：指向用户缓冲区
	count：传入的数据长度
	offp：用户在文件中的位置
函数返回值	成功：写入的数据长度

虽然这个过程看起来很简单，但是内核空间地址和应用空间地址是有很大区别的，其中一个区别是用户空间的内存是可以被换出的，因此可能会出现页面失效等情况。所以不能使用诸如 memcpy()之类的函数来完成这样的操作。在这里要使用 copy_to_user()或 copy_from_user()等函数，它们用来实现用户空间和内核空间的数据交换。

copy_to_user()和 copy_from_user()的格式如表 8.8 所示。

表 8.8　　　　　　　　copy_to_user()/copy_from_user()函数语法要点

所需头文件	#include <asm/uaccess.h>
函数原型	unsigned long copy_to_user(void *to, const void *from, unsigned long count) unsigned long copy_from_user(void *to, const void *from, unsigned long count)
函数传入值	to：数据目的缓冲区
	from：数据源缓冲区
	count：数据长度
函数返回值	成功：写入的数据长度 失败：-EFAULT

要注意，这两个函数不仅实现了用户空间和内核空间的数据转换，而且会检查用户空间指针的有效性。如果指针无效，就不复制。

7. ioctl

大部分设备除了读写操作，还需要硬件配置和控制（如设置串口设备的波特率）等很多其他操作。在字符设备驱动中，ioctl 函数接口给用户提供对设备的非读写操作机制。

ioctl 函数接口的具体格式如表 8.9 所示。

表 8.9　　　　　　　　　　　ioctl 函数接口语法要点

所需头文件	#include <linux/fs.h>
函数原型	int(*ioctl)(struct inode* inode, struct file* filp, unsigned int cmd, unsigned long arg)
函数传入值	inode: 文件的内核内部结构指针
	filp: 被打开的文件描述符
	cmd: 命令类型
	arg: 命令相关参数

下面列出驱动程序中常用的其他内核函数。

8. 获取内存

在应用程序中获取内存通常使用函数 malloc()，但在设备驱动程序中动态开辟内存可以以字节或页面为单位。其中，以字节为单位分配内存的函数为 kmalloc()，注意，kmalloc()函数返回的是由物理地址映射的虚拟地址，而 malloc()等返回的是线性虚拟地址，因此在驱动程序中不能使用 malloc()函数。与 malloc()不同，kmalloc()申请空间有大小限制，长度是 2 的整数次方，并且不会对获取的内存空间清零。

如果驱动程序需要分配比较大的空间，使用基于页的内存分配函数会更好些。

以页为单位分配内存的函数如下。

（1）get_zeroed_page()函数分配一个页大小的空间并清零该空间。
（2）__get_free_page()函数分配一个页大小的空间，但不清零空间。
（3）__get_free_pages()函数分配多个物理上连续的页空间，但不清零空间。
（4）__get_dma_pages()函数在 DMA 的内存区段中分配多个物理上连续的页空间。

与之相对应的释放内存用也有 kfree()或 free_page 函数族。

kmalloc()函数的语法格式如表 8.10 所示。

表 8.10　　　　　　　　　　　kmalloc()函数语法格式

所需头文件	#include <linux/malloc.h>	
函数原型	void *kmalloc(unsigned int len,int flags)	
函数传入值	len: 希望申请的字节数	
	flags	GFP_KERNEL: 内核内存的通常分配方法，可能引起睡眠
		GFP_BUFFER: 用于管理缓冲区高速缓存
		GFP_ATOMIC: 为中断处理程序或其他运行于进程上下文之外的代码分配内存，且不会引起睡眠
		GFP_USER: 用户分配内存，可能引起睡眠
		GFP_HIGHUSER: 优先高端内存分配
		__GFP_DMA: DMA 数据传输请求内存
		__GFP_HIGHMEN: 请求高端内存
函数返回值	成功: 写入的数据长度; 失败: -EFAULT	

kfree()函数的语法格式如表 8.11 所示。

表 8.11　　　　　　　　　　　kfree()函数语法格式

所需头文件	#include <linux/malloc.h>
函数原型	void kfree(void * obj)
函数传入值	obj：要释放的内存指针
函数返回值	成功：写入的数据长度； 失败：-EFAULT

以页为单位的分配函数 __get_free_ page 类函数的语法格式如表 8.12 所示。

表 8.12　　　　　　　　　　__get_free_ page 类函数语法格式

所需头文件	#include <linux/malloc.h>
函数原型	unsigned long get_zeroed_page(int flags) unsigned long _ _get_free_page(int flags) unsigned long _ _get_free_page(int flags,unsigned long order) unsigned long _ _get_dma_pages(int flags,unsigned long order)
函数传入值	flags：同 kmalloc() order：要请求的页面数，是以 2 为底的对数
函数返回值	成功：返回指向新分配的页面的指针； 失败：-EFAULT

基于页的内存释放函数 free_ page 族函数的语法格式如表 8.13 所示。

表 8.13　　　　　　　　　　　free_page 类函数语法格式

所需头文件	#include <linux/malloc.h>
函数原型	unsigned long free_page(unsigned long addr) unsigned long free_pages(unsigned long addr, unsigned long order)
函数传入值	addr：要释放的内存起始地址 order：要请求的页面数，是以 2 为底的对数
函数返回值	成功：写入的数据长度； 失败：-EFAULT

当然，若想在内核中分配空间还有其他接口，如 kzalloc、kvmalloc 等，其特性如下。

kzalloc：以字节为单位申请物理空间连续的内存并清零该空间。

vmalloc：申请指定字节大小的内存，申请的内存在虚拟地址空间上连续，但不保证物理地址空间连续。

9. 打印信息

就如同在编写用户空间的应用程序，打印信息有时是很好的调试手段，也是在代码中很常用的组成部分。但是与用户空间不同，在内核空间要用函数 printk()而不能用 printf()。printk()和 printf()很类似，都可以按照一定的格式打印消息，所不同的是，printk()还可以定义打印消息的优先级。

printk()函数的语法格式如表 8.14 所示。

表 8.14　　　　　　　　　　　　printk 类函数语法格式

所需头文件	#include <linux/kernel>	
函数原型	int printk(const char * fmt, …)	
函数传入值	fmt： 日志级别	KERN_EMERG：紧急时间消息
		KERN_ALERT：需要立即采取动作的情况
		KERN_CRIT：临界状态，通常涉及严重的硬件或软件操作失败
		KERN_ERR：错误报告
		KERN_WARNING：对可能出现的问题提出警告
		KERN_NOTICE：有必要进行提示的正常情况
		KERN_INFO：提示性信息
		KERN_DEBUG：调试信息
	…：与 printf()相同	
函数返回值	成功：0; 失败：-1	

这些不同优先级的信息输出到系统日志文件（如 "/var/log/messages"），有时也可以输出到虚拟控制台上。其中，对输出给控制台的信息有一个特定的优先级 console_loglevel。只有打印信息的优先级小于这个整数值，信息才能被输出到虚拟控制台上，否则，信息只被写入系统日志文件中。若不加任何优先级选项，则消息默认输出到系统日志文件中。

8.2.4 字符设备驱动程序框架

本节介绍一个完整的字符设备驱动程序框架。
```
###############################
//字符设备驱动程序示例
#include <linux/module.h>
#include <linux/kernel.h>
#include <linux/fs.h>
#include <linux/cdev.h>
#include <linux/uaccess.h>
#include <linux/string.h>
#include "chrdev_ioctl.h"


#define GLOBALSIZE 128

//定义设备号变量
static unsigned major = 500;
static unsigned minor = 0;
static unsigned count = 1;
const char * name = "chr_drv";
static dev_t devno;


static struct scull_device {
char mem[GLOBALSIZE];
int len;
```

```c
    //定义cdev结构体
    struct cdev cdev;

}scull;

//自定义驱动方法open、release  和应用中的open和close对应
static int fs4412_driver_open(struct inode* inode, struct file* filp){
//filp->private_data = &scull;
filp->private_data = container_of(inode->i_cdev, struct scull_device,cdev);

printk("fs4412_driver_open\n");
return 0;
}
static int fs4412_driver_release(struct inode* inode, struct file* filp){

struct scull_device* dev = filp->private_data;

printk("scull.len: %d\n",dev->len);
printk("fs4412_driver_release\n");
return 0;
}
static long fs4412_driver_unlocked_ioctl(struct file* filp, unsigned int cmd, unsigned long args){

    if(_IOC_TYPE(cmd) != MAGIC_TYPE)return -EINVAL;
    switch(_IOC_NR(cmd)){
        case 0:{
            printk("LED_ON\n");
            break;
        }
        case 1:{
            printk("LED_OFF\n");
            break;
        }
        default:{
            break;
        }
    }

    return 0;
}


static struct file_operations fops = {
.owner = THIS_MODULE,
.open = fs4412_driver_open,
.release = fs4412_driver_release,
.unlocked_ioctl = fs4412_driver_unlocked_ioctl,

};


static int fs4412_driver_init(void){
int ret = 0;

//获取设备号
```

```c
devno = MKDEV(major,minor);
//注册设备号
if(register_chrdev_region(devno, count, name)){
    printk("register_chrdev_region failed\n");
    goto err0;
}
//初始化cdev
cdev_init(&scull.cdev,&fops);
//向内核中添加cdev
ret = cdev_add(&scull.cdev,devno,count);
if(ret){
    printk("cdev_add failed,err:%d\n",ret);
    goto err1;
}

//初始化自定义结构体scull
memset(scull.mem,0,sizeof(scull.mem));
scull.len = 0;

printk("devno:%d,major:%d,minor:%d\n",devno,MAJOR(devno),MINOR(devno));
printk("fs4412_driver_init\n");
return 0;

err1:
unregister_chrdev_region(devno,count);
err0:
return 0;
}

static void fs4412_driver_exit(void){
//释放资源
cdev_del(&scull.cdev);
unregister_chrdev_region(devno,count);
printk("Good Bye,linux kernel >_<\n");
}

//1. 入口修饰
module_init(fs4412_driver_init);

//2. 出口修饰
module_exit(fs4412_driver_exit);

//3. 许可证
MODULE_LICENSE("GPL");

#############################
头文件chrdev_ioctl.h的内容：
#define MAGIC_TYPE 'J'
#define LED_ON _IO(MAGIC_TYPE,0)
#define LED_OFF _IO(MAGIC_TYPE,1)

#############################
应用测试程序app_read.c
```

```c
#include <sys/types.h>
#include <sys/stat.h>
#include <fcntl.h>
#include <stdio.h>
#include <unistd.h>
#include <string.h>

#define GLOBALSIZE 128
#define PATHNAME "/dev/ex"

int main(int argc, const char *argv[])
{
int fd = -1;
int ret = 0;
fd = open(PATHNAME,O_RDWR);
char buf[GLOBALSIZE] = {};
if(fd < 0){
    perror("open failed");
    return -1;
}
printf("open has done!\n");
while(1){
    memset(buf,0,sizeof(buf));
    ret = read(fd, buf,2);
    printf("read:ret:%d, buf:%s\n",ret,buf);
    sleep(1);
}
close(fd);
printf("closed\n");
return 0;
}
```

8.3 基于设备树的字符驱动程序实例

在 Linux 设备驱动模型中,总线、设备和驱动这 3 个结构是该模型的基础,设备信息和驱动代码分离开来,便于管理和修改,而总线负责关联设备和驱动。

一个设备向系统注册时,会通过总线的匹配函数寻找与之匹配的驱动;同理,一个驱动加载到内核时,会通过总线寻找与之匹配的设备。

基于设备树的驱动模块编写

Platform 总线是那些本身依附于 I2C、SPI、PCI、USB 等总线的设备在 Linux 系统中使用的虚拟总线。而嵌入式 SoC 系统中集成的独立外设控制器、挂接在 SoC 内存空间的外设等大多没有使用实际的总线。Platform 总线在 Linux 系统上屏蔽了外设和驱动之间的差异性。

1. 内核中设备和驱动的描述

在 Linux 操作系统中,如果使用 platform 总线管理设备和驱动的话,设备结构使用 platform_device 来描述,而驱动信息使用 platform_driver 来描述。

Linux 3.14 内核中的 platform_device 结构如下。

```
struct platform_device {
    const char    *name;      /*设备名称*/
    int           id;         /*设备的编号*/
    struct device dev;/*其中的 release 函数是在设备模块卸载时调用,驱动模块卸载不会影响*/
```

```
u32         num_resources;                /*资源的数量*/
struct resource   *resource;              /*设备资源*/
const struct platform_device_id  *id_entry;
};
```
platform_device 结构中的 resource 成员中描述了设备的信息;
Linux 3.14 内核中的 platform_driver 结构如下。
```
struct platform_driver {
int (*probe)(struct platform_device *);     /*匹配成功的回调函数*/
int (*remove)(struct platform_device *);    /*驱动卸载时会调用过的函数*/
struct device_driver driver;
const struct platform_device_id *id_table;  /*设备匹配时使用的 id 表*/
};
```

Platform_driver 结构中的 driver 成员描述了驱动信息,下面列出主要信息。
```
struct device_driver {
const char      *name;                      /*驱动的名称,名称匹配时依据的名称*/
const struct of_device_id *of_match_table;  /*设备树匹配时使用的匹配条目*/
};
```

2. 设备和驱动的匹配方式

```
static int platform_match(struct device *dev, struct device_driver *drv)
{
    struct platform_device *pdev = to_platform_device(dev);
    struct platform_driver *pdrv = to_platform_driver(drv);

    /* Attempt an OF style match first */
    if (of_driver_match_device(dev, drv))
        return 1;

    /* Then try ACPI style match */
    if (acpi_driver_match_device(dev, drv))
        return 1;

    /* Then try to match against the id table */
    if (pdrv->id_table)
        return platform_match_id(pdrv->id_table, pdev) != NULL;

    /* fall-back to driver name match */
    return (strcmp(pdev->name, drv->name) == 0);
}
```

可以看到内核中在使用 platform 总线时,有 4 种匹配方式。我们常用的匹配方式有 3 种:name、id_table、OF style(设备树匹配方式)。一旦匹配成功,就会调用 platform_driver 中的 probe 方法。

3. 基于 name 的匹配的字符设备驱动实例

##############################
模拟平台设备驱动模块示例:
```
#include <linux/kernel.h>
#include <linux/module.h>
#include <linux/platform_device.h>

static void platform_device_release(struct device *dev){

    printk("platform_device_release\n");
```

```c
}
static struct platform_device pdev = {
    .name = "fs4412",
    .dev.release = platform_device_release,
};
static int fs4412_module_init(void){

    platform_device_register(&pdev);
    return 0;
}
static void fs4412_module_exit(void){

    platform_device_unregister(&pdev);
}
module_init(fs4412_module_init);
module_exit(fs4412_module_exit);
MODULE_LICENSE("GPL");
############################
```

驱动模块示例:

```c
#include <linux/kernel.h>
#include <linux/module.h>
#include <linux/platform_device.h>

static int fs4412_driver_probe(struct platform_device* pdev){


    printk("platform: match ok!\n");
    return 0;
}
static int fs4412_driver_remove(struct platform_device* pdev){

    printk("fs4412_driver_remove\n");
    return 0;
}
static struct platform_driver pdrv = {
    .driver = {
        .name = "fs4412",
        .owner = THIS_MODULE,
    },
    .probe = fs4412_driver_probe,
    .remove = fs4412_driver_remove,
};
static int fs4412_module_init(void){

    platform_driver_register(&pdrv);
    return 0;
}
static void fs4412_module_exit(void){

    platform_driver_unregister(&pdrv);
}
module_init(fs4412_module_init);
module_exit(fs4412_module_exit);
MODULE_LICENSE("GPL");
```

```
############################
Makefile示例:
ifeq ($(KERNELRELEASE),)
KERNELDIR ?= /lib/modules/$(shell uname -r)/build
PWD := $(shell pwd)
modules:
    $(MAKE) -C $(KERNELDIR) M=$(PWD) module
clean:
    $(MAKE) -C $(KERNELDIR) M=$(PWD) clean
else
    obj-m := drvex19_platform_driver.o
    obj-m += drvex19_platform_device.o
endif
```

4. 基于设备树的匹配方式的驱动示例

```
#include <linux/module.h>
#include <linux/kernel.h>
#include <linux/init.h>
#include <linux/of.h>
#include <linux/platform_device.h>

MODULE_LICENSE("Dual BSD/GPL");

static int driver_probe(struct platform_device *dev)
{
    printk("platform: match ok!\n");
    printk("resource start = 0x%x\n", dev->resource[0].start);

    printk("resource start = 0x%x\n", dev->resource[1].start);
    return 0;
}

static int driver_remove(struct platform_device *dev)
{
    printk("platform: driver remove\n");
    return 0;
}
/*会从设备树中的compatible中寻找其名称相同的节点，节点信息相同后，platform总线会获取节点信息，
可以通过probe函数的struct platform_device *dev来访问resource信息*/
static struct of_device_id platform_device_dt_table[] = {
    {.compatible = "fs4412,dttest",},
    {/*as a node guard*/},
};
MODULE_DEVICE_TABLE(of, platform_device_dt_table);
struct platform_driver test_driver = {
    .probe = driver_probe,
    .remove = driver_remove,
    .driver = {
        .name = "test_device",
        .owner = THIS_MODULE,
        .of_match_table = of_match_ptr(platform_device_dt_table),
    },
};

static int __init fs4412_platform_init(void)
{
    platform_driver_register(&test_driver);
```

```
        return 0;
}

static void __exit fs4412_platform_exit(void)
{
        platform_driver_unregister(&test_driver);
}

module_init(fs4412_platform_init);
module_exit(fs4412_platform_exit);

#####################
/*在内核源码下的 arch/arm/boot/dts/exynos4412-origin.dts 中的二级节点处添加设备树信息*/
        dttest@1100 {
                compatible = "fs4412,dttest";
                #address-cells = <1>;
                #size-cells = <1>;
                reg = <0x11000c40 0x2>;
        };
```
/*在内核源码下使用命令"make dtbs"编译设备树，可生成 uboot 识别的设备树文件"*.dtb"，将生成的*.dtb 文件复制到 bootloader 启动加载位置即可*/

8.4 GPIO 驱动程序实例

8.4.1 GPIO 工作原理

FS4412 开发板的 Exynos4412 处理器具有 304 个多功能通用 I/O（GPIO）端口管脚和 164 个内存端口管脚，GPIO 包括 29 个端口组，分别为 GPA0、GPA1、GPB、GPC0、GPC1、GPD0、GPD1、GPM0、GPM1、GPM2、GPM3、GPM4、GPF0、GPF1、GPF2、GPF3、GPJ0、GPJ1、GPK0、GPK1、GPK2、GPK3、GPL0、GPL1、GPL2、GPX0、GPX1、GPX2、GPX3。根据各种系统设计的需求，通过软件方法可以将这些端口配置成具有相应功能（如外部中断或数据总线）的端口。

为了控制这些端口，Exynos4412 处理器为每个端口组分别提供几种相应的控制寄存器。因为大部分 I/O 管脚可以提供多种功能，通过配置寄存器（xxxnCON）设定每个管脚用于何种目的。数据寄存器的每位将对应于某个管脚上的输入或输出。所以通过读写数据寄存器（xxxnDAT）的位，可以对每个端口进行输入或输出。

在此主要以发光二极管（LED）和蜂鸣器为例，讨论 GPIO 设备的驱动程序。它们的硬件驱动电路的原理图如图 8.4 所示。

如图 8.4 所示，使用 Exynos4412 处理器的通用 I/O 口 GPX2_7、GPX1_0、GPF3_4 和 GPF3_5 分别直接驱动 LED2、LED3、LED4 以及 LED5，而使用 GPD0_0 驱动蜂鸣器。4 个 LED 分别在对应端口为低电平时发亮，而蜂鸣器在端口为高电平时发声。这 5 个端口的数据流方向均为输出。

GPF 的主要控制寄存器如表 8.15 所示。GPD 的相关寄存器的描述与此类似，具体可以参考 Exynos4412 处理器数据手册。

第 8 章 嵌入式 Linux 设备驱动编程

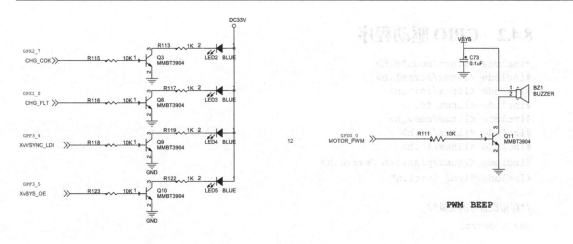

图 8.4 LED（左）和蜂鸣器（右）的驱动电路原理图

表 8.15　　　　　　　　GPF 端口（GPF0-GPF7）的主要控制寄存器

寄存器	地址	R/W	功能	初始值
GPFCON	0x56000050	R/W	配置 GPF 端口组	0x0
GPFDAT	0x56000054	R/W	GPF 端口的数据寄存器	未定义
GPFUP	0x56000058	R/W	GPF 端口的取消上拉（pull-up）寄存器	0x0

GPFCON	位	描述
GPF7	[15:14]	00 = 输入　01 = 输出　10 = EINT7　11 = 保留
GPF6	[13:12]	00 = 输入　01 = 输出　10 = EINT6　11 = 保留
GPF5	[11:10]	00 = 输入　01 = 输出　10 = EINT5　11 = 保留
GPF4	[9:8]	00 = 输入　01 = 输出　10 = EINT4　11 = 保留
GPF3	[7:6]	00 = 输入　01 = 输出　10 = EINT3　11 = 保留
GPF2	[5:4]	00 = 输入　01 = 输出　10 = EINT2　11 = 保留
GPF1	[3:2]	00 = 输入　01 = 输出　10 = EINT1　11 = 保留
GPF0	[1:0]	00 = 输入　01 = 输出　10 = EINT0　11 = 保留
GPF[7:0]	[7:0]	每位对应于相应的端口，若端口用于输入，则可以通过相应的位读取数据；若端口用于输出，则可以通过相应的位输出数据；若端口用于其他功能，则其值无法确定
GPF[7:0]	[7:0]	0：向相应端口管脚赋予上拉（pull-up）功能； 1：取消上拉功能

为了驱动 LED 和蜂鸣器，首先通过端口配置寄存器将 5 个相应寄存器配置为输出模式。然后通过对端口数据寄存器的写操作，实现对每个 GPIO 设备的控制（发亮或发声）。在 8.4.2 小节中介绍的驱动程序中，s3c2410_gpio_cfgpin()函数和 s3c2410_gpio_pullup()函数将实现对某个端口的配置，而 s3c2410_gpio_setpin()函数实现向数据寄存器的某个端口的输出。

8.4.2 GPIO 驱动程序

```c
#include <linux/module.h>
#include <linux/kernel.h>
#include <linux/init.h>
#include <linux/fs.h>
#include <linux/cdev.h>
#include <linux/of.h>
#include <linux/io.h>
#include <linux/platform_device.h>
#include "led2_ioctl.h"

/*存储设备号的变量*/
dev_t devno;

/*描述字符设备的结构体cdev，实例化*/
struct cdev cdev;

/*自动创建设备节点所需的结构体指针*/
struct class* class;

/*使用ioremap映射地址时，led2的控制寄存器、数据寄存器对应的虚拟地址存储变量*/
void __iomem* led2_conaddr;
void __iomem* led2_dataddr;

/*存储从设备树资源中获取的设备信息的结构体resource*/
static struct resource* con_resource;
static struct resource* dat_resource;


static int led2_driver_open(struct inode* inode, struct file* filp){

    printk("led2_driver_open\n");
    return 0;
}

static int led2_driver_release(struct inode* inode, struct file* filp){

    printk("led2_driver_release\n");
    return 0;
}

long led2_driver_ioctl(struct file* filp, unsigned int cmd, unsigned long args){

    printk("type:%d, nr:%d\n",_IOC_TYPE(cmd), _IOC_NR(cmd));
    /*使用_IOC_NR会从应用层传递过来的命令字"cmd"中获取"顺序号"*/
    switch(_IOC_NR(cmd)){
        case 0:
        {
            /*写数据寄存器，readl(xxx)从寄存器中读取数值，writel(val,xxx)向寄存器中写数值val*/
            writel(readl(led2_dataddr) | (0x1 << 7), led2_dataddr);
            printk("LED ON :)\n");
            break;
```

```c
    }
    case 1:
    {
        writel(readl(led2_dataddr) & (~(0x1 << 7)), led2_dataddr);
        printk("LED OFF :)\n");
        break;
    }
    default:
        printk("you are smart~\n");
        break;
    }
    return 0;
}

static struct file_operations fops = {
    .owner = THIS_MODULE,
/*应用层打开对应 led2 的设备节点，open 函数会调用驱动中的 led2_driver_open 函数实例*/
    .open = led2_driver_open,
/*应用层打开对应 led2 的设备节点，应用层的所有 close 实例都被调用后，调用对应驱动中的
led2_driver_release 函数实例*/
    .release = led2_driver_release,
/*应用层打开对应led2的设备节点，ioctl 函数调用驱动中的 led2_driver_ioctl 函数实例*/
    .unlocked_ioctl = led2_driver_ioctl,
};
/*使能 GPX2 控制寄存器中 led2 对应的位域，使 led2 管脚有输出功能*/
static int led2_con_enable(void __iomem* led2_conaddr){
    writel((readl(led2_conaddr) & (~(0xf << 28))) | (0x1 << 28),led2_conaddr);
    return 0;
}
/*驱动加载到内核中时，如果驱动模块中的 platform_driver 结构中的成员项 of_match_table 对应的
of_device_id 结构中的 compatible 项对应的名称和设备树中的 compatible 项匹配成功，驱动模块所对应的回调
函数 probe 将会被内核调用执行*/
static int driver_probe(struct platform_device *dev)
{
    alloc_chrdev_region(&devno,0,1,"led2"); /* 设备号的动态分配 */
    cdev_init(&cdev,&fops);         /* 设备信息结构体和设备操作函数集的绑定*/
    cdev_add(&cdev,devno,1);     /*向内核中添加设备号为 devno 的设备 cdev*/

    class = class_create(THIS_MODULE,"led2_class");/*自动在/dev 目录下创建名称为"ex"的设备节点*/
    device_create(class,NULL,devno,NULL,"ex");

/*匹配设备树成功后，从 probe 函数变体的参数 dev 中获取设备信息，并保存*/
    con_resource = platform_get_resource(dev,IORESOURCE_MEM,0);
    dat_resource = platform_get_resource(dev,IORESOURCE_MEM,1);

/*使用 ioremap 接口映射这个保存在 con_resource->start 中的物理地址为 linux 内核可操作的虚拟地址，
得到的虚拟地址保存在变量 led2_conaddr 中*/
    led2_conaddr = ioremap(con_resource->start,4);
    led2_dataddr = ioremap(dat_resource->start,4);

    led2_con_enable(led2_conaddr);
    printk("platform: match ok!\n");
    printk("resource start = 0x%x\n", dev->resource[0].start);
```

```c
    return 0;
}

/*GPIO 驱动的模块卸载的部分如下*/
static int driver_remove(struct platform_device *dev)
{
    iounmap(led2_conaddr); /* 虚拟地址的销毁 */
    iounmap(led2_dataddr);
    cdev_del(&cdev);  /* 字符设备的注销 */
    unregister_chrdev_region(devno,1);  /* 设备号的注销 */
    printk("platform: driver remove\n");
    return 0;
}

static struct of_device_id platform_device_dt_table[] = {
    {.compatible = "led2,dtb_match",},/*设备树匹配时需要的条目信息，compatible 条目信息需要和设备树中对应的条目信息相同*/
    {/*as a boundary guard*/},
};
MODULE_DEVICE_TABLE(of, platform_device_dt_table);
struct platform_driver led2_platform_driver = {
    .probe = driver_probe,
    .remove = driver_remove,
    .driver = {
        .name = "test_device",
        .owner = THIS_MODULE,
        .of_match_table = of_match_ptr(platform_device_dt_table),
    },
};

module_platform_driver(led2_platform_driver);

MODULE_LICENSE("Dual BSD/GPL");


#####################
/*头文件 led2_ioctl.h，使用幻数 MAGIC_LED 的目的是保证驱动的 ioctl 被持有幻数的应用调用，安全可靠*/
#ifndef __LED2_IOCTL__
#define __LED2_IOCTL__
#include <linux/ioctl.h>

#define MAGIC_LED 'H'
#define LED_ON    _IO(MAGIC_LED,0)
#define LED_OFF   _IO(MAGIC_LED,1)
#endif

####################
/**应用层测试程序/
#include <stdio.h>
#include <stdlib.h>
#include <sys/types.h>
#include <sys/stat.h>
#include <fcntl.h>
#include <sys/ioctl.h>
#include <unistd.h>
#include "led2_ioctl.h"
```

```
#define FILENAME "/dev/ex"

int main(int argc, const char *argv[])
{
    int fd = -1;
    fd = open(FILENAME,O_RDWR);
    if(fd < 0){
        perror("open failed");
        return -1;
    }
    ioctl(fd,LED_ON);
    sleep(1);
    ioctl(fd,LED_OFF);
    close(fd);
    return 0;
}
```

####################
可参考的 Makefile（编译内核是 linux3.14，交叉编译链使用 gcc4.6.4）
```
ifeq ($(KERNELRELEASE),)
/*路径 KERNELDIR 为当前开发平台 ubuntu 上的 Linux 3.14 源代码树的路径，该源代码树对应开发产品的内
核版本*/
KERNELDIR ?= /home/linux/work/kernel/linux-3.14/
PWD := $(shell pwd)

modules:
        $(MAKE) -C $(KERNELDIR) M=$(PWD) modules
clean:
        $(MAKE) -C $(KERNELDIR) M=$(PWD) clean

else
    obj-m += drvex21_platform_dts.o
endif
```

####################
/*在内核源码下的 arch/arm/boot/dts/exynos4412-origin.dts 中的二级节点处添加设备树信息*/
```
led2@11000c40 {
    compatible = "led2,dtb_match";
    #address-cells = <1>;
    #size-cells = <1>;
    reg = <0x11000c40 0x2>;
};
```
/*在内核源码下使用命令 make dtbs 编译设备树，可生成 uboot 识别的设备树文件"*.dtb"，将生成的*.dtb
文件拷贝到 bootloader 启动加载位置即可*/

8.5　按键驱动程序实例

8.5.1　中断编程

　　前面讲述的驱动程序中没有涉及中断处理，实际上，有很多 Linux 的驱动都是通过中断的方式来进行内核和硬件的交互。中断机制提供了硬件和软件之间异步传递信息的方式。硬件设备在发生某个事件时，通过中断通知软件进行处理。中断实现了硬件设备按需获得处理器关注的机制，

与查询方式相比可以大大节省 CPU 资源的开销。

下面介绍在驱动程序中用于申请中断的 request_irq() 调用，以及用于释放中断的 free_irq() 调用。request_irq() 函数调用的格式如下。

```
static inline int __must_check request_irq(
                                unsigned int irq,
                                irq_handler_t handler,
                                unsigned long flags,
                                const char *name,
                                void *dev).
```

其中 irq 是要申请的硬件中断号。在 Intel 平台，其取值范围是 0～15。参数 handler 为将要向系统注册的中断处理函数。这是一个回调函数，中断发生时，系统调用这个函数，传入的参数包括硬件中断号、设备 id 以及寄存器值。设备 id 就是在调用 request_irq() 时，传递给系统的参数 dev_id。

参数 flags 是中断处理的一些属性，如中断触发方式。其中 IRQF_TRIGGER_MASK 用于判断中断处理程序是下降沿触发方式（设置 IRQF_TRIGGER_FALLING），还是其他触发方式。

flags 中其他比较常用的还有 IRQF_DISABLED 和 IRQF_SHARED，IRQF_DISABLED 属性加入中断标志位后会在处理中断上半部例程时屏蔽其他中断，IRQF_SHARED 属性设置多个设备共享中断的属性，这也需要 dev 参数配合传递不同设备的参数给中断处理例程来分辨不同的设备中断。还有其他中断属性可参考 /linux/interrupt.h 查看相应的中断属性值。

参数 name 为设备名，会在 /dev/interrupts 中显示。

参数 dev 在中断共享时会用到。一般设置为这个设备的 device 结构本身，如果不使用共享中断，可设置为 NULL。中断处理程序可以用 dev 找到相应的控制这个中断的设备。

释放中断的 free_irq() 函数调用格式如下。该函数的参数与 request_irq() 相同。

```
void free_irq(unsigned int irq, void *dev);
```

中断处理函数在每次中断产生时都会被调用，因此它的执行时间要尽可能短。通常中断分为上半部和下半部，中断处理函数执行不耗时的简单上半部任务（如唤醒下半部任务），而复杂且耗时的工作则让这个下半部完成（如数据拷贝）。中断处理函数（上半部）不能向用户空间发送数据或者接收数据，不能做任何可能发生睡眠的操作，而且不能调用 schedule() 函数。

8.5.2 按键工作原理

在 8.4 节中，以 LED 驱动为例讲述了 EXYNOS4412 的通用 I/O（GPIO）接口的用法以及简单的字符设备驱动的编写。LED 最简单的 GPIO 应用，不需要任何外部输入或控制。按键同样使用 GPIO 接口，但按键本身需要外部的输入，即在驱动程序中要处理外部中断。按键硬件驱动原理图如图 8.5 所示。在图 8.5 中，按键（k2～k4）电路中，使用 3 个输入/输出端口，由于端口都接有上拉电阻，所以当按键按下时会拉低端口的电平，依据这样的电路结构，可以判断端口是否有低电平或者上升沿/下降沿来判断中断是否产生。

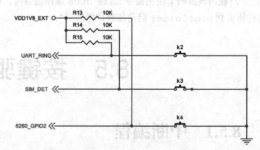

图 8.5　按键驱动电路原理图

按键驱动电路使用的主要端口如表 8.16 所示。

表 8.16　　　　　　　　　　　　按键电路的主要端口

管脚	端口	输入/输出
UART_RING	XEINT9/GPX1_1	输入/输出
SIM_DET	XEINT10/GPX1_2	输入/输出
6260_GPIO2	XEINT26/GPX3_2	输入/输出

因为通常中断端口是比较珍贵且有限的资源，所以在本电路设计中，怎么样才能及时、准确地确认某个中断的产生呢？3 个 EINT 端口应该通过 GPIO 配置寄存器被设置为外部中断端口，然后通过系统来获取中断端口对应的中断号。接下来就是 reques_irq 申请中断了。

实际上，按键动作会在短时间（几毫秒至几十毫秒）内产生信号抖动。例如，当按键被按下时，其动作就像弹簧的若干次往复运动，将产生几个脉冲信号。一次按键操作将会产生若干次按键中断，从而产生抖动现象。因此驱动程序必须解决抖动产生的毛刺信号问题。为了简单起见，以下实例中没有消除毛刺信号。读者可以根据以上介绍的对中断处理函数的要求改进此部分代码。

8.5.3　按键驱动程序

```
//头文件
#include <linux/module.h>
#include <linux/init.h>
#include <linux/of.h>
#include <linux/platform_device.h>
#include <linux/interrupt.h>


static const struct of_device_id fs4412_dts_table[] = {
{.compatible = "interrupt,k2"},//只有和设备树中的一致，才能匹配设备树信息
{/*防止越界的哨兵*/},
};
static irqreturn_t fs4412_handler(int irqno, void *dev){

    printk("handler irqno:%d\n",irqno);
    return IRQ_HANDLED;
}

static int fs4412_driver_probe(struct platform_device* pdev){
//定义接受资源的 resource 结构体
struct resource* r1 = NULL;
r1 = platform_get_resource(pdev,IORESOURCE_IRQ,0);

//申请中断
    if(request_irq(r1->start,fs4412_handler,IRQF_DISABLED
IRQF_TRIGGER_FALLING,"my-interrupt",NULL)){
        printk("request_irq failed\n");
        free_irq(r1->start,NULL);
        return -EFAULT;
    }
```

```c
    printk("match ok\n");
    return 0;
}
static int fs4412_driver_remove(struct platform_device* pdev){
    struct resource* r1 = NULL;
    r1 = platform_get_resource(pdev,IORESOURCE_IRQ,0);
    //释放占用的中断号
    free_irq(r1->start,NULL);
    printk("fs4412_driver_remove\n");
    return 0;
}

//定义platform_driver驱动信息描述结构体
static struct platform_driver pdrv = {
    .probe = fs4412_driver_probe,
    .remove = fs4412_driver_remove,
    .driver = {
        .name = "fs4412_device",
        .owner = THIS_MODULE,
        .of_match_table = of_match_ptr(fs4412_dts_table),
    },
};

static int fs4412_driver_init(void){
    //注册platform_driver到内核中
    platform_driver_register(&pdrv);
    printk("Hello World ):\n");
    return 0;
}

static void fs4412_driver_exit(void){

    platform_driver_unregister(&pdrv);
    printk("Good Bye,linux kernel >_<\n");
}

//1.入口修饰
module_init(fs4412_driver_init);

//2.出口修饰

module_exit(fs4412_driver_exit);

//3.许可证
MODULE_LICENSE("GPL");
```

以上介绍了按键驱动程序中的主要内容。

8.5.4 中断信息的编写

备份并修改Linux3.14源代码树目录中的arch/arm/boot/dts/exynos4412-origin.dts设备树文件，在其二级节点处添加k2按键的设备树信息，可以相同的方式更改k3/k4的设备树信息。

```
k2@11000c20{
```

```
        compatible = "interrupt,k2";
        interrupt-controller;
        #interrupt-cells = <2>;
        interrupt-parent = <&gpx1>;/*k2 按键中断端口属于 gpx1 端口组*/
        interrupts = <1 2>;/*k2 按键属于 gpx1 组中的 1 引脚,中断触发方式为下降沿触发(数字标识为 2,
触发方式的标识含义可参考文档:
        Documentation/devicetree/bindings/interrupt-controller/interrupts.txt )*/
        };
```

如果想使用一个共享中断,让 k2/k3/k4 共享一个中断处理例程,那么设备树可以参考如下编写方式,添加到设备树的二级节点中。需要注意的是,设备树中的 compatible 要和驱动中的 compatible 名称相同。更详细的有关中断信息的设备树节点编写的用法含义可参考文档 interrupts.txt。

```
    k234@1100{
        compatible = "exynos4412-k234";
        interrupt-controller;
        interrupt-parent = <&gic>;/*gpx1 组和 gpx3 组隶属于 gic 控制器,可参考 exynos4412-
origin.dts 中包含的设备树头文件*.dtsi 中的相关信息*/
        interrupts-extended = <&gpx1 1 2>, <&gpx1 2 2>, <&gpx3 2 8>;/*前两位分别对应 k2/k3/k4
按键端口,第三位是端口的中断触发方式*/
        };
```

思考与练习

1. 进一步改进本章所述的按键驱动程序,并在目标板上测试。
2. 编写蜂鸣器的 PWM 接口驱动,实现播放一首歌曲的功能。
3. 实现各种外设(包括 ADC、SPI、I²C 等)的字符设备驱动程序。

第 9 章
Qt 图形编程

由于在嵌入式系统中，GUI 的地位变得越来越重要，本章主要介绍在嵌入式系统上使用 QT 进行 GUI 设计的基础知识。掌握本章的内容非常重要。

本章主要内容：
- 嵌入式 GUI 种类和其特点；
- Qt 中的信号与槽的机制；
- 掌握 Qt/Embedded 的安装和配置；
- 掌握 Qt/Embedded 应用程序的基本流程。

9.1 嵌入式 GUI 简介

Qt 简要介绍

目前的桌面机操作系统，大多有着美观、操作方便、功能齐全的 GUI（图形用户界面），如 KDE（桌面环境）或者 GNOME（GNU 网络对象模型环境）。GUI 提供了友好便利的界面，并大大方便了非专业用户的使用，使人们从烦琐的命令中解脱出来，可以通过窗口、菜单方便地进行操作。

但是不同于桌面机系统，嵌入式 GUI 要求简单、直观、可靠、占用资源小且反应快速，以适应系统硬件资源有限的条件。在嵌入式系统中，GUI 的地位也越来越重要。另外，由于嵌入式系统硬件本身的特殊性，嵌入式 GUI 应具备高度可移植性与可裁减性，以适应不同的硬件条件和使用需求。总体来讲，嵌入式 GUI 具备以下特点：

① 体积小；
② 高可靠性；
③ 运行时耗用系统资源少；
④ 在某些应用场合应具备实时性；
⑤ 上层接口与硬件无关，高度可移植。

9.1.1 Qt/Embedded

2017 年，《财富》全球 500 强企业中的前 10 家企业，有 8 家使用 Qt。Qt 帮助用户更快、更智能地创建设备、UI 及跨屏应用。从用户最喜爱的各种应用，到疾速行驶的汽车，Qt 始终助力全球各地的万千设备与应用。

Qt 最早是由 Trolltech 公司开发的跨平台的 C++图形用户界面库，目前由芬兰 IT 服务公司 Digia

（迪智）管理 Qt 相关业务。Qt 为应用程序开发者提供了构建图形用户界面所需的所有功能。自 1996 年进入商业领域以来，Qt 已经成为全世界范围内数千种应用程序的基础。另外，目前流行的 Linux 桌面环境 KDE 也是基于 Qt 开发的。Qt/Embedded 是用于嵌入式 Linux 系统的 Qt 版本。从 Qt 4.1 开始，Qt/Embedded 改名为 Qtopia Core，从 Qt 4.4.1 版本开始，又改名为 Qt for Embedded Linux，本书所采用的版本为 Qt for Embedded Linux 5.8.0，但为了编写方便，本书以 Qt/Embedded 表示 Qt 的嵌入式版本。

Qt/Embedded 的一些优缺点如表 9.1 所示。

表 9.1　　　　　　　　　　　　　　Qt/Embedded 分析

		Qt/Embedded 分析
优点	以开发包形式提供	包括图形设计器、Makefile 制作工具、字体国际化工具、Qt 的 C++类库等
	跨平台	支持 Microsoft Windows、MacOS X、Linux、Solaris、HP-UX、Tru64 (Digital UNIX)、Irix、FreeBSD、BSD/OS、SCO、AIX 等众多平台
	类库支持跨平台	Qt 类库封装了适应不同操作系统的访问细节，这正是 Qt 的魅力所在
	模块化	可以任意裁减
缺点	结构过于复杂臃肿，很难进行底层的扩充、定制和移植	例如： ● 尽管 Qt/Embedded 声称，它最小可以裁剪到几百 KB，但这时的 Qt/Embedded 库已经基本失去了使用价值； ● 它提供的控件集沿用了计算机风格，并不太适合许多手持设备的操作要求； ● Qt/Embedded 的底层图形引擎只能采用 framebuffer，只是针对高端嵌入式图形领域的应用而设计的； ● 由于该库的代码追求面面俱到，以增加它对多种硬件设备的支持，造成了其底层代码比较凌乱、各种补丁较多的问题

9.1.2　其他嵌入式图形用户界面开发环境

1. MiniGUI

MiniGUI 是一款国内的开源软件，由魏永明先生和众多志愿者开发，是面向实时嵌入式系统的轻量级图形用户界面支持系统。MiniGUI 遵循 GPL 条款，应用于手持终端、工控系统及多媒体等产品和领域；也可用来开发跨平台的图形用户界面应用程序。最新的 MiniGUI V3.0 则是继 2.0 之后的一个重要增强，增加了如外观渲染器技术、双向文本支持、透明控件、独立滚动条控件、UPF 字体和位图字体等新特性。

2. Microwindows、Tiny X Server 等

Microwindows 能够在没有任何操作系统或其他图形系统的支持下运行，它能对裸显示设备进行直接操作。这样，Microwindows 就显得十分小巧，便于移植到各种硬件和软件系统上。然而 Microwindows 的免费版本进展一直很慢，至今，国内没有任何一家对 Microwindows 提供全面技术支持、服务和担保的专业公司。

Tiny X Server 是 XFree86 Project 的一部分，它的体积可以小到几百 KB，非常适合应用于嵌入式环境。就纯 X Window System 搭配 Tiny X Server 架构来说，虽然移植方便，但是有体积大的缺点，由于很多软件本来是针对桌面环境开发的，因此无形之中具备了桌面环境中很多复杂的功能。因此"调校"变成采用此架构最大的课题，有时候重新改写可能比调校所需的时间还短。

常见 GUI 的参数比较如表 9.2 所示。

表 9.2　　　　　　　　　　　　常见 GUI 参数比较

参数 \ 名称	MiniGUI	OpenGUI	Qt/Embedded
API（完备性）	Win32（很完备）	私有（很完备）	Qt（C++）（很完备）
函数库的典型大小	500KB	300KB	600KB
移植性	很好	只支持 x86 平台	较好
授权条款	LGPL	LGPL	QPL/GPL/LGPL
系统消耗	小	最小	最大
操作系统支持	Linux、VxWorks、uC/OS-II	Linux、DOS、QNX	Linux

9.2　Qt/Embedded 开发入门

9.2.1　Qt/Embedded 介绍

1. 架构

Qt/Embedded 以原始 Qt 为基础，并做了许多出色的调整以适用于嵌入式环境。Qt/Embedded 通过 Qt API 与 Linux I/O 设施直接交互，成为嵌入式 Linux 端口。与 Qt/X11 相比，Qt/Embedded 很省内存，因为它不需要一个 X 服务器或 Xlib 库，它在底层抛弃了 Xlib，采用 framebuffer（帧缓冲）作为底层图形接口。同时，将外部输入设备抽象为 keyboard 和 mouse 输入事件。Qt/Embedde 的应用程序可以直接写内核缓冲帧，这避免开发者使用烦琐的 Xlib/Server 系统。Qt/Embedded 与 Qt/X11 的架构比较如图 9.1 所示。

图 9.1　Qt/Embedded 与 Qt/X11 的 Linux 版本的比较

使用单一的 API 进行跨平台编程有很多好处。提供嵌入式设备和桌面计算机环境下应用的公司可以培训开发人员使用同一套工具开发包，这有利于开发人员之间共享开发经验与知识，也可以更加灵活地将开发人员分配到项目中。更进一步说，针对某个平台而开发的应用和组件也可以销售到 Qt 支持的其他平台上，从而以低廉的成本扩大产品的市场。

（1）窗口系统

一个 Qt/Embedded 窗口系统包含一个或多个进程，其中的一个进程可作为服务器。该服务进程可分配客户显示区域、产生鼠标和键盘事件、提供输入方法和一个用户接口给运行起来的客户应用程序，其实就是一个有某些额外权限的客户进程。

服务器与客户之间使用 Socket 进行通信，通过重载 eventFilter() 函数，可以直接访问客户从服务器收到的所有事件。QProcess 类提供了另外一种异步的进程间通信机制。

（2）字体

Qt/Embedded 使用 FreeType 2 字体引擎来产生字体的输出，所支持的格式取决于本机安装的 FreeType 库的版本。另外，Qt/Embedded 支持 Qt 预渲染的字体格式（QPF 与 QPF2）。Qt 预渲染字体（QPF2）是 Qt/Embedded 特有的、与架构无关的、轻量级的字体格式。

（3）输入设备及输入法

Qt/Embedded 支持几种鼠标协议：BusMouse、IntelliMouse,Microsoft 和 MouseMan.Qt/ Embedded，还支持一些触摸屏。通过设置 QMouseHandler 或者其派生子类，开发人员可以让 Qt/Embedded 支持更多的客户指示设备。

（4）屏幕加速

通过子类化 QScreen 和 QRasterPaintEngine 可以实现硬件加速，从而为屏幕操作带来好处。

2. Qt 的开发环境

Qt/Embedded 的开发环境可以取代 UNIX 和 Windows 开发工具。它提供了几个跨平台的工具使得开发变得迅速和方便，尤其是它的图形设计器。UNIX 下的开发者可以在个人计算机或者工作站使用虚拟缓冲帧，从而可以模拟一个与嵌入式设备的显示终端大小、像素相同的显示环境。

嵌入式设备的应用可以在安装了一个跨平台开发工具链的不同平台上编译。最通常的做法是在一个 UNIX 系统上安装跨平台的带有 libc 库的 GNU C++编译器和二进制工具。在开发阶段，一个可替代的做法是使用 Qt 的桌面版本，例如通过 Qt/Windows 来开发。这样开发人员就可以使用他们熟悉的开发环境，如微软公司的 Visual C++。

如果 Qt/Embedded 的应用是在 UNIX 平台下开发的，它就可以在开发的机器上以一个独立的控制台或者虚拟缓冲帧的方式来运行，通过指定显示设备的宽度、高度和颜色深度，虚拟出来的缓冲帧将和物理的显示设备在每个像素上保持一致。这样每次调试应用时，开发人员就不用总是刷新嵌入式设备的 Flash 存储空间，从而加速了应用的编译、链接和运行周期。运行 Qt 的虚拟缓冲帧工具的方法是在 Linux 的图形模式下运行以下命令。

```
qvfb（回车）
```

当 Qt 嵌入式的应用程序要把显示结果输出到虚拟缓冲帧时，在命令行运行这个程序，并在程序名后加上-qws 的选项，如$> hello-qws。

3. Qt 的支撑工具

Qt 包含许多支持嵌入式系统开发的工具，两个最实用的工具是 qmake 和 Qt designer（图形设计器）。不过现在使用的是 Qt creator 这样的集成开发环境，集成了 Qt 开发工具。

（1）qmake 是一个为编译 Qt/Embedded 库和应用而提供的 Makefile 生成器。它能够根据一个工程文件（.pro）产生不同平台下的 Makefile 文件。qmake 支持跨平台开发和影子生成（影子生成是指当工程的源代码共享给网络上的多台计算机时，每台计算机编译链接这个工程的代码将在不同的子路径下完成，这样就不会覆盖别人编译链接生成的文件。qmake 还易于在不同的配置之间切换）。

（2）Qt 图形设计器可以使开发者可视化地设计对话框而不需要编写代码。使用 Qt 图形设计器的布局管理可以生成能平滑改变尺寸的对话框。

9.2.2 Qt/Embedded 信号和插槽机制

1. 机制概述

信号和插槽机制是 Qt 的核心机制，要精通 Qt 编程就必须了解信号和插槽。信号和插槽是一种高级接口，应用于对象之间的通信，它是 Qt 的核心特性，也是 Qt 区别于其他工具包的关键所在。信号和插槽是 Qt 自行定义的一种通信机制，它独立于标准的 C/C++语言。

所谓图形用户接口的应用，就是要对用户的动作做出响应。例如，当用户单击了一个菜单项或工具栏的按钮时，应用程序会执行某些代码。大部分情况下，我们希望不同类型的对象之间能够进行通信。程序员只有把事件和相关代码联系起来,才能对事件做出响应。

以前,当使用回调函数机制把某段响应代码和一个按钮的动作相关联时,通常把那段响应代码写成一个函数,然后把这个函数的地址指针传给按钮,当该按钮被单击时,这个函数就会被执行。对于这种方式,以前的开发包不能够确保回调函数被执行时,传递进来的函数参数就是正确的类型,因此容易造成进程崩溃。另外一个问题是,回调这种方式紧紧地绑定了图形用户接口的功能元素,因而很难进行独立开发。

信号与插槽机制不同。它是一种强有力的对象间通信机制,完全可以取代原始的回调和消息映射机制。在 Qt 中,信号和插槽取代了上述这些凌乱的函数指针,使得用户编写这些通信程序更为简单了。信号和插槽能携带任意数量和任意类型的参数,它们是类型完全安全的,因此不会像回调函数那样,由于参数类型不匹配而发生错误。

所有从 Qobject 及其子类(例如 QWidget)派生的类都能够包含信号和插槽。当对象改变状态时,信号就由该对象发射(emit)出去了,这就是对象要做的全部工作,它不知道另一端是谁在接收这个信号。这就是真正的信息封装,它确保对象被当作一个真正的软件组件来使用。插槽用于接收信号,针对性地做处理任务逻辑,插槽是普通的对象成员函数。一个插槽并不知道是否有任何信号与自己相连接,而且对象并不了解具体的通信机制。

如果要用一个插槽来处理对应的信号,就需要使用 QObject::connect()接口来将特定的信号绑定到槽上。当特定的信号发生时,就由特定的处理逻辑槽来处理。用户可以将很多信号与单个插槽连接,也可以将单个信号与很多插槽连接,甚至将一个信号与另外一个信号相连接也是可能的,这时无论第一个信号什么时候发射,系统都将立刻发射第二个信号。总之,信号与插槽构造了一个强大的部件编程机制。

对象间信号与插槽的关系如图 9.2 所示。

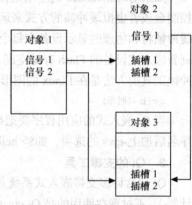

图 9.2　对象间信号与插槽的关系

2. 信号与插槽实现实例

(1)信号

当某个信号对其客户或所有者内部状态发生改变时,信号就被一个对象发射。只有定义了这个信号的类及其派生类,才能发射这个信号。当一个信号被发射时,与其相关联的插槽将被立刻执行,就像一个正常的函数调用一样。信号-插槽机制完全独立于任何 GUI 事件循环。只有当所有的插槽返回以后,发射函数(emit)才返回。如果存在多个插槽与某个信号相关联,那么,当这个信号被发射时,这些插槽将会一个接一个地执行,但是它们执行的顺序将是随机的、不确定的,用户不能人为地指定哪个先执行、哪个后执行。

Qt 的 signals 关键字表明进入了信号声明区,随后即可声明自己的信号。例如,下面定义了 3 个信号。

```
signals:
void mySignal();
void mySignal(int x);
void mySignalParam(int x,int y);
```

在上面的定义中,signals 是 Qt 的关键字,而非 C/C++的关键字。接下来的一行 void mySignal() 定义了信号 mySignal,这个信号没有携带参数;接下来的一行 void mySignal(int x)定义了重名信号 mySignal,但是它携带一个整型参数,这有点类似于 C++中的虚函数。从形式上讲,信号的声明与普通的 C++函数相同,但是信号没有函数体定义。另外,信号的返回类型都是 void。信号由

MOC 自动产生，它们不应该在.cpp 文件中实现。

（2）插槽

插槽是普通的 C++成员函数，可以被正常调用，它们唯一的特殊性就是很多信号可以与其相关联。当与其关联的信号被发射时，这个插槽就会被调用。插槽可以有参数，但插槽的参数不能有默认值。

插槽是普通的成员函数，因此与其他的函数一样，它们也有存取权限。插槽的存取权限决定了谁能够与其相关联。同普通的 C++成员函数一样，插槽函数也分为 3 种类型，即 public slots、private slots 和 protected slots。

① public slots：在这个区内声明的插槽意味着任何对象都可将信号与之相连接。这对于组件编程非常有用，用户可以创建彼此互不了解的对象，将它们的信号与插槽连接，以便信息能够正确地传递。

② protected slots：在这个区内声明的插槽意味着当前类及其子类可以将信号与之相连接。这使得插槽成为类实现的一部分，而不是对外界的接口。

③ private slots：在这个区内声明的插槽意味着只有类自己可以将信号与之相连接。这适用于联系非常紧密的类。

插槽也能够声明为虚函数，这也是非常有用的。插槽的声明也是在头文件中进行的。例如，下述代码声明了 3 个插槽。

```
public slots:
void mySlot();
void mySlot(int x);
void mySignalParam(int x,int y);
```

（3）信号与插槽关联

通过调用 QObject 对象的 connect()函数可以将某个对象的信号与另外一个对象的插槽函数或信号相关联，当发射者发射信号时，接收者的槽函数或信号将被调用。

该函数的定义如下。

```
bool QObject::connect (const QObject * sender, const char * signal,const QObject * receiver, const char * member) [static]
```

这个函数的作用就是将发射者 sender 对象中的信号 signal 与接收者 receiver 中的 member 插槽函数联系起来。当指定信号 signal 时，必须使用 Qt 的宏 SIGNAL()，当指定插槽函数时，必须使用宏 SLOT()。如果发射者与接收者属于同一个对象，那么在 connect()调用中接收者参数可以省略。

① 信号与插槽相关联

下例定义了两个对象：标签对象 label 和滚动条对象 scroll，并将 valueChanged()信号与标签对象的 setNum()插槽函数相关联，另外信号还携带了一个整型参数，这样标签总是显示滚动条所处位置的值。

```
QLabel *label = new QLabel;
QScrollBar *scroll = new QScrollBar;
QObject::connect(scroll, SIGNAL(valueChanged(int)),label, SLOT(setNum(int)));
```

② 信号与信号相关联

在下面的构造函数中，MyWidget 创建了一个私有的按钮 aButton，按钮的单击事件产生的信号 clicked()与另外一个信号 aSignal()关联。这样，当信号 clicked()被发射时，信号 aSignal()也接着被发射，代码如下。

```
class MyWidget : public QWidget
{
```

```
public:
    MyWidget();
    ...
signals:
    void aSignal();
    ...
private:
    ...
    QPushButton *aButton;
};

MyWidget::MyWidget()
{
    aButton = new QPushButton(this);
    connect(aButton, SIGNAL(clicked()), SIGNAL(aSignal()));
}
```

（4）解除信号与插槽关联

当信号与槽没有必要继续保持关联时，可以使用disconnect()函数来断开连接，其定义如下。

```
bool QObject::disconnect (const QObject * sender, const char * signal,const Object *
receiver, const char * member) [static]
```

这个函数断开发射者中的信号与接收者中的插槽函数之间的关联。

下述3种情况必须使用disconnect()函数。

① 断开与某个对象相关联的任何对象。

当用户在某个对象中定义了一个或者多个信号，这些信号与另外若干对象中的插槽相关联，如果想切断这些关联的话，就可以利用这个方法，非常简洁，代码如下。

```
disconnect(myObject, 0, 0, 0)
```

或者

```
myObject->disconnect()
```

② 断开与某个特定信号的任何关联。

这种情况非常常见，其典型用法如下。

```
disconnect(myObject, SIGNAL(mySignal()), 0, 0)
```

或者

```
myObject->disconnect(SIGNAL(mySignal()))
```

③ 断开两个对象之间的关联。

这也是非常常用的操作，如下所示。

```
disconnect(myObject, 0, myReceiver, 0)
```

或者

```
myObject->disconnect(myReceiver)
```

在disconnect()函数中，0可以用作一个通配符，可以表示任何信号、任何接收对象、接收对象中的任何插槽函数。但是发射者sender不能为0，其他3个参数的值可以等于0。

Qt的下载和安装

9.2.3　搭建Qt/Embedded-5.8.0开发环境

一般来说，用Qt/Embedded开发的应用程序最终会发布到安装有嵌入式Linux操作系统的小型设备上，所以使用装有Linux操作系统的个人计算机或者工作站来完成Qt/Embedded开发是最理想的环境，此外，Qt/Embedded也可以安装在UNIX或Windows系统上。这里以在Ubuntu 14.0.4操作系统中安装为例进行介绍。

1. 需要的环境监测和安装包

在命令行界面下，检查自己 ubuntu 系统的位数，到 Qt 官网上下载对应的 Qt 版本，拷贝到 ubuntu 下安装。

2. 安装步骤和注意事项

① 在命令行界面下，将 64 位离线包拷贝到 64 位系统的 ubuntu 家目录下，安装该安装包。

```
#cp  /mnt/hgfs/share/qt-opensource-linux-x64-5.8.0.run  /home/linux/workqt/apt_src
#cd  /home/linux/workqt/apt_src
#sudo chmod 777 qt-opensource-linux-x64-5.8.0.run        /*赋予执行权限*/
#sudo ./qt-opensource-linux-x64-5.8.0.run    /*执行该安装包，出现图 9.3 所示的界面*/
```

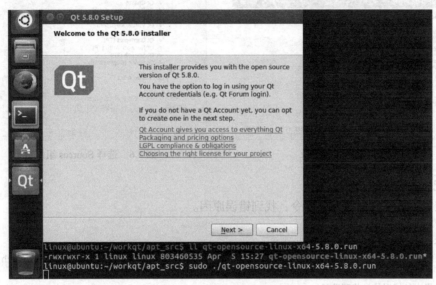

图 9.3　Qt5.8.0 安装界面

② 设置网络参数为"System proxy settings"，保证在 ubuntu 下的网络畅通，如图 9.4 所示。

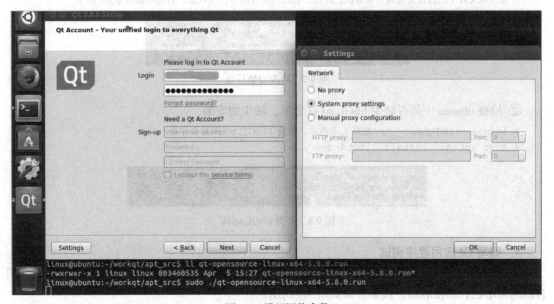

图 9.4　设置网络参数

259

③ 安装目录最好在家目录下的某个目录下，如图 9.5 所示，以支持目录内容的读写，但是得记住这个路径，以便在后续配置编译工具时使用。

④ 安装设置时最好勾选 Sources 组件，如图 9.6 所示，虽然这会多占用 1.5GB 左右的磁盘空间，但是对于新手来说，有源的存在，好处很多。

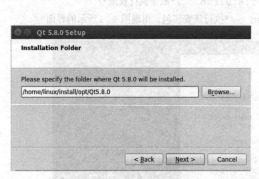
图 9.5　选择安装目录

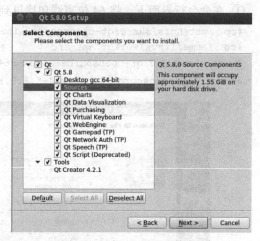
图 9.6　选择 Sources 组件目录

3. 配置安装好的 Qt

① 在家目录下执行 qmake 命令，找到错误原因。

```
#cd /home/linux
#qmake      //会报如下错误：
```

》qmake: could not exec '/usr/lib/x86_64-linux-gnu/qt4/bin/qmake': No such file or directory

》顺着提示的错误信息找到路径：

```
$ cd /usr/lib/x86_64-linux-gnu/qt-default/qtchooser
$ sudo vi default.conf
```

/*修改该文件中的路径为安装目录对应的路径，修改可参考图 9.7（注意：行尾不能有空格！）*/

图 9.7　修改安装目录

② 检查 ubuntu 中是否缺少 libGL.so 这个库，缺少则安装。

```
# locate  libGL.so       //如图 9.8 所示，检查 libGl.so 库是否存在
# sudo apt-get install libqt4-dev
```

图 9.8　监测 libGL.so 库

4. 编写 Qt 应用程序测试

① 在 ubuntu 搜索工具中搜索"qt"，就会出现你已经安装的 Qt 软件，你可以拖动该软件到自己的菜单栏，以便后用，搜索界面如图 9.9 所示。

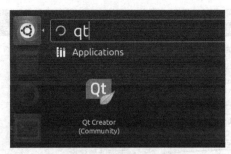

图 9.9　搜索已经安装的 Qt 软件

② 进入 Qt-Creator 软件，双击新建一个应用图形工程，修改工程名和存储路径后，后续不需要再更改操作，一直确定即可，如图 9.10 所示。

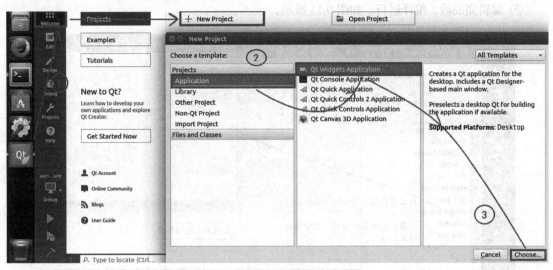

图 9.10　新建一个新的应用图形工程

③ 双击 mainwindow.ui，进入 UI 设计界面，如图 9.11 所示，使用 lineEdit 工具将"HelloWorld"字符串填充到其中。

图 9.11　进入 UI 设计界面

④ 双击后，从编辑界面转入设计界面，可以自由使用 Input Widget 工具组中的 LineEdit 组件在 mainwindow.ui 图形化界面中设计 UI，如图 9.12 所示。

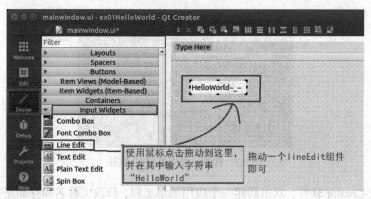

图9.12 设计UI

⑤ 编辑完成后，编译运行，如图9.13所示。

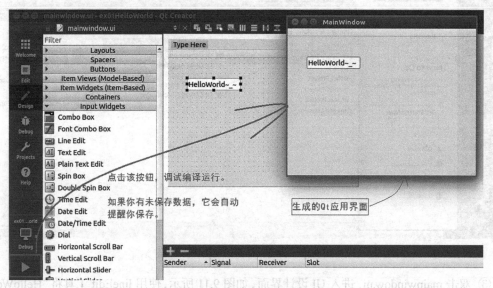

图9.13 编译运行Qt桌面应用程序

注意：至此，基于VM的ubuntu14.04（64位）的Qt5.8.0ForLinux的开发环境基本搭建好了。

9.2.4 Qt/Embedded 窗口部件

Qt 提供了一整套的窗口部件。它们组合起来可用于创建用户界面的可视元素。按钮、菜单、滚动条、消息框和应用程序窗口都是窗口部件的实例。因为所有的窗口部件既是控件又是容器，所以 Qt 的窗口部件不能单独分为控件和容器。用户自定义的窗口部件可以通过子类化已存在的 Qt 部件或直接创建出来。

窗口部件是 QWidget 或其子类的实例，用户自定义的窗口通过子类化得到，如图9.14所示。

一个窗口部件可包含任意数量的子部件。子部件在父部件的区域内显示。没有父部件的部件是顶级部件（如一个窗口），通常在桌面的任务栏上有它们的入口。Qt 不在窗口部件上施加任何限制。任何部件都可以是顶级部件，任何部件都可以是其他部件的子部件。自动或手动使用布局管理器，可以设定子部件在父部件区域中的位置。如果父部件被停用、隐藏或删除，则同样的动作会应用于它的所有子部件。

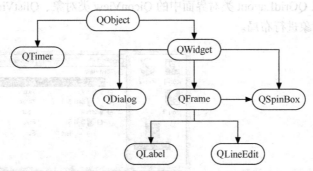

图9.14　源自QWidget的类层次结构

1. Label 类型的窗口实例

下面是一个显示"Welcome to the Qt!"的程序的完整代码。

```
#include <QApplication>
#include <QLabel>

int main(int argc, char *argv[])
{
    QApplication a(argc, argv);
    QLabel* label = new QLabel("<h2><i>Welcome to the</i> "
                               "<font color=red>Qt!</font></h2>");
    label->show();

    return a.exec();
}
```

该Label类型的窗口的运行效果如图9.15所示。

2. 常见通用窗口组合

Qt中还有一些常见的通用窗口，它们使用了Windows风格。下面分别介绍了常见的一些通用窗口的组合使用，如图9.16、图9.17所示。

图9.18所示为使用分组框类QGroupBox对一个具有日期类QDateTimeEdit对象、行编辑器类QLineEdit对象、文本编辑类QTextEdit对象和组合框类QComboBox对象的界面进行设计。

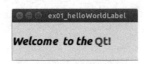

图9.15　窗口运行效果图

图9.16　使用QVBoxLayout排列两个按钮

图9.17　QGroupBox中使用了的两个单选框和两个复选框

图9.18　QGroupBox组合图示

图9.19所示为以QGridLayout类对界面中的QDial类对象、QprogressBar类对象、QspinBox

类对象、QScrollBar 类对象、QLCDNumber 类对象和 Qslider 类对象进行布局。

图 9.20 所示为以 QGridLayout 类对界面中的 QiconView 类对象、QlistView 类对象、QlistBox 类对象和 Qtable 类对象进行布局。

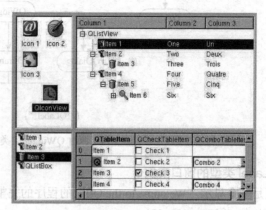

图 9.19　QGridLayout 组合图 1　　　　　图 9.20　QGridLayout 组合图 2

3. 自定义窗口

用户可以通过子类化 QWidget 或它的一个子类创建自己的部件或对话框，下面以数字钟部件的示例对其进行说明。

例子中钟表部件是一个能显示当前时间并自动更新的 LCD 虚拟部件。我们设计其中一个冒号分隔符随秒数的流逝而闪烁，如图 9.21 所示，注意：本例以 LCDNumber 组件自身为主界面。

图 9.21　钟表部件图示

Clock 从 QLCDNumber 部件继承了 LCD 功能。系统依据定时器的设置有规律地调用从 QObject 继承的多态类型并重新封装的 timerEvent()函数。

它在 clock.h 中的定义如下。

```
#include <QLCDNumber>
class Clock:public QLCDNumber
{
public:
    Clock(QWidget *parent=0);
protected:
    void timerEvent(QTimerEvent *event);
private:
    void showTime();
    bool showingColonFlag;
};
```

在构造函数中调用了成员函数 showTime()，从而使用当前时间来初始化钟表。在初始化列表中初始化 LCDNumber 组件为主窗口，showingColonFlag 标志位为 true；在构造函数主体中，初始化定时器，使系统每隔 1 000ms 调用一次 timerEvent()来刷新 LCD 的显示。在 showTime()中，通过调用 QLCD Number::display()来显示当前时间。每次调用 showTime()让冒号闪烁时，冒号就被空白代替。

clock.cpp 的源代码如下。

```
#include <QDateTime>
#include "clock.h"
Clock::Clock(QWidget *parent):QLCDNumber(parent),showingColonFlag(true)
{
    showTime();
    startTimer(1000);
```

```
}
void Clock::timerEvent(QTimerEvent *)
{
    showTime();
}
void Clock::showTime()
{
    QString time = QTime::currentTime().toString().left(5);
    if (!showingColon)
    {
        time[2] = ' ';
    }
    display(time);
    showingColonFlag =! showingColonFlag;
}
```

文件 clock.h 和 clock.cpp 完整地声明并实现了 Clock 部件。代码如下。

```
#include <QApplication>
#include "clock.h"
int main(int argc,char **argv)
{
    QApplication app(argc,argv);
    Clock *clock=new Clock;
    clock->show();
    return app.exec();
}
```

9.2.5 Qt/Embedded 图形界面编程

Qt 提供了所有可能的类和函数来创建 GUI 程序。Qt 既可用来创建"主窗口"式的程序，即一个由菜单栏、工具栏和状态栏环绕的中心区域；也可以用来创建"对话框"式的程序，使用按钮和必要的选项卡来呈现选项与信息。Qt 支持 SDI（单文档界面）和 MDI（多文档界面）。Qt 还支持拖动、放下和剪贴板。工具栏可以在工具栏区域内移动，拖曳到其他区域或者作为工具托盘浮动起来。这个功能是内建的，不需要额外的代码，但程序员在需要时可以约束工具栏的行为。

使用 Qt 可以大大简化编程。例如，如果一个菜单项、一个工具栏按钮和一个快捷键都完成同样的动作，那么这个动作只需要一份代码。

Qt 还提供消息框和一系列标准对话框，使得程序向用户提问和让用户选择文件、文件夹、字体以及颜色等变得更加简单。呈现一个消息框或一个标准对话框，只需要调用一个 Qt 的静态函数。

1. 主窗口类

QMainWindow 类提供了一个典型应用程序的主窗口框架。

一个主窗口包含一组标准窗体的集合。主窗口的顶部包含一个菜单栏，它的下方放置一个工具栏，工具栏可以移动到其他的停靠区域。主窗口允许停靠的位置有顶部、左边、右边和底部。工具栏可以拖放到一个停靠的位置，从而形成一个浮动的工具面板。主窗口的下方，也就是在底部的停靠位置下方有一个状态栏。主窗口的中间区域可以包含其他的窗体。提示工具和"这是什么"帮助按钮以旁述的方式阐述了用户接口的使用方法。

对于小屏幕的设备，使用 Qt 图形设计器定义的标准 QWidget 模板比使用主窗口类更好一些。典型的模板包含菜单栏、工具栏，可能没有状态栏（在必要的情况下，可以用任务栏、标题栏来显示状态）。

例如，一个文本编辑器可以把 QTextEdit 作为中心部件，代码如下。

```
QTextEdit *editor = new QTextEdit(mainWindow);
mainWindow->setCentralWidget(editor);
```

2. 菜单类

QMenu 类以垂直列表的方式显示菜单项，它可以是单个的（如上下文相关菜单），可以以菜单栏的方式出现，或者是其他弹出式菜单的子菜单出现。

每个菜单项可以有一个图标、一个复选框和一个加速器（快捷键），菜单项通常对应一个动作（如存盘），分隔器通常显示成一条竖线，它用于把一组相关联的动作菜单分离成组。

下面是一个建立包含 New、Open 和 Exit 菜单项的文件菜单的实例。

```
QMenu *menu_F = new QMenu("&File",this);
QAction *actNew = menu_F -> addAction(QIcon(":/new.png"),"&New");
actNew -> setShortcut(QKeySequence("Ctrl+N"));
QAction *actOpen = menu_F -> addAction(QIcon(":/open.png"),"&Open");
actOpen -> setShortcut(QKeySequence("Ctrl+O"));
QAction *actExit = menu_F -> addAction("&Exit");
actExit -> setShortcut(QkeySequence("Ctrl+Q"));
```

当一个菜单项被选中，和它相关的插槽将被执行。加速器（快捷键）很少在一个没有键盘输入的设备上使用，Qt/Embedded 的典型配置并未包含对加速器的支持。上面出现的代码"&New"的意思是在桌面机器上以"<u>N</u>ew"的方式显示出来，但是在嵌入式设备中，它只会显示为"New"。

QMenuBar 类实现了一个菜单栏，它会自动设置几何尺寸并在它的父窗体的顶部显示出来，如果父窗体的宽度不够宽以至不能显示一个完整的菜单栏，那么菜单栏将会分为多行显示出来。Qt 内置的布局管理能够自动调整菜单栏。

3. 工具栏

工具栏可以移动到中心区域的顶部、底部、左边或右边。任何工具栏都可以拖曳到工具栏区域的外边，作为独立的浮动工具托盘。

QToolButton 类实现了具有一个图标、一个 3D 框架和一个可选标签的工具栏。切换型工具栏按钮具有可以打开或关闭某些特征的功能。其他的按钮则会执行一个命令。可以为活动、关闭、开启等模式，打开或关闭等状态提供不同的图标。如果只提供一个图标，Qt 能根据可视化线索自动辨别状态，如将禁用的按钮变灰。工具栏按钮也能触发弹出式菜单。

QToolButton 通常在 QToolBar 内并排出现。一个程序可含有任意数量的工具栏并且用户可以自由地移动它们。工具栏可以包括几乎所有部件，如 QComboBox 和 QSpinBox。

4. 旁述

现在的应用主要使用旁述的方式解释用户接口的用法。Qt 提供了两种旁述的方式，即"提示栏"和"这是什么"帮助按钮。

① "提示栏"通常是黄色的小矩形，当鼠标在窗体的某些位置游动时，它就会自动出现。它主要用于说明按钮的作用，特别是那些缺少文字标签说明的工具栏按钮的用途。下面是设置一个"新建"按钮的提示代码。

```
actNew -> setStatusTip("open a file");
```

当提示字符出现之后，还可以在状态栏显示更详细的文字说明。

对于一些没有鼠标的设备（如那些使用触点输入的设备），就不会出现鼠标的光标在窗体上游动，这样就不能激活提示栏。对于这些设备就需要使用"这是什么"帮助按钮，或者使用一种状态来表示输入设备正在游动，例如，用按下或者握住的状态来表示输入设备现在正在游动。

② "这是什么"帮助按钮和提示栏有些相似，只不过前者是要用户单击它才会显示旁述。在小屏幕设备上，要想单击"这是什么"帮助按钮，具体的方法是，在靠近应用的 X 窗口的关闭按钮"x"附近会看到一个"？"符号的小按钮，这个按钮就是"这是什么"的帮助按钮。一般来说，

"这是什么"帮助按钮按下后要显示的提示信息比提示栏多一些。下面是设置一个"新建"按钮的"这是什么"文本提示信息的方法。

```
actNew -> setWhatsThis("open");
```

5. 动作

应用程序通常提供几种不同的方式来执行特定的动作。比如，许多应用程序通过菜单（Flie->Save）、工具栏（像一个软盘的按钮）和快捷键（Ctrl+S）来提供 Save 动作。QAction 类封装了"动作"这个概念。它允许程序员在某个地方定义一个动作。

下面的代码实现了一个 Open 菜单项、一个 Open 工具栏按钮和一个 Open 快捷键，并且均有旁述帮助信息。

```
QMenu *menu_F = new QMenu("&File",this);
QToolBar *ToolBar_F = addToolBar("&File");
actOpen = new QAction(QIcon(":/images/open.png"),"&Open",this);
actOpen -> setShortcuts(QKeySequence::Open);
actOpen -> setStatusTip(tr("Open an existing file"));
connect(actOpen, SIGNAL(triggered()), this, SLOT(open()));
menu_F -> addAction(actOpen);
ToolBar_F -> addAction(actOpen);
```

为了避免重复，使用 QAction 可保证菜单项的状态与工具栏保持同步，而工具提示能在需要时显示。禁用一个动作会禁用相应的菜单项和工具栏按钮。类似地，当用户单击切换型按钮时，相应的菜单项会因此被选中或不选。

9.2.6 Qt/Embedded 对话框设计

Qt/Embedded 对话框的设计比较复杂，要使用布局管理自动设置窗体与其他窗体之间的相对尺寸和位置，这样可以确保对话框能够更好地利用屏幕上的可用空间，接着还要使用 Qt 图形设计器可视化设计工具建立对话框。下面详细讲解具体的步骤。

1. 布局

Qt 的布局管理用于组织管理一个父窗体区域内的子窗体。它的特点是可以自动设置子窗体的位置和大小，并可确定出一个顶级窗体的最小和默认的尺寸，当窗体的字体或内容变化后，它可以重置一个窗体的布局。

使用布局管理，开发者可以编写独立于屏幕大小和方向之外的程序，从而不需要浪费代码空间和重复编写代码。对于一些国际化的应用程序，使用布局管理，可以确保按钮和标签在不同的语言环境下有足够的空间显示文本，不会造成部分文字无法显示。

布局管理提供部分用户接口组件，如输入法和任务栏变得更容易。可以通过一个例子说明这一点，当用户输入文字时，输入法会占用一定的文字空间，应用程序这时也会根据可用屏幕尺寸的变化调整自己。

布局管理实例如图 9.22 所示。

（1）内建布局管理器

Qt 提供了 3 个用于布局管理的类：QHBoxLayout、QVBox-Layout 和 QGridLayout。

① QHBoxLayout 布局管理把窗体按照水平方向从左至右排成一行。

② QVBoxLayout 布局管理把窗体按照垂直方向从上至下排成一列。

③ QGridLayout 布局管理以网格的方式来排列窗体，一个窗体可以占据多个网格。

3 种布局管理类示意图如图 9.23 所示。

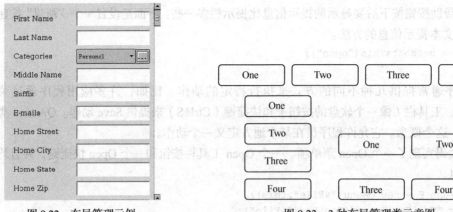

图 9.22 布局管理示例　　　　图 9.23 3 种布局管理类示意图

在多数情况下，Qt 的布局管理器为其管理的部件挑选一个最适合的尺寸以便窗口能够平滑地缩放。如果其默认值不合适，可以使用以下机制微调布局。

① 设置一个最小尺寸和一个最大尺寸，或者为一些子部件设置固定的大小。

② 设置一些延伸项目或间隔项目，延伸或间隔项目会填充空余的布局空间。

③ 改变子部件的尺寸策略。调用 QWidget::setSizePolicy()，可以仔细调整子部件的缩放行为。子部件可以设置为扩展、收缩、保持原大小等状态。

④ 改变子部件的建议大小。QWidget::sizeHint()和 QWidget::minimumSizeHint()会根据内容返回部件的首选尺寸和最小首选尺寸。内建部件提供了合适的重新实现。

⑤ 设置延伸因子。延伸因子规定了子部件的相应增量，比如，2/3 的可用空间分配给部件 A，而 1/3 的空间分配给 B。

（2）布局嵌套

布局可以嵌套任意层。图 9.24 所示为一个使用布局嵌套的对话框。

这个对话框用到了如下部件：左上角放置了一个标签，将其文本内容设置为"Now please select a country"，用于提示用户进行相应的操作；在其下方放置了一个列表框，并预先设定了一些国家的名称；在对话框的右半部分布置了一组按钮，用户可以使用它们执行特定的动作。为了让 Qt 对这些部件进行组织管理，这里使用了 3 个布局管理器，首先将那组按钮放置在一个垂直布局管理器（QVBoxLayout）中；然后将列表框与刚才添加的垂直布局管理器放置在一个水平布局管理器（QHBoxLayout）中；最后将左上角的标签与上一步添加的水平布局管理器放置到另一个水平布局管理器（QVBoxLayout）中。

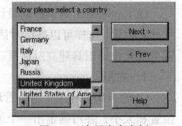

图 9.24 布局嵌套实例

创建对话框部件和布局的代码如下。

```
QVBoxLayout *buttonBox = new QVBoxLayout(6);
buttonBox->addWidget(new QPushButton("OK", this));
buttonBox->addWidget(new QPushButton("Cancel", this));
buttonBox->addStretch(1);
buttonBox->addWidget(new QPushButton("Help", this));
QListBox *countryList = new QListBox(this);
countryList->insertItem("Canada");
/*...*/
countryList->insertItem("United States of America");
QHBoxLayout *middleBox = new QHBoxLayout(11);
middleBox->addWidget(countyList);
```

```
middleBox->addLayout(buttonBox);
QVBoxLayout *topLevelBox = new QVBoxLayout(this,6,11);
topLevelBox->addWidget(new QLabel("Select a country", this));
topLevelBox->addLayout(middleBox);
```

可以看到，Qt 让布局变得非常容易。

（3）自定义布局

通过子类化 QLayout，可以定义自己的布局管理器。和 Qt 一起提供的 customlayout 样例展示了 3 个自定义布局管理器：BorderLayout、CardLayout 和 SimpleFlow，可以使用并修改它们。

Qt 还包括 QSplitter，它是最终用户可以操纵的一个分离器。某些情况下，QSplitter 可能比布局管理器更为可取。

为了完全控制，重新实现每个子部件的 QWidget::resizeEvent() 并调用 QWidget::setGeometry()，就可以在一个部件中手动实现布局。

2. Qt/Embedded 图形设计器

Qt 图形设计器是一个具有可视化用户接口的设计工具。Qt 的应用程序可以完全用源代码来编写，或者使用 Qt 图形设计器来加速开发工作。启动 Qt 图形设计器的方式很简单，双击对应的.ui 设计文件即可启动一个图形化的设计界面，如图 9.25 所示。

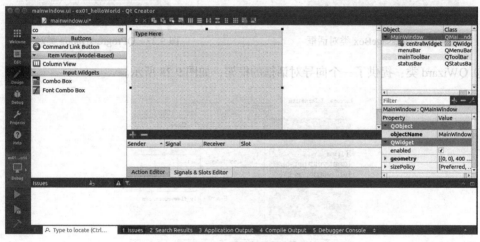

图 9.25　Qt 图形设计器界面

单击工具栏上代表不同功能的子窗体/组件的按钮，然后把它拖放到一个表单（Form）上，可以把一个子窗体/组件放到表单上。可以使用属性对话框来设置子窗体的属性，不必精确地设置子窗体的位置和尺寸大小。可以选择一组窗体，然后排到它们。例如，选定一些按钮窗体，然后使用"水平排列（lay out horizontally）"选项将它们一个接一个地水平排列。这样做不仅使得设计工作变得更快，而且完成后的窗体将能够按照属性设置的比例填充窗口的可用范围。

使用 Qt 图形设计器设计图形用户接口可以节省应用的编译、链接和运行时间，同时使修改图形用户接口的设计变得更容易。Qt 图形设计器的预览功能使程序员能够在开发阶段看到各种样式的图形用户界面，也包括自定义样式的用户界面。通过 Qt 集成功能强大的数据库类，Qt 图形设计器还可提供生动的数据库数据浏览和编辑操作。

可以建立同时包含对话框和主窗口的应用，其中主窗口可以放置菜单、工具栏、旁述帮助等子窗口部件。Qt 图形设计器提供了几种表单模板，如果窗体会被多个不同的应用反复使用，用户也可建立自己的表单模板以确保窗体的一致性。

Qt 图形设计器使用向导来帮助人们更快、更方便地建立包含有工具栏、菜单和数据库等方面的应用。用户可以建立自己的客户窗体，并把它集成到 Qt 图形设计器中。

Qt 图形设计器设计的图形界面以扩展名为 ui 的文件保存，这个文件有良好的可读性，这个文件可被 uic（Qt 提供的用户接口编译工具）编译成为 C++的头文件和源文件。qmake 工具在为工程生成的 Makefile 文件中自动包含了 uic 生成头文件和源文件的规则。

另一种可选的做法是在应用程序运行期间载入 ui 文件，然后把它转变为具备之前全部功能的表单。这样程序员就可以在程序运行期间动态地修改应用的界面，而不需重新编译应用，另一方面，也使得应用的文件大小减小了。

3. 建立对话框

Qt 为许多通用的任务提供了以下几种现成的包含实用的静态函数的对话框类。

① QMessageBox 类：是一个用于向用户提供信息或是让用户进行一些简单选择（例如"yes"或"no"）的对话框类，如图 9.26 所示。

② QProgressDialog 类：包含了一个进度条和一个"Cancel"按钮，如图 9.27 所示。

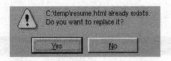
图 9.26　QMessageBox 类对话框

图 9.27　QProgressDialog 类对话框

③ QWizard 类：提供了一个向导对话框的框架，如图 9.28 所示。

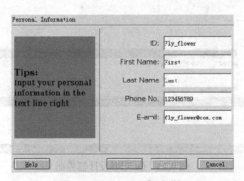
图 9.28　QWizard 类对话框

另外，Qt 提供的对话框还包括 QColorDialog、QFileDialog、QFontDialog 和 QPrintDialog。这些类通常适用于桌面应用，一般不会在 Qt/Embedded 中编译使用它们。

9.3　实验内容：使用 Qt 编写"Hello，World"程序

1. 实验目的

通过编写一个跳动的"Hello,World"字符串，进一步熟悉嵌入式 Qt 的开发过程。

2. 实验步骤

（1）新建一个窗体

① 启动 Qt-Creator，双击安装程序中的 Qt-Creator 即可。单击欢迎界面里的的 Welcome 菜单，

单击选中 New Project 的对话框，进入新的工程，如图 9.29 所示。

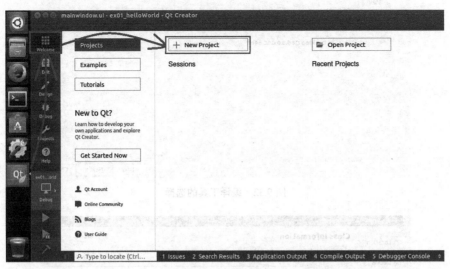

图 9.29　进入新的工程

② 在这个对话框中选择 Qt Widgets Application，然后单击 Choose 按钮，如图 9.30 所示。

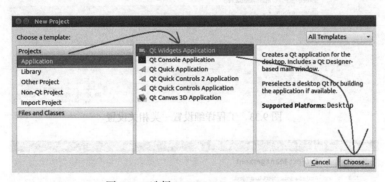

图 9.30　选择 Qt Widgets Applications

③ 填写工程名称，选择存储工程的路径、编译工具等，如图 9.31、图 9.32、图 9.33 和图 9.34 所示。

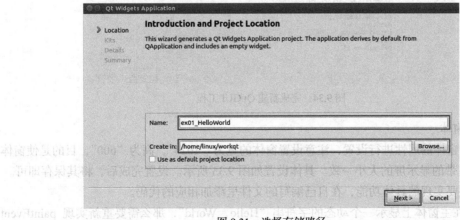

图 9.31　选择存储路径

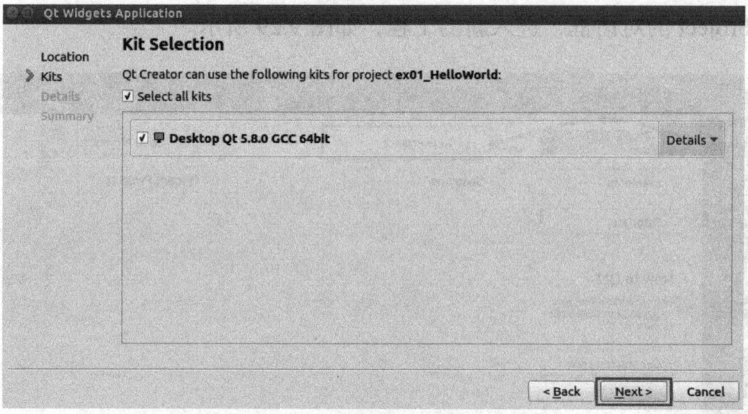

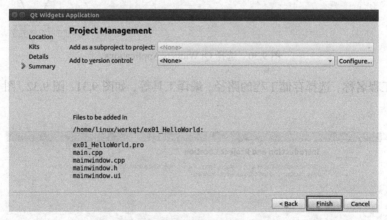

图9.32 编译工具的选择

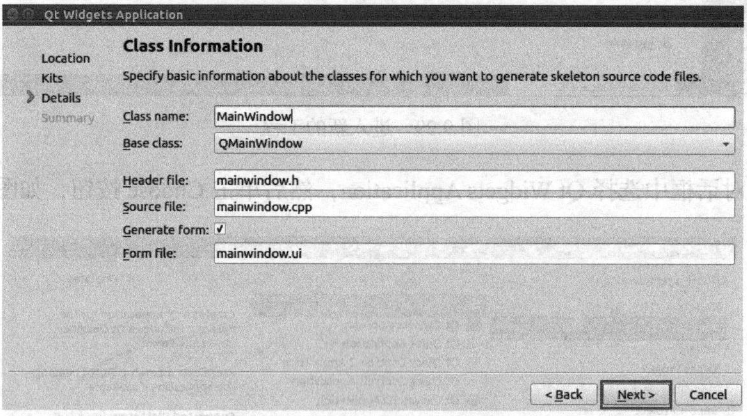

图9.33 工程详细设置—类相关设置

图9.34 完成新建Qt GUI工程

（2）设置窗体

① 对这个窗体的属性进行设置，注意设置窗体的宽为"1024"，高为"600"，目的是使窗体大小和FS4412带的显示屏的大小一致。具体设置如图9.35所示。设置完成后，将其保存即可。

② 根据需要实现的具体功能，在自己编写的文件里添加相应的代码。

例如，要在主窗体上显示一个动态的字符串"Hello，World"，那么需要重新实现 paintEvent

（QPaintEvent *）方法，还需要添加一个定时器 QTimer 实例，以周期性刷新屏幕，从而得到动画的效果。下面在 mainwindow.h 与 mainwindow.cpp 文件中完成要实现的功能，代码如下。

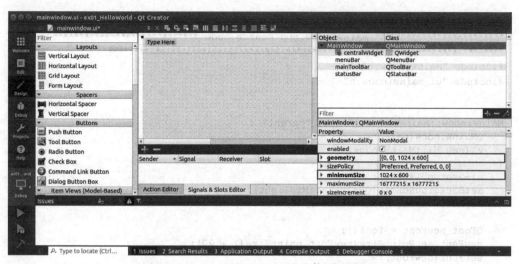

图 9.35 ex01_HelloWorld 工程主窗体的属性设置

```
/************************************************************************
*************************** mainwindow.h source code *******************************
************************************************************************/
#ifndef MAINWINDOW_H
#define MAINWINDOW_H

#include <QMainWindow>
#include <QTimer>
#include <QtGui>
#include <QPixmap>

namespace Ui {
class MainWindow;
}

class MainWindow : public QMainWindow
{
    Q_OBJECT

public:
    explicit MainWindow(QWidget *parent = 0);
    ~MainWindow();

public slots:
    void setText(const QString &newText) { text = newText; }

protected:
    void paintEvent(QPaintEvent *event);
    void timerEvent(QTimerEvent *event);

private:
    Ui::MainWindow *ui;
    QString text;
    int step;
```

```
};

#endif // MAINWINDOW_H

/***************************************************************************
************************ mainwindow.cpp source code ***********************
***************************************************************************/
#include "mainwindow.h"
#include "ui_mainwindow.h"

MainWindow::MainWindow(QWidget *parent) :
    QMainWindow(parent),
    ui(new Ui::MainWindow)
{
    ui->setupUi(this);
    setBackgroundRole(QPalette::Midlight);
    setAutoFillBackground(true);

    QFont newFont = font();
    newFont.setPointSize(newFont.pointSize() + 20);
    setFont(newFont);
    setText("Hello World!");

    step = 0;
    startTimer(100);
}

void MainWindow::paintEvent(QPaintEvent * )
{
    static const int sineTable[16] = {
        0, 38, 71, 92, 100, 92, 71, 38, 0, -38, -71, -92, -100, -92, -71, -38
    };

    QFontMetrics metrics(font());
    int x = (width() - metrics.width(text)) / 2;
    int y = (height() + metrics.ascent() - metrics.descent()) / 2;
    QColor color;

    QPainter painter(this);
    for (int i = 0; i < text.size(); ++i) {
        int index = (step + i) % 16;
        color.setHsv((15 - index) * 16, 255, 191);
        painter.setPen(color);
        painter.drawText(x, y - ((sineTable[index] * metrics.height()) / 400),QString(text[i]));
        x += metrics.width(text[i]);
    }
}

void MainWindow::timerEvent(QTimerEvent *event)
{
    ++step;
    update();
}

MainWindow::~MainWindow()
{
    delete ui;
}
```

（3）编写主函数 main()

Qt/Embeded 应用程序应该包含一个主函数，主函数的文件名是 main.cpp。主函数是应用程序执行的入口点。以下是"Hello,World"实例的主函数文件 main.cpp 的代码，效果如图 9.36 所示。

```cpp
/***************************************************************
*********************** main.cpp source code *******************************
***************************************************************/
#include "mainwindow.h"
#include <QApplication>

int main(int argc, char *argv[])
{
    QApplication a(argc, argv);
    MainWindow w;
    w.show();
    return a.exec();
}
```

图 9.36　动态 GUI 效果

思考与练习

1. 尝试在自己的 PC 上安装配置 Qt 环境。（注意环境变量的设置）

2. 尝试使用 Qt Creator 设计一个简单的图形用户界面，并将一些 Qt 预定义的信号与插槽关联起来。

3. 尝试使用 Qt 提供的 uic、qmake、release 版本编译等工具编译运行上一题设计好的程序。（注意需要编写 main 函数）

4. 尝试将"Hello World"程序移植到目标板上，并在 LCD 上察看其运行的效果。

第10章
综合实例——仓库信息处理系统

本章将介绍一个综合的实例——仓库信息处理系统。该实例综合了 Linux 下文件 I/O 操作、进程线程控制、线程之间的通信、串口读写、Zigbee 无线通信等各方面的应用。经过本章实例的学习，读者将会复习前章节中的内容。

本章主要内容：
- 仓库管理信息接收处理系统的系统组成；
- 仓库管理信息接收处理系统的主要功能、工作流程；
- 数据接收模块的实现方法；
- 数据处理模块的实现方法；
- 共享内存刷新模块的实现方法；
- 网页显示的实现方法；
- 线程相关的实现方法。

10.1 仓库信息处理系统概述

10.1.1 系统组成

仓库信息处理系统是一款综合的系统软件，从功能上主要包括三大部分：显示中心（PC-网页）、前端数据中心（Cortex-A9）、远程监控终端（ARM Cortex-M0）。

前端数据中心（Cortex-A9）接收 M0 通过 Zigbee 传输上来的消息数据，经过接收端的 Zigbee 协调，再通过 USB 转串口的方式连接到前端数据中心（Cortex-A9），通过一个数据接收的线程从串口读取消息，并交给数据处理的线程模块处理，之后继续接收消息。

前端数据中心（Cortex-A9）的数据处理模块将接收得到的数据进行解码，然后根据具体的数据内容进行逻辑判断，判断实际的环境数据是否在正常值范围内，从而实现依据不同的数据进行不同的处理。

实时显示中心可以观察到仓库的实时环境信息，当数据处理中心（Cortex-A9）接收到仓库发送上来的数据信息之后，共享内存刷新模块线程被激活，并把实时的环境信息刷新到共享内存中，网页显示实时环境信息的页面通过调用 CGI 实现查看最新消息的目的。

综合实例系统说明

该仓库管理信息接收处理系统的系统功能如图 10.1 所示。

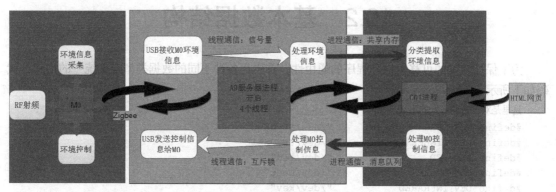

图 10.1　仓库管理信息接收处理系统功能图

10.1.2　前端数据中心（Cortex-A9）

前端数据中心（Cortex-A9）部分按功能划分主要包括 3 个模块：数据接收模块、数据处理模块、共享内存刷新模块。

前端数据中心（Cortex-A9）只做一件事，为当前编写好的系统软件提供一个运行环境以及各种处理请求的支持。

当前的各个模块和 Web 服务器是当前系统的主要部分，这部分主要有以下功能。

- 通过连接在 Cortex-A9 的 Zigbee 协调器接收远程监控终端（ARM Cortex-M0）上 Zigbee 发送来的数据，再把接收到的数据通过串口发送给 Cortex-A9。
- Cortex-A9 拿到数据之后，在数据处理模块中进行分支判断并执行相应处理函数，以下是处理函数完成的工作：
① 处理模块的处理结果之一：进行网页显示环境信息数据；
② 处理模块的处理结果之二：进行当前 Cortex-A9 上设备控制操作；
③ 处理模块的处理结果之三：进行仓库（Cortex-M0）上的设备控制操作。
- 网页显示功能是基于 Web 服务器的支持才能够正常工作显示。
- 前端数据中心（Cortex-A9）上的设备（LED、蜂鸣器等）的控制是需要有 Linux 驱动的支持才能够实现对应的控制操作。

10.1.3　显示中心

显示中心（客户端）的设计包括网页显示和控制部分。显示中心的设计在 PC 上完成，登录用户界面后可立即获取前端数据中心（服务器）的现有参数；界面提供随时从服务器手动获取参数的功能，可向服务器发出各种单项控制指令，也可发出多项指令的组合。这些控制操作需要借助于 Web 服务器中的 CGI 来完成功能的实现。

客户端的工作流程如图 10.2 所示。

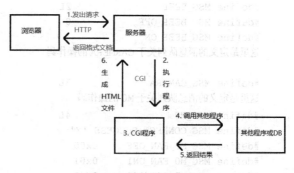

图 10.2　客户端工作流程

10.2 基本数据结构

为了保持较好的可移植性和程序的通用性，首先为各种不同的数据类型定义统一的格式，代码如下所示：

```
这里是对设备的节点的定义
#define DEV_GPRS              "/dev/ttyUSB0"
#define DEV_ZIGBEE            "/dev/ttyUSB1"
#define DEV_LED               "/dev/led"
#define DEV_BUZZER            "/dev/beep"
#define DEV_INFRARED          "/dev/key"
#define DEV_CAMERA            "/tmp/webcom"
#define SQLITE_OPEN           "/warehouse.db"
这里是对设备操作码的定义
#define LED_ON                1
#define LED_OFF               0
#define BEEP_OFF              0
#define BEEP_ON               1
这里是对仓库号的定义
#define STORAGE_NUM           5
这里定义的是货物的编号和操作码
#define GOODS_NUM             10
#define GOODS_IN              'I'
#define GOODS_OUT             'O'
这里定义的是消息队列的长度
#define QUEUE_MSG_LEN         32

这里是定义的消息队列关于 LED 的操作码
#define MSG_LED               1L
#define MSG_LED_TEM_ON        0x22
#define MSG_LED_TEM_OFF       0x20
#define MSG_LED_HUM_ON        0x22
#define MSG_LED_HUM_OFF       0x20
#define MSG_LED_ILL_ON        0x11
#define MSG_LED_ILL_OFF       0x10
#define MSG_LED_TRI_ON        0x11
#define MSG_LED_TRI_OFF       0x10
这里是定义的消息队列关于 BEEP 的操作码
#define MSG_BEEP              2L
#define MSG_BEEP_OFF          0
#define MSG_BEEP_ON           1
这里是定义的消息队列关于 CARMERA 的操作码

#define MSG_CAMERA            3L
这里是定义的消息队列关于 M0 的操作码
#define MSG_M0                4L
#define MSG_CONNECT_SUCCESS   'Y'
#define MSG_M0_FAN_OFF        0x00
#define MSG_M0_FAN_ON1        0x01
#define MSG_M0_FAN_ON2        0x02
```

```
#define MSG_M0_FAN_ON3          0x03
#define MSG_M0_BEEP_OFF         0x10
#define MSG_M0_BEEP_ON          0x11
#define MSG_M0_BEEP_AU_OFF      0x12
#define MSG_M0_BEEP_AU_ON       0x1
#define MSG_M0_LED_OFF          0x20
#define MSG_M0_LED_ON           0x21
#define MSG_M0_SEG_ON           0x30
#define MSG_M0_SEG_OFF          0x3f
```
这里是定义的 ENV 的操作码
```
#define ENV_UPDATE              0x00
#define ENV_GET                 0x01
#define COLLECT_INSERTER        0x10
#define COLLECT_TIME_GET        0x11
#define COLLECT_CURRENT_GET     0x12
#define GOODS_ADD               0x20
#define GOODS_REDUCE            0x21
#define GOODS_GET               0x22
```
操作函数接口
```
extern void *pthread_sqlite (void *);           //数据库线程
extern void *pthread_analysis (void *);         //数据解析线程
extern void *pthread_transfer (void *);         //数据接收线程
extern void *pthread_uart_cmd (void *);         //命令发送线程
extern void *pthread_client_request (void *);   //接收 CGI, QT 请求
extern void *pthread_infrared (void *);         //红外线程,用按键模拟
extern void *pthread_buzzer (void *);           //蜂鸣器控制线
extern void *pthread_led (void *);              //LED 控制线程
extern void *pthread_camera (void *);           //摄像头线程
extern void *pthread_sms (void *);              //发送短信线程
extern void *pthread_refresh (void *);          //共享内存数据刷新线程

extern void sendMsgQueue (long, unsigned char);
```
仓库货物信息类型结构体
```
struct storage_goods_info
{
    unsigned char goods_type;                   //物品类型
    unsigned int goods_count;                   //物品数量
};
```
仓库信息结构体
```
struct storage_info
{
    unsigned char storage_status;               // 0:open 1:close
    unsigned char led_status;
    unsigned char buzzer_status;
    unsigned char fan_status;
    unsigned char seg_status;
    signed char x;
    signed char y;
    signed char z;
    char samplingTime[20];                      //采集数据的时间
    float temperature;                          //仓库当前温度
    float temperatureMIN;
```

```
        float temperatureMAX;
        float humidity;                              //仓库当前湿度
        float humidityMIN;
        float humidityMAX;
        float illumination;                          //仓库当前光照
        float illuminationMIN;
        float illuminationMAX;
        float battery;                               //仓库采集端电池电压
        float adc;                                   //仓库 ADC 采集电压
        float adcMIN;                                //仓库电池电压最小值
        struct storage_goods_info goods_info[GOODS_NUM];  //采集货物信息
};
客户端环境地址结构体
struct env_info_clien_addr
{
        struct storage_info storage_no[STORAGE_NUM];     //仓库实时信息
};
数据库操作结构体
struct sqlite_operation
{
        int table_select_mask;
        int env_operation_mask;
        int table_operation_mask;
        int goods_operation_mask;
};
消息队列结构体
struct msg
{
        long type;                                   //消息队列里的消息类型
        long msgtype;                                //区别消息的类型
        unsigned char text[QUEUE_MSG_LEN];           //消息正文长度
};
```

10.3 功能实现

10.3.1 数据接收模块

环境数据信息通过 Zigbee 终端节点发送出来，通过 Zigbee 协调器接收，再经过 USB 转串口传递给 Cortex-A9 服务器板上，数据接收模块的线程负责从串口读取数据消息交给对应的处理函数，并继续接收数据消息，需要使用的消息内容变量如表 10.1 所示。

功能实现说明

表 10.1　　　　　　　　　　　　消息内容变量说明

类型	名称	功能
int	dev_uart_fd	串口文件描述符
linklist	LinkHead	数据缓存链表头
pthread_cond_t	cond_analysis	数据处理模块唤醒条件变量
pthread_mutex_t	mutex_linklist	数据缓存保护互斥锁

图 10.3 所示为数据接收模块的流程图。

当有数据消息发送过来的时候,会激活当前的数据接收线程开始准备数据的读取。读取到数据信息后,首先判断消息头的正确性,消息的内容是按照设计好的数据格式封装好的;其次判断消息类型,数据消息有两种类型,一种是环境信息,另外一种是货物信息;最后读取具体对应长度的消息插入到数据缓存链表中完成数据的短暂存储。

此时我们需要知道发送过来的消息格式,接收到的消息是一个字符串类型:这里增加接收消息的消息头为 st:,随后才是消息正文,其中 e 为环境消息,r 为货物消息,读取消息正文的时候需要睡眠 500ms,防止消息丢失。

具体数据接收模块的代码可以参考案例源码中的 pthread_transfer.c 文件。

图 10.4 和图 10.5 所示为接收到的数据消息内容,即环境信息结构体与货物信息结构体。

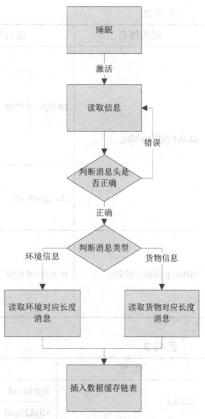

图 10.3 数据接收模块流程图

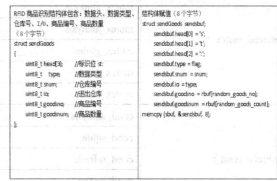

图 10.4 环境结构体　　　　图 10.5 货物信息结构体

10.3.2 数据处理模块

根据图 10.4 与图 10.5 可知,接收到的信息是按一定规律进行编码的,所以进行解码后,会激活数据库线程,保存想要存储到数据库的数据,同时激活刷新共享内存的线程,实现显示中心实时显示最新的环境信息,判断环境数据的某些特殊值是否超出或低于预设的阈值,如温度高于 50 度、光照强度超过 1000Lx 等,若越界则激活对应的设备控制线程进行相应的控制操作。

当前使用的结构体与数据类型如表 10.2、表 10.3 所示。

表 10.2 结构体

结构体名	成员类型	成员名称	功能
struct getEnvMsg	unsigned char	sto_no	仓库号
		tem[2]	温度
		hum[2]	湿度
		x	三轴
		y	
		z	
	unsigned int	ill	光照
		battery	电池电压比例
		adc	ADC 电压比例
struct getGoodsMsg	unsigned char	sto_no	仓库号
		io	进出标志
		goodsno	货物编号
		goodsnum	货物数量

表 10.3 数据类型

类型	名称	功能
linklist	linkHead	数据缓存链表头,用来读取数据
	slinkHead	数据库数据缓存链表头,用来插入数据
pthread_mutex_t	mutex_linklist	数据缓存链表互斥锁
	mutex_slinklist	数据库数据缓存链表互斥锁
	mutex_analysis	数据处理线程互斥锁
	mutex_global	实时仓库信息数据互斥锁
	mutex_sms	短信模块互斥锁
	mutex_buzzer	蜂鸣器模块互斥锁
pthread_cond_t	cond_analysis	数据处理模块被唤醒条件变量
	cond_sqlite	数据库模块被唤醒条件变量
	cond_refresh	内存刷新线程被唤醒条件变量
	cond_buzzer	蜂鸣器模块唤醒条件变量
	cond_sms	SMS 模块唤醒条件变量
char	tem_alarm_status[STORAGE_NUM]	各仓库温度是否超标志位
	hum_alarm_status[STORAGE_NUM]	各仓库温度是否超标志位
	ill_alarm_status[STORAGE_NUM]	各仓库光照是否超标志位
	beep_status[STORAGE_NUM]	A8 主蜂鸣器状态标志位
unsigned char	dev_sms_mask	sms 模块操作标志位
int	msgid	消息队列号
	dev_buzzer_mask	蜂鸣器模块操作标志位
struct env_info_clien_addr	all_info_RT	实时环境信息全局变量

数据处理模块需要数据接收模块的唤醒，当被唤醒之后，处理将保存在链表中的数据。其中取得数据分为三种类型：异常类型、环境类型、货物类型。

异常类型的数据分为已处理过的数据和未处理过的数据，如果是已处理过的数据则可以将数据从链表中删除，未处理过的数据则处理对应异常（如 M0 端仓库的温湿度超标等情况），完成相应的控制。

环境类型的数据可以通过 getEnvPackage(获取环境数据包)的函数完成对数据对的获取判断，并且完成环境数据信息的解析，然后激活刷新数据线程，将环境信息实时的显示到网页之中。

货物类型的数据可以通过 getGoodsPackage（获取货物数据包）的函数完成数据解析，得到货物种类及数量并保存到数据库中。

具体数据处理模块代码的实现请参考案例源码中的 pthread_analysis.c 文件。

10.3.3　共享内存刷新模块

当系统接收到仓库（Cortex-M0）发送上来的数据信息之后，此线程将被激活，并把实时的环境信息刷新到共享内存中，让 CGI 程序能查看最新数据消息。

表 10.4 所示为当前模块中需要的数据结构。

表 10.4　　　　　　　　　　　　共享内存模块数据结构体

数据类型	数据名称	功能
pthread_mutex_t	mutex_refresh	数据刷新线程互斥锁
	mutex_refresh_updata	未使用
	mutex_global	仓库实时数据保护互斥锁
	mutex_slinklist	数据库数据缓存链表互斥锁
pthread_cond_t	cond_refresh	数据刷新线程被唤醒条件变量
	cond_refresh_updata	未使用
	cond_sqlite	数据库线程被唤醒条件变量
int	shmid	共享内存 id
	semid	信号灯集 id
struct env_info_clien_addr	all_info_RT	仓库实时信息

图 10.6 所示为共享内存刷新模块的工作流程。

当前的共享内存刷新模块是被数据处理模块中的线程唤醒，然后接收数据处理模块中的数据，并进行解析再刷新到共享内存中，等待 CGI 进程程序从共享内存中取得数据进行显示。

具体的共享内存线程的实现方法参考项目案例代码中的 pthread_refresh.c 文件。

10.3.4　显示中心

显示中心可以显示仓库的实时环境信息及仓库的货物信息，之前介绍过环境信息需要实时地显示在网页上，所以需要使用一个高效实用的进程间通信方式，如共享内存的方式将仓库的环境信息实时的写到内存中，那么网页又是怎么拿到这个内存中的实时数据的呢？

图 10.6　共享内存刷新模块工作流程

显示环境数据的网页是通过调用 CGI 来获取到内存的实时数据的，CGI 是一个通用网关接口（Common Gateway Interface），它是一段程序，运行在服务器上，提供同客户端 HTML 页面的接口，通俗来说，CGI 就像是一座桥，把网页和 Web 服务器中的执行程序连接起来，它把 HTML 接收的指令传递给服务器，再把服务器执行的结果返还给 HTML 页。

绝大多数的 CGI 程序被用来解释处理来自表单的输入信息，并在服务器产生相应的处理，或将相应的信息反馈给浏览器，CGI 程序使网页不再是静态的，而是具有交互功能。

在该项目中用到的 Web 服务器是需要移植在前端 Cortex-A9 板子上一个非常小巧的服务器（称作 Boa），执行代码大约 60KB 左右。它是一个单任务的 Web 服务器，只能一次完成用户的请求，而不会 fork 出新的进程来处理并发的链接请求。但是 Boa 支持 CGI，能够为 CGI 程序 fork 出一个进程来执行相应的客户请求。

上文提到需要移植一个 Boa 服务器到 Cortex-A9 板子上，这里具体使用到的 Boa 服务器的源码是 boa-0.94.13，具体源码请在官网下载即可，Boa 相关的配置和问题错误解决办法参考资料文档中的 Boa 移植及错误解决文档。

接下来介绍一下项目中常用的显示网页。

网页(Web)，也就是网站上的某一个页面，它是一个纯文本文件，是向浏览者传递信息的载体，以超文本和超媒体为技术，采用 HTML、CSS、XML 等语言来描述组成页面的各种元素，包括文字、图像、音乐等，并通过客户端浏览器进行解析，从而向浏览者呈现网页的各种内容。该项目采用 Adobe Dreamweaver CS5 软件对网页进行编辑，做好的网页放在根文件系统中的 www 文件里，客户端浏览器对哪个网页有请求服务器就把页面发送给浏览器显示出来。

编写网页的语言使用的 HTML 即超文本标记语言（Hypertext Markup Language），是用于描述网页文档的一种标记语言。多用于网页的编写，用此编写的文件为静态网页，后缀名为：.html 或 .htm。

显示中心若想将一个网页显示出来，显示模块具体的具体工作流程如图 10.7 所示。

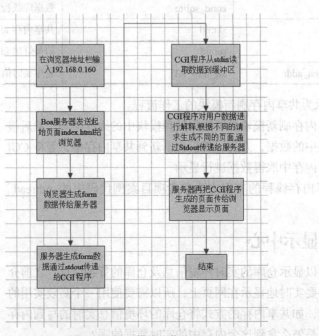

图 10.7　显示模块工作流程

需要在浏览器中输入当前开发板 IP 地址就可以进入对应 Web 服务器中 index.html 的网页，浏览器会生成 form 数据传给服务器而服务器通过标准输出将 form 信息传递给 CGI，此时 CGI 从其标准输入将数据读到缓冲区中，之后 CGI 程序对用户数据进行解析生成不同的界面，再将界面信息回传给浏览器进行显示。

10.3.5 线程相关

由于服务器中需要对数据的快速的互斥调度问题，因此，在本系统中使用了多线程中的互斥锁和条件变量的处理技术。

服务器端的具体线程及函数可以参考案例源码中的文件。

思考与练习

1. 根据 Web 服务器以及基本网页知识完成客户端编写。
2. 实现服务器端的货物数据的存储功能。

参考文献

［1］华清远见嵌入式学院，刘洪涛，熊家. 嵌入式应用程序设计综合教程（微课版）. 北京：人民邮电出版社，2017.

［2］华清远见嵌入式学院，程姚根，苗德行. 嵌入式操作系统（Linux 篇）. 北京：人民邮电出版社，2014.

［3］华清远见嵌入式学院，冯利美，冯建. 嵌入式 Linux C 语言程序设计基础教程. 北京：人民邮电出版社，2013.

［4］［美］Christopher Hallinan. 嵌入式 Linux 开发（英文版）. 北京：人民邮电出版社，2008.

［5］罗克露，陈云川. 嵌入式软件调试技术. 北京：电子工业出版社，2009.

［6］［英］Neil Matthew Richard Stones. Linux 程序设计（第 4 版）. 北京：人民邮电出版社，2010.

［7］［美］Jonathan Corbet 等著. 魏永明等译. Linux 设备驱动程序（第 3 版）. 北京：中国电力出版社，2016.

［8］宋宝华. Linux 设备驱动开发详解. 北京：人民邮电出版社，2008.

［9］［美］Daniel P. Bovet；Marco Cesati 著. 陈莉君，张琼声，张宏伟译. 深入理解 Linux 内核（第三版）. 北京：中国电力出版社，2007.

［10］［加拿大］Jasmin Blanchette，［英］Mark Summerfield. C++ GUI Qt4 编程. 北京：电子工业出版社，2013.

［11］［德］莫尔勒（Mauerer.W.），深入 Linux 内核架构. 北京：人民邮电出版社，2010.